Barbara Chainey

Die Kunst des Quiltens

Barbara Chainey

Die Kunst des Quiltens

Geschichte · Techniken · Muster · Anleitungen

Verlag Paul Haupt Bern · Stuttgart · Wien

Dieses Buch ist meinem Vater James Dyne Chainey gewidmet
sowie drei besonders guten Freunden, die seine Veröffentlichung
leider nicht mehr miterlebt haben:
Sue Boulton, John Shone und Sally Gregory.

Titel der englischen Originalausgabe:
The essential Quilter. Tradition, Techniques, Design, Patterns
and Projects von Barbara Chainey

Photographien von Roger Brown
Illustrationen von Ken Goodwin

Aus dem Englischen übersetzt von Beate Gorman, D-Marl
Redaktion und Satzbetreuung der deutschen Ausgabe: Bücher-GmbH, D-Bayreuth

Die Deutsche Bibliothek - CIP-Einheitsaufnahme

Die **Kunst des Quiltens** : Geschichte, Techniken, Muster, Anleitungen/ Barbara Chainey. [Photogr. von Roger Brown. Ill. von Ken Goodwin. Aus dem Engl. übers. von Beate Gorman. Red. der dt.Ausg.: Bücher-GmbH, Bayreuth]. – Bern; Stuttgart; Wien : Haupt, 1995
Einheitssacht.: The essential quilter <dt.>

ISBN 3-258-05051-1

NE: Chainey, Barbara; Brown, Roger; Gorman, Beate [Übers.]; EST

Inhalt

Einführung

'Das Quilten ist eine traditionelle Kunstfertigkeit der jüngeren Vergangenheit, die weiterlebt und die es Menschen von heute, die am Quilten Freude haben, ermöglicht, schöne neue Stücke zu schaffen. Es liegt in ihren Händen und in den Händen aller, die die Kunst des Quiltens lehren, sich darum zu bemühen, daß diese lebendig an die Zukunft weitergegeben wird.'
Mavis Fitzrandolph, *Traditional Quilting* (1954)

Ich habe mir das Quilten selbst beigebracht, indem ich mich durch die wenigen Bücher, die seinerzeit zur Verfügung standen, hindurcharbeitete. Wie heute erinnere ich mich an meine damalige Frustration und Verzweiflung, wenn ich las, daß Anfänger es auf eine schier unmöglich scheinende Anzahl von Stichen pro Zentimeter bringen sollten. Daher entwickelte ich 'eigene Ansichten', um es höflich zu umschreiben: Quilten Sie erst einmal drauf los und bemühen Sie sich erst dann, gut zu quilten. Zerbrechen Sie sich nicht ständig den Kopf darüber, wie ihr fertiger Quilt am Ende aussehen wird, sondern freuen Sie sich einfach an der Arbeit selbst. Gutes Quilten hängt nicht von der Größe der Stiche ab – gleichmäßige Stiche sind viel wichtiger. Die Arbeit an sich sollte genauso viel Freude bereiten wie schließlich der Anblick des fertigen Stückes.

Als Anfängerin entwickelten sich meine praktischen Fortschritte langsamer als meine Bewunderung alter Quilts. Obwohl Farbe und Form mir sehr wichtig schienen, waren es immer die Quiltsteppereien, die mich besonders beeindruckten, und noch immer freue ich mich daran, wie die einfachsten Materialien und Stiche zusammen etwas ganz Neues und Großartiges entstehen lassen.

Im allgemeinen bezeichnet man als Quilterin oder Quilter eine Person, die sich mit irgendeinem Prozeß bei der Quiltherstellung befaßt. Ähnlich beschreibt der Begriff 'Quilten' die entsprechenden Aktivitäten. Im vorliegenden Buch benutzen wir den Ausdruck Quilterin/Quilter für jemanden, der funktionelle, dekorative Strukturen steppt, und der Begriff 'Quilten' bezieht sich auf das Steppen als solches.

Was ist ein Quilt?

Jeder Quilt ist viel mehr als nur die Summe seiner Bestandteile. Vorder- und Rückseite können aus Patchwork sein, Applikationen aufweisen oder aus einem einzelnen Stück Stoff bestehen, und der Quilt kann mit einer Schicht kardierter Wolle, Baumwoll- oder Synthetikwattierung, alten Decken oder sogar abgelegter Kleidung gefüllt sein. Die drei Schichten des Quilts werden im allgemeinen durch Steppnähte oder einzelne Stiche zusammengehalten. Quilts können einen praktischen Zweck erfüllen und wärmen oder nur zur Dekoration dienen, und sie können jede Größe haben, angefangen bei einem Miniaturquilt bis hin zu einem Überwurf für ein Doppelbett.

Verschiedene Arten von Quilts

Quilts aus ganzen Stoffbahnen scheinen aus einem einzelnen Stück Stoff zu bestehen. Die Stoffbahnen aus einfarbigem oder gemustertem Stoff werden zu der gewünschten Größe zusammengenäht. Das Muster bei derartigen Quilts entsteht durch die gesteppte Struktur.

Bei zusammengesetzten Quilts besteht die Vorderseite (und manchmal auch die Rückseite) aus kleinen Stücken oder Flicken aus verschiedenen Stoffen, die methodisch angeordnet und zusammengenäht sind. Die Stücke können zu Mustereinheiten, die man als Blöcke bezeichnet, zusammengenäht werden, bevor sie auf unterschiedliche Weise arrangiert werden. Die Stücke können jedoch auch zu einem Gesamtmuster zusammengesetzt werden.

Applizierte Quilts unterscheiden sich von Patchworkquilts nur in der angewendeten Technik. Entweder werden Stofformen zusammengenäht oder auf einen Hintergrund appliziert, bevor die Muster zu Blöcken zusammengestellt werden, oder das Muster kann den ganzen Quilt bedecken.

Streifenquilts sind ein Mittelding zwischen Quilts aus Stoffbahnen und Patchworkquilts. Stoffstreifen werden in abwechselnder Farbfolge zusammengenäht, so daß die Streifen entstehen, die diesen Quilts ihren Namen gegeben haben. Die Quiltmuster sind meistens auf die Breite der Streifen beschränkt, können aber die Linienstruktur auch völlig außer acht lassen.

Medaillonquilt ist ein Begriff, der sich auf Patchwork- und Applikationsarbeiten, aber auch Quilts aus einem Stoff bezieht, bei denen ein klar umrissenes Zentrum vorhanden ist, das von einem oder mehreren Randstreifen umgeben ist.

Zur Gliederung und Nutzung dieses Buches

Das erste Kapitel befaßt sich kurz mit der Geschichte des Quiltens und einigen bekannten Traditionen. Wenn Sie ein Neuling auf diesem Gebiet sind, finden Sie im zweiten und dritten Kapitel detaillierte Hinweise zur Vorbereitung, fürs Quilten selbst und für die Abschlußarbeiten. Jene, die bereits einige Erfahrung im Quilten haben, finden im sechsten und achten Kapitel Musterquellen und Hinweise zur Muster-Weiterentwicklung. Das vierte Kapitel enthält einige Anregungen, wie man Patchwork- und Applikationsarbeiten durch Quiltmuster verschönern kann. Obwohl sich dieses Buch speziell mit dem Quilten von Hand befaßt, werden die Grundlagen für das Quilten mit der Maschine im fünften Kapitel umrissen, wo auch andere Formen des Quiltens behandelt werden. Das siebte Kapitel stellt traditionelle Feder- und Zopfmuster vor. Grundsätzliches zum Thema Entwurf und Vorschläge zu origineller Gestaltung bringt das achte Kapitel. Das neunte Kapitel ist für alle gedacht, die einen Quilt, sei er nun alt oder neu, besitzen. Arbeitsanleitungen sind in allen Kapiteln enthalten, um Sie dazu zu ermutigen, meine Empfehlungen in die Tat umzusetzen!

Erstes Kapitel

Geschichte und Tradition

Das Quilten ist eine alte und ehrwürdige Kunstfertigkeit, die über die Jahrhundert hinweg vielen Veränderungen unterworfen war. Sie existiert weltweit in vielen Formen und hat mit den Jahren viele Veränderungen erfahren, wobei Popularität und Praktiken Schwankungen unterworfen waren.

Die Fähigkeit, sich zu verändern und anzupassen, ist das Wahrzeichen erfolgreichen Kunsthandwerks, und während seiner langen Geschichte hat sich das Quilten als bewundernswert vielseitig erwiesen. Es ist anzunehmen, daß sich diese Fertigkeit ursprünglich entwickelte, weil der Mensch warme Kleidung und Bettwäsche brauchte, aber es ist genauso wahrscheinlich, daß der Gebrauch von Quiltarbeiten zu diesem Zweck erst Einzug hielt, als sich das Quilten bereits als dekorative Handarbeitsform etabliert hatte.

Gequiltete Stoffe wurden als Schutz im Kampf verwendet, als wärmende Kleidung, warmes Bettzeug und zu reinen Dekorationszwecken. Auf der ganzen Welt kann man schöne Beispiele früher Quilts sehen, die aus Zeiten stammen, als sie sowohl eine Dekoration fürs Bett als auch Wärmespender waren. Quilts für den Alltagsgebrauch aus allen Zeitperioden sind im allgemeinen den normalen Weg alles Weltlichen gegangen und sind verbraucht und abgenutzt, oder sie wurden so oft wiederverwendet, daß ihr ursprünglicher Zustand nicht mehr erkennbar ist.

Die Vergangenheit

Das 18. Jahrhundert

Zu Beginn des 18. Jahrhunderts waren Quiltarbeiten für Kleidungsstücke – Hauben, Unterröcke, Kleider und Westen – sowie für Bettüberwürfe weit verbreitet. Es ist jedoch wahrscheinlich, daß Quilts und gesteppte Kleidung das modische Vorrecht der Reichen waren. In den sechziger Jahren des 18. Jahrhunderts kam es in Großbritannien zu einer starken Ausweitung der Textilherstellung, so daß Baumwollwaren leichter erhältlich waren und preiswerter wurden. Importierte Stoffe, etwa bunte Baumwolltücher aus Indien, waren sehr beliebt, aber zu wertvoll, um sie dann einfach wegzuwerfen, so daß Applikationsarbeiten entstanden, bei denen diese Stoffe mit ihren schönen farbigen Mustern neue Verwendung fanden. Mehr Stoff = mehr Kleidung = mehr Reste = Patchwork. Seit dieser Zeit hat sich das Patchwork neben Quiltarbeiten weiterentwickelt.

Das 19. Jahrhundert

Quilts aus dem frühen 19. Jahrhundert sind in Museen und Privatsammlungen gleichermaßen gut vertreten. Oft weisen sie eine stark ausgearbeitete und sorgfältig zusammengesetzte oder applizierte Vorderseite auf, während die Quiltarbeiten eher nebensächlich sind. Solche Quilts sind wertvolle Belege für die Stoffarten und Muster und für die Druck- und Webtechniken einer Zeit, aus der nur wenig Kleidung erhalten geblieben ist.

Im 19. Jahrhundert wurden Quiltarbeiten in großem Umfang von jener Bevölkerungsgruppe gefertigt, die in der Geschichtsschreibung kaum eine Rolle spielt, nämlich von den Frauen aus dem Volk. In Nordamerika entwickelte sich das Quilten neben dem Patchwork unter den ersten Siedlern schnell zu einer wichtigen Fertigkeit aus Gründen der Sparsamkeit, und zu Anfang dieses Jahrhunderts waren beide Handarbeitsformen Teil des häuslichen und gesellschaftlichen Lebens. Die große Wanderung nach Westen auf den Pionierpfaden hielt Patchwork und Quilten als notwendiges, häusliches Kunsthandwerk lebendig. Quilts wurden für alle möglichen Dinge eingesetzt – als Zelte, Bettüberwürfe und Matratzen, Türen, Fenster und sogar als Bodenbelag, zum Schutz von kostbaren Ernteerträgen und so weiter. Das Quilten als gesellschaftliche Aktivität war eine der wenigen Möglichkeiten für viele Frauen, eine produktive Pause von der Vielzahl häuslicher Pflichten zu genießen. Von jenen Gruppentreffen, bei denen die Frauen zusammenarbeiteten, ist uns viel überliefert, aber es wäre falsch zu glauben, daß es sich dabei um die einzige Art der Quiltherstellung handelte. Die meisten Quilts auf beiden Seiten des Atlantiks waren die Arbeit einer Frau und naher Verwandter, und viele geschickte Quilterinnen und Quilter zogen es vor, allein zu arbeiten, um eine gleichbleibende Qualität der Stiche zu gewährleisten.

Nach 1875 wurde eine neue Art von Bettüberwürfen – die Marcella- oder Marseille-Quilts – eine beträchtliche Bedrohung für die weitverbreitete Popularität handgearbeiteter Quilts. Bei diesen Textilien handelt es sich um Imitationen von Quilts, die nach der Verbesserung des neuen Jacquard-Webstuhls industriell produziert wurden. Man könnte es als perverse Wendung der Mode bezeichnen, daß es damals wünschenswerter war, einen Marcella-Quilt zu besitzen als einen handgearbeiteten, und für kurze Zeit wurden viele echte Quilts verkehrt herum verwendet, so daß die einfarbige Seite sichtbar war.

In der zweiten Hälfte des 19. Jahrhunderts kam es zu einer Blüte der Patchwork- und Quilttraditionen in der Alten und Neuen Welt. Patchwork hatte sich zu einem Kunsthandwerk entwickelt, das praktisch, wirtschaftlich und sparsam war, und die Arbeiten konnten so einfach oder kompliziert sein, wie Zeit und Fähigkeiten es gestatteten. Obwohl das Quilten oft mit Patchwork in Verbindung gebracht wird, entwickelte es sich als eigenständige Kunstform weiter, und von 1850 bis 1900 entstanden viele wunderbare Quilts aus einfarbigen Stoffbahnen.

Weiße und cremefarbene Quilts aus dem Nordosten Englands

Das 20. Jahrhundert

Der Erste Weltkrieg stellt eine Wendemarke bei der Popularität von Quilts dar. Es standen immer mehr maschinell erzeugte Waren von verbesserter Qualität zur Verfügung, und es wurde modern, für das Bett Federbetten anstelle von Quilts zu verwenden. Außerdem wurden jetzt immer mehr Frauen, die traditionell Quilts hergestellt hatten, berufstätig. Es stand weniger Zeit zum Quilten zur Verfügung, und auch der Bedarf war geringer. Dennoch wurden Quilts immer noch hergestellt und verwendet, speziell in ländlichen Gebieten, die von den Launen der Mode weniger betroffen waren. Der auf Seite 123 abgebildete Quilt wurde im Gebiet um Allenheads im Nordosten Englands 1926 professionell entworfen und liebevoll als Brautquilt für die Lieblingstochter gesteppt. Die Reaktion der Tochter auf das Geschenk war charakteristisch für die vorherrschende Einstellung – der Quilt wurde als zu 'altmodisch' abgelehnt und ungebraucht weggelegt. Zeiten der Not und sozialer Veränderungen in den dreißiger Jahren forderten ihren Tribut bei Quiltarbeiten, obwohl Patchwork und Applikationen in den Vereinigten Staaten während der Weltwirtschaftskrise erneut einen kurzen Aufschwung erlebten. Zu Beginn der vierziger Jahre galt das Quilten in Großbritannien als zurückgehende Tradition, die aufgezeichnet und wiederbelebt werden sollte. Das Rural Industries Bureau verbesserte den Standard, indem es Auftragsarbeiten für die wenigen, die noch quilten konnten, organisierte und den Unterricht in den traditionellen Quilttechniken förderte.

Die Nachkriegsjahre veränderten das Alltagsleben beträchtlich: gesteigerte Mobilität und Kaufkraft, die Anhäufung materieller Güter, Mechanisierung und die ersten Regungen einer Konsumgesellschaft, die auf schnelle Veränderungen in der Mode ausgerichtet war. Es gab nicht mehr viele, die das Quilten noch beherrschen, und ihre Fertigkeit galt als altmodisch und überaltet. Bis zu Beginn der siebziger Jahre stand dieses Kunsthandwerk kurz vor dem Aussterben, doch plötzlich, kurz vor der amerikanischen Zweihundertjahrfeier, kam es zu einem phänomenalen Anstieg des Interesses an Quilts als Textilie für den Haushalt und als Kunstform. Damit wurde ein weit verbreitetes internationales Wiederaufleben dieser Handarbeitsform und zunehmende Nachfrage nach ihrem Erlernen eingeläutet. Glücklicherweise gab es noch eine kleine Zahl engagierter Quilterinnen und Quilter, die ihre Fertigkeit bereits auf den Knien der Mutter erlernt hatten. Ihr großzügiger Beitrag und die Weitergabe ihrer Erfahrungen und ihres Könnens sollte nicht unterschätzt werden.

Obwohl in der Vergangenheit viele wunderbare Quilts hergestellt wurden (einige sind von der Technik und vom Design her atemberaubend), wurden sehr viel mehr ohne Streben nach Schönheit oder Vortrefflichkeit hergestellt, sondern viel eher wegens des Bedarfs an warmem Bettzeug. Quiltarbeiten waren zwar weit verbreitet, aber sie wurden nicht immer gut ausgeführt. Quilts in Museumssammlungen sind wahrscheinlich häufig Beispiele für die besten Arbeiten der Herstellerinnen, die im Alltagsleben kaum verwendet wurden.

Heute ist die Kunst des Quiltens in vielen Gegenden auf der ganzen Welt lebendig, und die Menschen entdecken ihre befriedigenden und therapeutischen Vorteile wieder. In Europa, Nordamerika, Japan und Australasien gibt es blühende Quiltgilden, Clubs, Zeitschriften und große sowie kleine Ausstellungen, die zusammen ein wichtiges Netz für Kontakte, Informationen und Quellen für Quiltbegeisterte bieten. Spezielle Programme, die unsere Kenntnisse über Quilts und ihre Hersteller erweitern wollen, werden mit bemerkenswerten Ergebnissen durchgeführt.

Quilttraditionen

Was den Stil und den Gebrauch von Mustern angeht, so gibt es drei unterschiedliche Haupttraditionen beim Quilten (im Gegensatz zu Quilts), doch es existieren noch viel mehr. Wenn wir uns mit den herausragenden Merkmalen dieser drei Traditionen befassen, erhalten wir eine Vorstellung von den Grundlagen, auf denen Quilter von heute aufbauen können.

Nordostengland

Das Quilten spielte im häuslichen Leben in vielen Dörfern im Nordosten Englands vor dem Zweiten Weltkrieg eine wichtige Rolle – das magere Einkommen, das man sich durch das Quilten für andere verdienen konnte, war ein willkommenes Zubrot für viele Haushalte, wenn der Hauptverdiener erwerbsunfähig war und nicht mehr arbeiten konnte oder wenn Witwen eine Familie allein unterhalten mußten. Es wurden Quiltclubs organisiert, deren Mitglieder jede Woche einen festen Betrag zahlten, mit dem jemand entlohnt wurde, der wiederum für jedes Mitglied der Reihe nach einen Quilt anfertigte.

Vielen erfahrenen Quilterinnen fehlte das Selbstvertrauen, eigene Quilts zu entwerfen (kommt Ihnen das irgendwie bekannt vor?), so daß ein Bedarf an professionell gestalteten Quiltvorderseiten bestand. Der Brauch, Vorderseiten einem professionellen Gestalter in Auftrag zu geben, hatte sich seit der Zeit von Joseph Hedley, genannt 'Old Joe the Quilter', fest etabliert. Der Ruhm und Ruf des alten Joe als Quilter und Entwerfer von Quilts wurde fast von seinem gewaltsamen Tod überschattet: 1825 wurde er, wie man sagt, wegen des Geldes, das er angeblich mit dem Quilten verdient hatte, ermordet. George Gardiner war ein weiterer, fast mythischer Quilt-Designer, von dem wenig bekannt ist, bis auf die Tatsache, daß er in der zweiten Hälfte des 19. Jahrhunderts einen kleinen Dorfladen führte und auch als Hutmacher bekannt war. Einer seiner Lehrlinge, Elizabeth Sanderson, baute auf dem auf, was er sie gelehrt hatte, und wurde viel bekannter als er.

Der Einfluß von George Gardiner und Elizabeth Sanderson auf die überlebende Tradition im Nordosten Englands ist immens. Elizabeth Sanderson unterrichtete viele, die ihre Fähigkeiten und ihr Geschick nach ihrem Tod im Jahr 1934 an eine weitere Generation weitergeben konnten. Der Gardiner-Designstil schien sowohl örtliche Quilterinnen und Quilter als auch entfernt wohnende Kunden zufriedenzustellen; es wurde daher im Nachhinein sehr wenig an der Grundstruktur geändert, obwohl die einzelnen Muster vielleicht andere waren.

Bei walisischen Quilts wurden oft kräftige Farben mit geometrischen Formen kombiniert. (Wiedergabe der Quilts mit freundlicher Genehmigung von Jen Jones)

Eine Auswahl an traditionellen Quilts, die im Nordosten Englands hergestellt wurden

Quilts aus dem Nordosten Englands zeigen oft formelle, aber fließende Muster, die sorgfältig strukturiert und im Medaillon- und Streifenstil angeordnet sind. Federmuster scheinen besonders beliebt, und die Quiltmuster im Hintergrund bilden einen guten Kontrast zu den Formen des Hauptmusters. Viele der einfachen, aber reichhaltigen, sich überkreuzenden oder rautenförmigen Muster aus dem Nordosten findet man auch bei Arbeiten der Amish.

Sowohl der Streifen- wie der Medaillonstil bei Quilts aus Stoffbahnen waren und sind noch heute besonders beliebt und gelten als typisch für diese regionale Tradition. Das 'Gardiner/Sanderson'-Genre von Entwürfen für Quilts aus einem Stoff – ein ausgearbeitetes Muster im Zentrum mit breiten Rändern, gefälligen Ecken und reichhaltigen Quiltarbeiten im Hintergrund – ist auch für heutige Quiltarbeiten sehr beliebt. Dieser Stil ist auch weit verbreitet bei alten Quilts aus Stoffbahnen in Europa und Nordamerika. Viele Quilts, die im Nordosten Englands entstanden, hatten eine Baumwollwattierung, die Stiche waren im allgemeinen fein, und ein bestimmter Stoff, der sogenannte Römische Satin, den es leider nicht mehr gibt, war wegen seines attraktiven Glanzes und seiner Haltbarkeit beliebt.

Wales

Quilts und Quilten waren in Wales genauso Teil des häuslichen Lebens wie im Nordosten Englands, besonders in den einsamer gelegenen Dörfern. Während die nordöstliche Tradition professionelle Quiltgestalter hervorbrachte, gab es in Wales Wanderquilter, die von Farm zu Farm zogen und ihre Dienste anboten. Für die walisische Quilttradition typische Stile sind Medaillonquilts aus einem Stoff, Streifenquilts und Patchwork-Medaillonquilts, obwohl dies nicht die einzigen Formen sind, die hergestellt wurden. Die Zusammensetzung vieler walisischer Quilts ähnelt der Amish-Tradition mit ihren klaren, kräftigen Linien und den intensiven Farben. Die Quiltmuster werden der zusammengesetzten Oberfläche häufig überlagert, statt den Linien der zusammengesetzten Formen zu folgen. Bei den Mustern selbst handelt es sich unter anderem um Blatt-, Herz-, Tulpen- und Spiralformen, die gleichmäßig angeordnet sind und häufig um ein zentrales Medaillon verlaufen. Es gibt eine oder mehrere Umrandungen – häufig sind es drei –, und die Quiltmuster können an den Ecken des Quilts enden, statt um sie herumzuführen. Die Quiltlinien können im Vergleich zu den Quilts des Nordostens einen breiten Abstand haben, aber häufig wird eine Doppellinie eingesetzt, um die Hauptbereiche des Entwurfs und die Ränder voneinander zu trennen. Die Verwendung von Wollwattierungen zusammen mit kräftigen Stoffen für die Vorder- und Rückseite führt zu auffallenden Quilts, die eine stark skulpturelle Wirkung haben.

Für walisische Quilts scheint man eine Wattierung aus kardierter Wolle der Baumwolle vorgezogen zu haben, obwohl wahrscheinlich in ländlichen Gebieten, die von der Schafzucht abhängig waren, Wolle preiswerter und leichter erhältlich war als die vorbereitete Baumwolle, die im Nordosten Englands beliebter war. Decken, alte Kleidungsstücke und Lumpen wurden, wenn nötig, ebenfalls verwendet, und viele Quilts wurden wiederverwertet, indem sie einfach behelfsmäßig einen neuen Bezug erhielten.

Obwohl die walisischen Quilterinnen und Quilter mit den einfachsten Mitteln arbeiteten, hatten sie die herausragende Fähigkeit, mit diesen bescheidenen Mitteln schönste Ergebnisse zu erzielen. Das Quiltmuster von Abb. 1 paßt in ein rechtwinkliges Dreieck und besteht nur aus einer Spirale (die auch als Schnecke bezeichnet wird) und aus zwei kurzen, gekrümmten Linien – nichts könnte einfacher sein. Sehen Sie, was geschieht (Abb. 1a und 1b), wenn mehrere dieser Einheiten zusammengesetzt werden – es entsteht ein neues Muster, das, genau wie ein Quilt, größer als die Summe seiner Teile ist.

Abb. 1

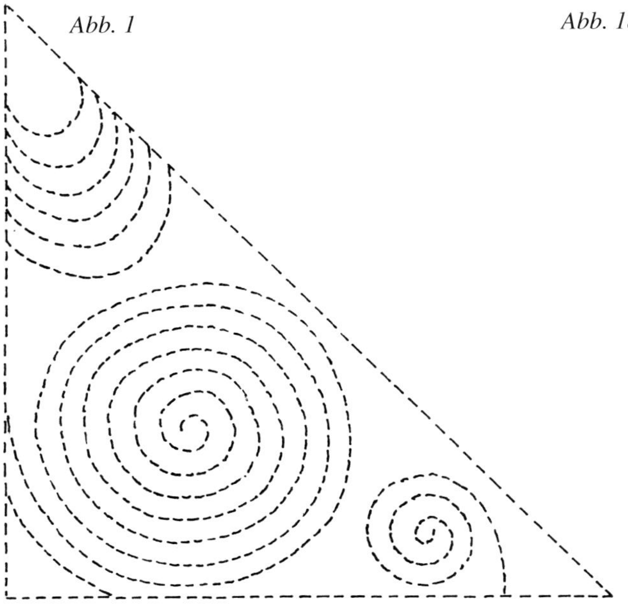

Abb. 1a

Abb. 1b

Zwei neu bezogene walisische Quilts. Der rechte wurde einfühlsam und gut restauriert; der linke dagegen wurde hastig restauriert und mit willkürlichen Maschinensteppereien versehen.

Abgenutzte Quilts neu zu beziehen und/oder alte Quilts als Wattierung zu verwenden, war eine Sparmaßnahme, die mit unterschiedlicher Sorgfalt ausgeführt wurde. Der Quilt oben links zeigt den äußerst groben und phantasielosen Neubezug eines früher einmal hübschen kleinen walisischen Quilts; es wurden zwei neue Stoffe miteinander verbunden, indem mit der Maschine durch alle Schichten genäht wurde. Mehr Feingefühl und Sorgfalt ließ der oder die Unbekannte walten, der oder die den anderen Quilt mit einem frühen, mit der Druckwalze bedruckten Stoff erneuert hat. Eine Untersuchung der Stoffe im Inneren – durch einen kleinen Riß in der Vorderseite und durch die abgenutzten Kanten des neueren Quilts – zeigt, daß der ursprüngliche Quilt aus verzierten Musselinstoffen, typisch für die vierziger Jahre des 18. Jahrhunderts, zusammengesetzt worden war, von denen wahrscheinlich einige schnell abgenutzt waren. Der neue Bezug wurde jedoch mit großer Sorgfalt und viel Geschick gearbeitet, und es wurde sogar ein vollständiges Muster durch alle fünf Schichten gesteppt, was nicht leicht gewesen sein kann.

Um die Jahrhundertwende entstand die merkwürdige Mode, gemusterte Stoffe für die Vorderseite zu verwenden. Vielleicht war dies der Versuch, das Erscheinungsbild von Quilts entsprechend der Vorliebe für Federbetten mit bedrucktem Bezug (die teuer waren) auf den neuesten Stand zu bringen. Diese spezielle Mode hat möglicherweise zu dem Niedergang und der Verschlechterung des Standards beim Quilten beigetragen, weil die Steppstruktur fast völlig vom Druckmuster überlagert wurde.

Nordamerika – die Amish

In Nordamerika wurden so viele schöne Quilts hergestellt, daß es fast unmöglich ist, eine einzelne Gruppe zur näheren Betrachtung auszuwählen. Doch eine spezielle Quilttradition, nämlich die der Amish-Gemeinde, die sehr eindeutig und fast

Ein zusammengesetzter Amish-Quilt zeigt feine Quiltarbeiten und satt glänzende Wollstoffe. Ein Detail ist auf Seite 2 abgebildet. (Wiedergabe mit freundlicher Genehmigung von Bryce und Donna Hamilton)

auf den ersten Blick erkennbar ist, hat beträchtlichen Einfluß auf viele Freunde des Quiltens gehabt. Obwohl keine Quilttradition der Amish vor Mitte des 19. Jahrhunderts nachgewiesen ist, gehörten die von dieser isolierten und unabhängigen christlichen Gemeinschaft hergestellten Quilts zu den ersten, die als textile Kunst und nicht nur als rein praktische Bettüberwürfe galten.

Die Amish-Kultur verkörpert, was Familie und Gemeinde betrifft, eigene, starke Vorstellungen. Ihre Welt gehört einer vergangenen Zeit an, wo die Technik des 20. Jahrhunderts keinen Platz hat und wo viel Wert auf von Hand ausgeführte Arbeiten gelegt wird. Bei diesem streng geregelten Lebensstil waren Quilts in erster Linie funktionale Gegenstände, aber sie gaben dem Hersteller auch die Möglichkeit, sich künstlerisch auszudrücken. Die Kunstfertigkeit bei alten Amish-Quilts ist im allgemeinen von allerhöchster Qualität. Die Zusammensetzung der Stücke ist einfach, und es werden dunkle Farben auf fast unkonventionelle Weise verwendet. Die Hauptstile sind der Medaillon-Quilt aus einfarbigen Stoffbahnen, der Streifenquilt, der zusammengesetzte Medaillon-Quilt und der zusammengesetzte Block. Die Quiltmuster sind fast ohne Ausnahme zart von der Form her und schön in der Ausführung. Charakteristische Quiltmuster sind der fedrige Farn (Abb. 2), die Schraffierung, der Fächer, Rosen, Kürbissamen, Zopfmuster und fedrige Kränze. Mit reichverzierten Quiltmustern

Abb. 2

werden große Bereiche, fast immer auf wunderbar sparsame Art, ausgefüllt.

Anders als viele britische und andere amerikanische Stücke weisen Amish-Quilts häufig das Datum und die Initialen in der Quiltarbeit auf, oft sehr fein mit schwarzem oder dunklem Garn ausgeführt. Im allgemeinen wurde eine Wattierung aus dünner Baumwolle oder Wolle verwendet und für Vorder- und Rückseite Woll- oder Baumwollstoff.

Alte Amish-Quilts (aus der Zeit vor 1940) scheinen gemeinsame Merkmale aufzuweisen, die ein Gegengewicht und einen Kontrast zu der zusammengesetzten Vorderseite und den Quiltstichen bilden. Es scheint ein unbewußtes Gefühl dafür vorzuherrschen, was 'ausreichend' an Quiltarbeit ist, und die Fähigkeit, insgesamt eine gewisse Einfachheit aufrechtzuerhalten. So wurden beispielsweise gerade Linien über zusammengesetzte Blöcke und Streifen gesteppt, um Struktur hinzuzufügen, ohne von den Linien des zusammengesetzten Musters abzulenken.

Die Zukunft

In allen drei Traditionen gibt es viel, was der Nachahmung wert ist; die walisische Offenheit, Vitalität und Einfachheit; die Anordnung einfacher Muster zu großer Komplexität im Nordosten Englands; die komplizierten und präzisen Amish-Stiche, die einfarbige und oft dunkle Stoffe beleben. In allen Fällen erlaubte es der Wille zur Anpassung, daß die verschiedenen Traditionen erhalten blieben und wachsen konnten.

In Europa kamen weniger Innovationen von einer immer kleiner werdenden Gruppe von Quilterinnen und Quiltern, und es ist möglich, daß jene, die die Tradition fortsetzten, bekannte Stile und Muster entwarfen und steppten. Die Vielfalt der kulturellen Ideen von europäischen Immigranten in Nordamerika war für das Quilten von Vorteil, und sowohl zusammengesetzte Arbeiten wie auch Quiltarbeiten blühten. Diese Kraft und starke Traditionen hatten einen großen Einfluß zu Beginn der siebziger Jahre, als das neuerliche Interesse am amerikanischen Quilterbe eine ähnliche Wiederbelebung in Europa auslöste.

Heute befindet sich das Quilten in einem sehr gesunden Übergangszustand – es wird als Kunsthandwerk immer beliebter und entwickelt sich innerhalb des breiten Rahmens früherer Arbeiten weiter und darüber hinaus. Neue Materialien, speziell Wattierungen, gestatten eine größere Ausdrucksfreiheit beim Abstand der Muster voneinander, da enge Abstände nicht mehr nötig sind, um die Wattierung an Ort und Stelle zu halten. Eine kurzlebige Neigung zu minimalem Quilten scheint von der Rückkehr zu dichtem Quilten bei Quilts aus Stoffbahnen und zusammengesetzten sowie applizierten Quilts abgelöst worden zu sein, obwohl es eigentlich keinen praktischen Grund für die umfangreichen Quiltarbeiten gibt. Experimente mit Quiltarbeiten auf der Nähmaschine bieten viele aufregende neue Möglichkeiten und Hoffnung für die Zukunft. Viele nehmen die Herausforderung an, vorhandene traditionelle Stücke neu zu bearbeiten und zu verändern, und traditionelle Muster werden in neuen Anordnungen eingesetzt.

Kunstquilts bilden eine wichtige und aufregende Entwicklung innerhalb der Hauptströmung des Quiltens. Sie und ihre Hersteller fordern viele Dinge heraus, die als traditionell und 'richtig' gelten und erweitern Quiltarbeiten insgesamt. Engagierte Traditionalisten können viel von diesem auswählenden Experimentieren mit Quiltstrukturen lernen. Da diese Quilts eher als Wandbehänge statt als Bettüberwürfe gedacht sind, zwingen sie den Betrachter, Farbe, Form und Struktur auf abstrakte Weise zu betrachten, und zwar auf ihre eigene gewollte Wirkung hin und nicht so sehr als zufälliges Erzeugnis.

Heute wird nicht mehr gequiltet, um wirtschaftliche oder soziale Bedürfnisse zu befriedigen, sondern aus Freude am Ausdruck. In unserem Zeitalter, in dem schneller Kommunikation und Reisen immer mehr Bedeutung zukommt, wird eine Vielfalt von Ideen und Einflüssen schnell und leicht miteinander ausgetauscht. Spezifische Traditionen wurden dabei unausweichlich verwässert, aber dennoch erleben wir im Hinblick auf aktuelle Entwicklungen beim Quilten eine aufregende Zeit.

Zweites Kapitel

Ausrüstung, Stoffe und Markierungen

Die Grundausrüstung für das Quilten beginnt mit dem Stoff, der Wattierung (Vlies), dem Material für die Rückseite und umfaßt Utensilien wie Nadeln, Stecknadeln, Garn, Schere, Fingerhut, Bienenwachs und vorzugsweise irgendeinen Rahmen oder Reifen, auf dem gequiltet werden kann. Ein langes Lineal, Kreppband, Zeichenpapier und ein Markierstift zum Übertragen von Mustern auf Stoffe sind ebenfalls nötig.

Stoffe zum Quilten

Die Quiltvorderseite

Die Wahl und Vorbereitung der Stoffe ist beim Quilten so wichtig wie beim Patchwork. Das Quiltrelief wird bei Stoffen mit glänzender oder satinierter Oberfläche – Seide, Satin, glänzende Baumwolle usw. – am besten sichtbar. Quiltarbeiten können auch einfache Baumwollstoffe auf raffinierte Weise verändern. Einfach gewebte Stoffe, bei denen sich die Fäden rechtwinklig überkreuzen, sind oft am besten geeignet, da Stiche, die zwischen die Fäden eines Twillgewebes mit sich schräg überkreuzenden Fäden fallen, beträchtlich an Wirkung verlieren.

Wenn möglich, sollten Sie sehr dicht gewebte Stoffe wie Perkal, Bettuchstoff und einige Mischgewebe vermeiden. Diese Stoffe weisen pro Zentimeter eine hohe Fadenzahl auf und lassen sich nur schwer durchsteppen, so daß die Arbeit nur langsam fortschreitet und frustrierend sein kann. Mischgewebe aus Polyester und Baumwolle reagieren im allgemeinen nicht gut auf Quiltarbeiten, und die Ergebnisse sind häufig sehr enttäuschend. Wenn Sie einen Stoff aus hundertprozentiger Baumwolle verwenden, waschen Sie ihn zuerst, so daß er

Ausrüstung zum Quilten von Hand

bereits vor dem Quilten schrumpft. Wenn Sie ein 'traditionelles Aussehen' wünschen, waschen Sie den Stoff, nachdem die Quiltarbeiten fertiggestellt wurden, speziell wenn Sie eine Baumwollwattierung verwenden wollen – die möglicherweise auftretende Schrumpfung trägt dann zu der traditionellen Wirkung bei.

Quiltarbeiten von durchschnittlicher Qualität sehen auf qualitätsvollen Stoffen immer gut aus – leisten Sie sich daher immer die bestmöglichen Stoffe. Möbelstoffe sind schwer zu bearbeiten; sie sind dicht gewebt und schwer, so daß die gequilteten Bereiche nicht bauschig wirken. Satinierungen bei Möbelstoffen sind oft dick und manchmal brüchig. Der Glanz kann durchs Waschen zurückgehen oder ganz verschwinden, so daß alle Nadellöcher, durch die schließlich Wattierung nach außen gelangen kann, klar sichtbar werden. Bei locker gewebten Stoffen kann die Wattierung ebenfalls nach außen dringen.

Zusammennähen des Stoffes für die Vorderseite

Am besten näht man Stoffe für einen Quilt aus Stoffbahnen zusammen, indem man eine volle Stoffbreite für die Mitte und zu beiden Seiten jeweils eine Teilbahn oder volle Bahn verwendet, so daß die Nähte bei der fertigen Vorderseite von oben nach unten verlaufen (Abb. 3a). Vermeiden Sie eine Mittelnaht, die von Seite zu Seite oder von oben nach unten verläuft, da dies immer stärker auffällt.

Die Quiltrückseite

Bei der Wahl des Stoffes für die Rückseite oder die dritte Schicht eines Quilts sind dieselben Dinge wie bei der Vorderseite zu beachten. Ein starkes Muster oder eine kräftige Farbe auf der Rückseite kann 'durchscheinen' und auf der Vorderseite eines hellen Quilts sichtbar sein. Ein unauffälliges Muster oder ein heller, einfarbiger Stoff wäre eine bessere Wahl für eine Quiltvorderseite mit Patchwork- oder Applikationsmuster. Drucke sind dennoch eine beliebte Wahl für die Rückseite von Patchworkquilts, da Quiltstiche auf bedruckten Stoffen weniger sichtbar sind, was bei den ersten Quiltversuchen vielleicht ganz angenehm ist.

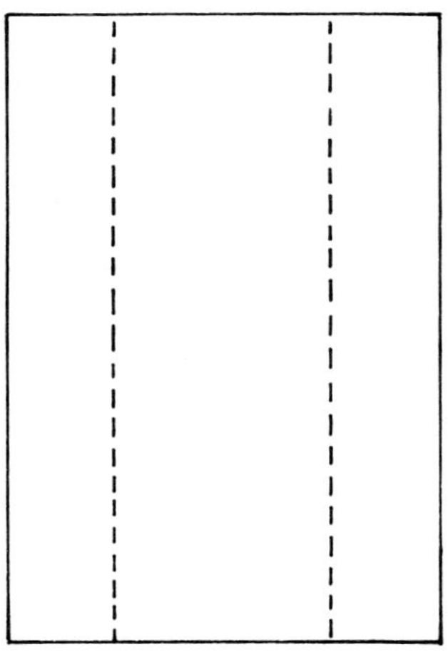

Abb. 3a

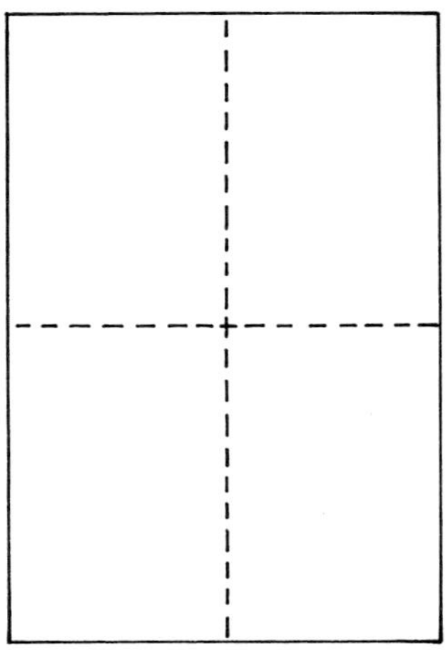

Abb.3b

Die Vorbereitung der Quiltrückseite

Wahrscheinlich müssen Sie die Quiltrückseite zusammennähen, damit sie breit oder lang genug ist. Eine Mittelnaht, die entweder quer oder senkrecht verläuft, ist eine Möglichkeit (Abb. 3b). Sie können jedoch auch eine volle Stoffbreite mit jeweils einer halben Stoffbreite zu beiden Seiten verwenden, wie es Abb. 3a zeigt.

Vermeiden Sie unnötige Nähte auf der Rückseite – sie würden den Stoff nur dicker machen, was das Quilten erschwert. Denken Sie daran, Webkanten vor dem Zusammennähen abzuschneiden; sie sind sehr dicht gewebt, und es ist schwer, durch sie hindurchzusteppen.

Normalerweise ist es üblich, die Quiltrückseite den Stoffen auf der Vorderseite von der Zusammensetzung und vom Gewicht her anzupassen. Wenn die Vorderseite aus einem Kleiderstoff aus hundertprozentiger Baumwolle besteht, wäre diese Qualität auch für die Rückseite am besten geeignet. Einige meiner Schüler haben mit Bettuchstoff aus Mischgeweben und reiner Baumwolle experimentiert und ihre Wahl bedauert. Bettuchstoff ist im allgemeinen zu dicht gewebt, um sich leicht von Hand zusammensetzen zu lassen, und das wiegt mehr als der Vorteil, den man durch Preis und Breite gewinnt.

Wattierung (Vlies)

Heutigen Freunden des Quiltens steht eine reiche Auswahl an Wattierungen zur Verfügung – die traditionellen Baumwoll-, Woll- und Deckenwattierungen kann man immer noch kaufen. Die heute so beliebte synthetische Polyesterwattierung ist fertig zugeschnitten in Standardgrößen und auch von der Rolle in einer Vielfalt an Gewichten und Stärken erhältlich. Ein Gewicht von 50 g oder 100 g pro Quadratmeter ist dabei am häufigsten. Es kann sich als sehr schwierig erweisen, durch eine 100 g schwere Wattierung zu quilten. Diese ist besser zum Quilten mit der Maschine oder für Gegenstände geeignet, für die Wärme und Volumen wichtig sind. Eine Kompromißlösung ist eine Wattierung aus einer Baumwoll- und Synthetikmischung, die normalerweise in fertigen Größen verkauft wird. Diese Wattierung sowie reine Baumwollwattierungen reagieren gut auf sanftes Spülen und Trocknen vor dem Gebrauch, was die Fasern etwas weicher macht, so daß das Quilten leichter fällt.

Die meisten Wattierungen haben entsprechend den gesetzlichen Bestimmungen eine spezielle feuerhemmende Beschichtung, die das Durchführen der Nadel erschwert – durch Spülen und Trocknen vor Gebrauch läßt sich die Wattierung leichter handhaben.

Dichter, punktuell befestigter Vlies ist das ideale Material für das Quilten mit der Maschine, wenn Festigkeit und wenig Volumen gewünscht werden. Wenn Sie vorwiegend mit dunklen Farben arbeiten, sind dunkelgraue Wattierungen erhältlich, so daß die Wattierung weniger sichtbar ist, falls sie nach außen gelangt.

Die Vorbereitung der Wattierung

Die meisten synthetischen Wattierungen werden in einer Vielfalt an Breiten und Gewichten verkauft. Sie können leicht Kante an Kante aneinandergelegt und, falls nötig, mit einem Leiterstich zusammengenäht werden (Abb. 4).

Abb. 4

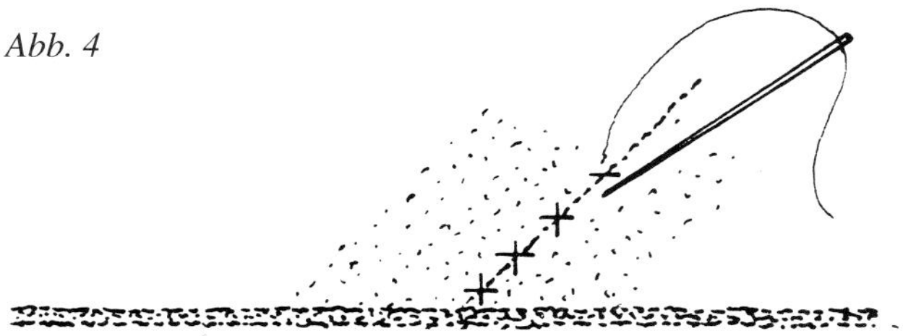

Sie können die Wattierung auch vorsichtig trennen und einzelne Schichten abziehen, wenn Sie eine besonders dünne Schicht brauchen.

Seidenwattierung wird, sowohl für dekorativ gequiltete Kleidung als auch für größere Quilts, immer beliebter. Seidenwattierung kann lose oder von der Rolle in unterschiedlichen Stärken gekauft werden. Durch ihre Leichtigkeit und Wärme ist sie besonders für Kleidung geeignet und läßt sich sehr leicht quilten.

Lose Seidenwattierung kann wie kardierte Wolle auf der Rückseite verteilt werden, ohne sie zusammenzunähen. Seide von der Rolle kann wie synthetische Wattierung, wie in Abb. 4 gezeigt, zusammengenäht werden. Gequiltete Arbeiten mit Seidenwattierung sollten in kaltem Wasser mit pflegender Seife und möglichst geringer Bewegung gereinigt werden.

Wollwattierung kann man jetzt pro Meter kaufen. Wie Seide ist sie sehr warm, aber etwas schwerer und sogar noch leichter zu durchsteppen. Es spricht viel für eine gut vorbereitete Wollwattierung, und eigentlich sollte sie viel häufiger eingesetzt werden.

Bei vielen traditionellen Quilts legte man feinen Musselin oder Gaze über die kardierte Wolle zwischen Vorder- und Rückseite des Quilts, um zu vermeiden, daß die Wolle nach außen dringen würde. Saubere, von Hand kardierte Wolle läßt sich am leichtesten verwenden, wenn man mit einem traditionellen Rahmen arbeitet. Verteilen Sie so viel Wolle auf der Rückseite, wie vom Rahmen aufgenommen werden kann, legen Sie die Vorderseite darauf und quilten Sie, wobei Sie den Prozeß während des Quiltens ständig wiederholen. Wenn Sie eine Wollwattierung verwenden möchten, aber sie nicht fertig vorbereitet kaufen können, kann Ihnen vielleicht ein einschlägiger Handwerksbetrieb oder eine entsprechende Hobbygruppe am Ort helfen. Das Einweichen in kaltem Wasser mit wenig Seife, geringe Bewegung, anschließendes kurzes Schleudern und eine Spülung sind alles, was normalerweise für die Wäsche und Nachbehandlung einer Wollwattierung nötig ist.

Baumwollwattierung wird meistens in fertig zugeschnittenen Standard-Bettgrößen verkauft. Eine Wattierung, die ganz aus Baumwolle besteht, ist etwas schwierig zu quilten; sie leistet der Nadel Widerstand, und es sind eng aufeinander folgende Quiltstiche nötig, die verhindern, daß die Wattierung durch die Wäsche klumpig wird. Wenn Sie es mit einer Wattierung aus hundertprozentiger Baumwolle versuchen wollen, breiten Sie die Wattierung an einem warmen Ort aus, damit sie sich vor Gebrauch leicht ausdehnt. Dies erleichtert das Quilten ein wenig.

Flanell und Deckenmaterial sind gewebte Stoffe, die als Wattierung für einen Quilt verwendet werden können. Sie lassen sich schwerer quilten als beispielsweise eine Synthetikwattierung, wenn Sie von Hand quilten wollen, sind aber gut für das Quilten mit der Maschine geeignet, wenn geringes Volumen erforderlich ist.

Unabhängig von Ihrer Wahl sollten Sie die bestmögliche Qualität kaufen. Vorgefertigte Wattierungen sind preiswerteren Wattierungen, die von der Rolle verkauft werden, vorzuziehen.

Austreten der Wattierung (wenn Fasern der Wattierung durch den Stoff nach außen dringen) führt zu unschönem Flaum auf der Oberfläche des Quilts.

Garne

Heute können Quiltbegeisterte unter einer Vielzahl an Garnen wählen, angefangen bei Quiltgarn bis hin zu normalem Nähgarn und speziellem Stickgarn. Quiltgarn kann aus hundertprozentiger Baumwolle oder baumwollbeschichtetem Polyester bestehen und ist in einer guten Farbauswahl erhältlich. Manche Quiltgarne lassen sich jedoch nur schwer durch das Öhr der feineren, halblangen Nadeln (Gr. 7–9) fädeln.

Die Garnstärke

Jene, die feine, von Hand gequiltete Stiche mögen, zögern vielleicht, traditionelles Quiltgarn zu verwenden, da es ihrer Meinung nach zu dick für dicht besteppte Projekte ist, die nur geringer Benutzung ausgesetzt sind. Normales Baumwollgarn ist gut geeignet und in einer Vielfalt von Farben und Schattierungen erhältlich. Heute kommen immer wieder neue Quiltgarne auf den Markt, und es lohnt sich, sie auszuprobieren – jeder hat ein bestimmtes Lieblingsgarn.

Die Garnart

Selbstverständlich empfiehlt es sich, das Garn auf die Stoffart abzustimmen – verwenden Sie beispielsweise Seidengarn für Seidenstoffe und -wattierung. Polyestergarne werden für das Nähen zu Hause häufig eingesetzt und können zum Quilten von Polyestersatin verwendet werden. Dieses Garn neigt jedoch dazu, im Nadelöhr auszufransen, und es dehnt sich, anders als Baumwollgarn, aus. Verwenden Sie kürzere Fäden und eine feinere Nadel als gewöhnlich.

Die Garnfarbe

Wenn Sie nicht gerade mit schwarzem oder weißem Stoff arbeiten, ist die Wirkung schöner, wenn Stoff- und Garnfarbe einander nicht genau entsprechen. Garn, das ein bis zwei Töne dunkler ist als der Stoff, unterstreicht die Struktur, die durch das Quilten entsteht. Garn, das vom Ton her genau dem Stoff entspricht oder einen Ton heller ist, kann eine Tüpfelwirkung ergeben, die die Wirkung der Quiltlinien verdirbt. Durch das Quilten entsteht eine Furche oder eine Vertiefung im Stoff, und das Garn sollte dieser etwas dunkleren Schattierung entsprechen.

Kontrastierendes Garn Wenn Sie ältere Quilts näher betrachten, stellen Sie möglicherweise fest, daß ein stark kontrastierendes Garn verwendet wurde, was jedoch erst bei näherem Hinsehen auffällt. Ein helleres oder viel dunkleres, kontrastierendes Garn kann einen sehr positiven Beitrag zum Entwurf leisten; ein dunkel pinkfarbenes oder ein dunkelblaues Garn auf einem blaßrosafarbenen oder blauen Stoff ergibt eine raffinierte Tönung und betont die Arbeit. Stark kontrastierendes Garn sieht gut aus, wenn Sie durchschnittlich lange Stiche machen. Ein grobes Garn kann ebenfalls wirkungsvoll sein, aber seien Sie vorsichtig und vermeiden Sie kontrastierende und grobe Garne für Ihre ersten Quiltprojekte.

Phantasiegarne und Sondereffekte

Heute gibt es eine wunderbare Auswahl an Metallicgarnen, bunten und schattierten Nähgarnen, von denen sich viele zum Quilten eignen. Einige fransen leicht aus und müssen vorsichtig gehandhabt werden, aber die Ergebnisse können umwerfend sein. Ein schattiertes blaues Metallicgarn beispielsweise, mit dem Zufallslinien gearbeitet werden, erinnert an das Fließen, die Bewegung und Reflektionen von Wasser.

Rahmen

Die Tage, in denen der Quiltrahmen Bestandteil jedes Haushalts war, gehören der Vergangenheit an. Die Entwicklung eines tragbaren Quiltrahmens in der Form eines Reifens oder Reifens auf einem Gestell war ein wichtiger Durchbruch, der vielen dieses Kunsthandwerk zugänglicher machte. Der tragbare, röhrenförmige Rahmen, der sich leicht zusammenstecken läßt, ist eine gleichermaßen wichtige Neuerung. Der Hauptvorteil dieser speziellen Rahmenart besteht darin, daß er die Stoffschichten in einem Quadrat über einem abgerundeten Profil festhält. Vergleichen Sie dies mit dem Zusammendrücken eines Quilts über dem inneren Ring eines Reifens, wo einige Teile des 'Sandwiches' schräg gedehnt werden.

Jeder, der genug Platz hat, um einen traditionellen feststehenden Rahmen aufzustellen, kann sich glücklich schätzen. Traditionelle Rahmen können so einfach oder kompliziert sein, wie Sie es wünschen oder sich leisten können. Egal, ob Sie vier Holzstäbe mit Klammern oder einen freistehenden Rahmen verwenden – der Hauptunterschied zwischen dem traditionellen und dem modernen tragbaren Rahmen besteht darin, daß Sie mit einem traditionellen Rahmen immer örtlich gebunden sind, während Sie einen tragbaren Rahmen mitnehmen können. Tragbare Rahmen lassen sich bei der Arbeit drehen und bewegen, so daß Sie immer in die Richtung arbeiten können, die Ihnen am leichtesten fällt. Traditionelle Rahmen lassen sich nicht bewegen – Sie müssen alle Anpassungen mit eigenen Händen vornehmen –, und sie müssen anders aufgebaut und vorbereitet werden; beim tragbaren Rahmen ist gründliches Heften der Schichten erforderlich, bevor Sie mit dem Quilten beginnen können.

Viele scheuen den Einsatz eines Rahmens überhaupt und quilten die fest zusammengehefteten Stoffschichten auf dem Schoß mit äußerst guten Resultaten. Abgesehen von sehr kleinen Projekten (die weniger als 25 cm im Quadrat groß sind) gelingt das Quilten auf dem Schoß nicht allen so gut. Es kann leicht zu Faltenbildung und Kräuselungen kommen, die unentdeckt bleiben, bis sie sich nicht mehr korrigieren lassen.

Welcher Rahmen?

Viele Anfänger sind bezüglich der Handhabung eines Rahmens unsicher und fragen sich, welches wohl der beste Typ ist. Natürlich können drei Schichten auch ohne Rahmen gequiltet werden, aber die Resultate werden besser, wenn irgendein Rahmen verwendet wird. Ein Rahmen hält die Quiltschichten unter einiger Spannung fest, so daß Ihre Hände frei sind und Sie sich auf das Quilten konzentrieren können. Quiltarbeiten, die auf einem Rahmen durchgeführt wurden, haben häufig ein deutlicheres Volumen und weisen weniger Kräuselungen auf als Arbeiten ohne Rahmen. Der Gedanke, einen Rahmen zu verwenden, kann etwas beunruhigend sein – plötzlich scheint alles so technisch und weit entfernt vom vergnüglichen Nähen. Sagen Sie sich einfach, daß dies die professionelle Art zu quilten ist, und versuchen Sie es einmal. Manche verwenden unterschiedliche Rahmen, beispielsweise einen traditionellen Rahmen zum Arbeiten der Grundlinien und dann einen tragbaren Rahmen für kompliziertere Muster.

Rahmen zum Quilten von Hand: traditioneller, feststehender Holzrahmen, große Reifen und röhrenförmige, zusammensteckbare Rahmen in großen und kleinen Größen

Das Aufbauen eines traditionellen Rahmens

Rahmen gibt es in vielen Arten und Größen, und es gibt sicherlich auch einen, der Ihrer Arbeitsweise entspricht. Am einfachsten ist der große, feststehende Rahmen, der aus vier Holzleisten besteht und fast identisch mit dem viereckigen Rahmen zum Sticken ist. Zwei Holzleisten sind mit Gurtband oder einem anderen festen Gewebe versehen – diese Leisten entsprechen normalerweise der Breite der Arbeit oder sind länger. Zwei kürzere Holzleisten – die Spannleisten – verstärken die anderen beiden Leisten und werden meistens mit Klammern oder Zapfen an Ort und Stelle gehalten. Vielleicht weisen sie auch Bohrlöcher auf, damit die Arbeitstiefe des Rahmens angepaßt werden kann. Alle drei Schichten – Vorderseite, Wattierung und Rückseite – werden an dem Gurtband an der vorderen Leiste mit sauberen Heftstichen befestigt. Die Rückseite wird dann an dem Gurtband an der gegenüberliegenden Leiste befestigt und aufgewickelt, bis es gleichmäßig zwischen den beiden Leisten gespannt ist. Anschließend werden noch die Spannleisten am Rahmen angebracht.

Die Wattierung und die Stoffoberseite werden dann vorsichtig über die festgespannte Rückseite gelegt und durch alle drei Schichten festgesteckt, wie in Abb.5 auf Seite 22 abgebildet. Überschüssige Wattierung und Stoffoberseite hängen über die hintere Leiste, bis der gespannte Bereich gequiltet wurde und es an der Zeit ist, die Arbeit weiterzurollen. Stücke aus Leinenband werden an beiden Seiten der Arbeit festgesteckt, um eine gleichmäßige Spannung zu gewährleisten. Es stehen viele Arten dieser Rahmen zur Verfügung. Sie können Rahmen mit eigenem Gestell kaufen; Leisten können gedreht werden, um die Arbeit weiterzurollen, ohne daß der Rahmen auseinandergenommen werden muß; die Position von Leiste und Spannlei-

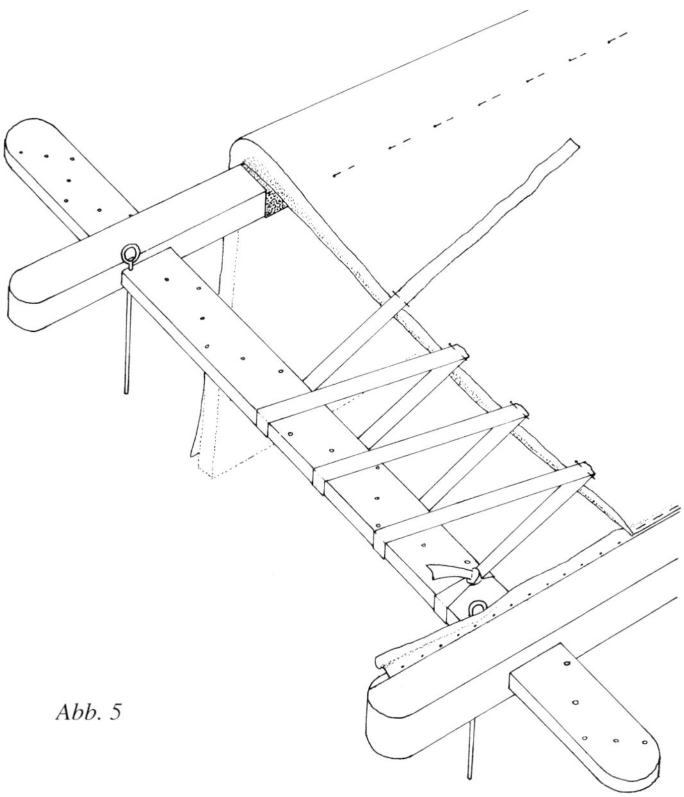

Abb. 5

ste kann mit Ratschen festgestellt werden, so daß Klammern oder gebohrte Löcher nicht nötig sind; der gesamte Arbeitsbereich des Rahmens kann schräg gestellt und in verschiedenen Winkeln befestigt werden. Weitere Verbesserungen bestehen in einer dritten Leiste, die nur die Stoffrückseite festhält, so daß die Wattierung und die Stoffvorderseite um die zweite Leiste gewickelt werden kann, und mindestens ein Rahmen kann flach an der Wand zusammengeklappt werden, ohne daß der Quilt abgenommen werden muß. Anleitungen zur Herstellung eines Rahmens erhalten Sie bei Herstellern, die in Fachzeitschriften für das Quilten inserieren.

Einer der Vorteile dieser Rahmenart besteht darin, daß die einzelnen Schichten des Quilts nicht zusammengeheftet werden müssen. Allein aus diesem Grund sind viele den traditionellen Rahmen gegenüber positiv eingestellt. Wenn der Quilt erst auf den Rahmen gespannt wurde, kann man jederzeit ein paar Stiche machen. Ein Quiltrahmen kann außerdem als zusätzliche Arbeitsfläche dienen, wenn er mit einem Tuch und einer leichten Holzplatte abgedeckt wird. Das Volumen eines Quilts, der auf dieser Rahmenart gequiltet wird, ist etwas dicker und deutlicher als normal, da keine Vorarbeiten oder Heftungen erforderlich sind, was die Schichten nur flach zusammendrücken würde.

Wenn ein traditioneller Rahmen wegen seiner Größe nicht geeignet ist, steht eine kleinere Version zur Verfügung. Diese kleinere Größe ist nützlich, wenn Sie jeweils einen einzelnen Block für sich quilten wollen, bevor Sie die Blöcke oder Teile nach dem Quilten zusammennähen. Dieser Rahmen ist auch für das Arbeiten kleinerer Stücke wie Babydecken und Kissen geeignet.

Weitere Möglichkeiten

Feststehende traditionelle Rahmen sind normalerweise 1,25 bis 2,75 m lang. Gäste, Familienmitglieder und Freunde kann man dazu erziehen, einem Hindernis dieser Größe aus dem Weg zu gehen, aber es stehen auch mehrere kleinere Rahmen zur Verfügung.

Reifen Vielleicht haben Sie schon einmal jemanden beim Quilten zugeschaut, der einen Reifen ähnlich wie einen Stickrahmen verwendete. Diese sind in verschiedenen Größen erhältlich und können, falls gewünscht, an einem Gestell befestigt werden. Die beiden Ringe des Reifens nehmen die Dicke des Quilts auf und können mit einer Schraube verstellt werden.

Manche dieser Reifen lassen sich drehen, wenn sie am Gestell befestigt sind – diese ideale Anordnung verbindet Beweglichkeit mit einem Maximum an Halt.

Alle Reifen bieten einen leicht zu transportierenden, leichtgewichtigen Rahmen, auf dem man quilten kann, und sie lassen sich so leicht drehen, daß man immer in einer bequemen Richtung arbeitet. Wenn Sie versuchen, schwierige Kurvenlinien auf einem traditionellen Rahmen zu arbeiten, werden sie bald feststellen, warum runde Rahmen so beliebt sind! Wenn man ein großes Stück auf einem solchen Reifen quiltet, wird man zudem schön warmgehalten, wenn die Falten des Quilts entsprechend angeordnet werden. Manchmal hört man, daß ein runder Rahmen die Arbeit gleichmäßiger spannt als ein ovaler Rahmen, aber viele empfinden den ovalen Rahmen als weniger hinderlich.

Der Hauptnachteil beim Verwenden eines Reifens ist die Tatsache, daß die Arbeit vor dem Quilten sorgfältig geheftet werden muß. Fehlende oder unzureichende Heftstiche führen dazu, daß die drei Schichten sich verschieben, wenn der Reifen von einem Teil des Quilts zum anderen bewegt wird. Jedermann haßt Heftarbeiten, aber sie sind absolut unumgänglich, wenn man nicht auf einem traditionellen Rahmen arbeitet. Warum sollte man daraus nicht eine kleine Party machen, zu der man mehrere Freundinnen einlädt, die sich die Arbeit teilen? Auf das Heften gehe ich im dritten Kapitel noch etwas näher ein.

Einen Reifen bespannen Legen Sie den gehefteten Quilt glatt auf den Innenring und drücken Sie den äußeren Ring darüber, ohne daß der Quilt sich verschiebt; dann ziehen Sie die Schraube fest an, damit nichts verrutscht. Bei einem runden oder ovalen Rahmen achten Sie darauf, daß die Arbeit nicht überdehnt wird, sondern auf beiden Seiten glatt und faltenfrei liegt. Auf den Quilt wird beträchtlicher Druck ausgeübt, wenn er über dem dünnen Profil des inneren Rings gedehnt wird. Aus diesem Grund sollte die Arbeit nicht länger als nötig in den Reifen gespannt werden – schon eine Nacht ist zu lang. Machen Sie es sich zur Gewohnheit, die Arbeit jedesmal vom Rahmen abzunehmen, wenn Sie mit dem Quilten fertig sind. Bleibt der Quilt längere Zeit in dem Rahmen, kann es zu Faltenbildung und bisweilen auch zu Fleckenbildung durch das unversiegelte Holz kommen. Manche umwickeln beide Reifen des Rahmens mit Schrägstreifen, um den Halt zu erhöhen. Dies ist nicht nötig, aber prüfen Sie, ob das Holz gut versiegelt ist, um Verschmutzungen zu vermeiden. Die Wahl des Durchmessers bleibt Ihnen überlassen; eine Schülerin, die stark beschäftigt war, arbeitete lieber mit einem kleinen Reifen, weil sie dann abends jeweils eine Rahmenfüllung quilten konnte.

Röhrenförmige Rahmen

Bei diesen Rahmen sind ähnliche Vorbereitungen der Quiltschichten nötig wie bei runden Rahmen: gründlich ausgeführte, systematische Heftlinien. Diese Rahmenart ähnelt dem runden Rahmen stark, aber die Spannung der Schichten läßt sich durch das Verschieben der Clips viel leichter anpassen, und es scheint einfacher, die Schichten glatt zu halten. Entfernen Sie die Clips jedesmal, wenn sie mit dem Quilten fertig sind, denn sonst bleiben möglicherweise für immer Dellen im Stoff.

Nadeln

Wenn Sie bereits eine Sammlung von Nähnadeln besitzen, haben Sie wahrscheinlich schon einige halblange, stumpfe Nadeln mit einem leicht abgerundeten Öhr, die grob bis fein sein können – je höher die Zahl ist, desto feiner ist die Nadel. Jeder hat bei der Nadelgröße seine eigenen Vorlieben. Das Quilten durch drei Schichten, bei denen sowohl die Wattierung als auch die Stoffe leicht sind, fällt mit einer Nadel der Stärke 9 oder 10 leicht, aber dieselbe Nadel ist nicht unbedingt für dichte Wattierung und schwere Stoffe geeignet. Wählen Sie eine Nadelgröße, die sich leicht auffädeln läßt (vielleicht sollten Sie auch einmal Ihre Augen überprüfen lassen) und so fein ist, daß Sie sie noch gut handhaben können. Wenn Sie beim Quilten ein Neuling sind, ist eine Nadel der Stärke 8 oder 9 eine gute Wahl - die besten Resultate erzielen Sie meistens mit einer kurzen, ziemlich feinen Nadel. Investieren Sie in ein, zwei Packungen verschiedener halblanger Nadeln, um zu experimentieren. Es ist eine gute Angewohnheit, immer mehrere Nadeln aufgefädelt bereitliegen zu haben. Man kann sie beispielsweise auf eine Garnrolle fädeln, um sie nacheinander zu benutzen oder nahe der Arbeit in ein Nadelkissen stecken.

Stecknadeln

Die Stecknadeln, die Sie verwenden, sollten fein, spitz, lang und nicht rostend sein. Stecknadeln mit Glasköpfen lassen sich aufgrund des kleinen Farbpunktes leicht auffinden, wenn sie auf den Schoß, den Hund oder den Teppich fallen. Am besten bewahrt man Stecknadeln in einem Nadelkissen, in einer Dose oder in einem Kästchen auf. Das ist besser, als sie am Pullover zu befestigen, mit den Zähnen zu halten oder sie in die Möbelpolster zu stecken.

Scheren

Man braucht eine gut geschärfte Schere zum Zuschneiden von Stoffen und Wattierung, und sie sollte ausschließlich diesem Zweck vorbehalten sein. Verwenden Sie nie die gleiche Schere zum Zerschneiden von Stoff und Papier, denn dadurch wird sie nur stumpf. Zum Abschneiden der Quiltfäden brauchen Sie eine kleine Stickschere. Eine Schere mit stumpfen Klingen ist dazu besser geeignet, da die Spitzen nicht zufällig ins Gewebe schneiden können.

Bienenwachs

Manche Quilter wachsen ihr Garn ganz automatisch, unabhängig davon, ob dies nun nötig ist oder nicht. Für manche Quiltgarne wird damit geworben, daß sie vor dem Gebrauch nicht gewachst werden müssen. Auch dies ist eine Sache der persönlichen Vorliebe. Zum Wachsen des Garns ziehen Sie den Faden leicht ein- bis zweimal über das Wachsstück und fahren anschließend mit dem Finger und Daumen über den Faden, um überschüssiges Wachs zu entfernen. Wenn Sie normales Nähgarn verwenden, kann das vorherige Einwachsen Knoten und Fadengewirr reduzieren, aber nicht ganz verhindern. Die feine Wachsschicht trägt außerdem dazu bei, daß das Garn leichter durch die Stoffschichten gleitet.

Fingerhüte

Es gibt unterschiedliche Auffassungen und Praktiken, was den Einsatz von Fingerhüten beim Quilten betrifft. Auf jeden Fall sollte der Finger, der die Nadel durch die Quiltschichten schiebt, irgendwie geschützt werden. Selbst wenn Sie noch nie mit einem Fingerhut gearbeitet haben, sollten Sie sich dazu durchringen. Recht große Meinungsunterschiede bestehen in der Quiltergemeinschaft über den Schutz der nicht nähenden Hand, die sich unterhalb des Quilts befindet. Einige sind der Meinung, die Finger dieser Hand müßten vor Nadelstichen geschützt werden. Andere können nicht quilten, wenn sie nicht die Nadelspitze beim Durchstechen fühlen und sichergehen können, daß alle drei Schichten durchstochen wurden. Wenn Sie zu dieser Gruppe gehören, sollten Sie immer nur für kurze Zeit quilten, damit die Finger nicht zu stark schmerzen oder blutig werden, bis sich schließlich eine starke Hornhaut an den Fingerspitzen entwickelt. Das häufige Einreiben mit Wundbenzin kann die Haut ebenfalls widerstandsfähig machen. Blutflecken können mit Speichel und/oder kaltem Wasser entfernt werden.

Sie können die Finger jedoch auch schützen. Neben den üblichen Fingerhüten aus Metall oder Leder gibt es viele andere Möglichkeiten: die abgeschnittenen Finger eines Lederhandschuhs, Operationshandschuhe, Fingerlinge aus Gummi, wie man sie aus Banken kennt, Pflaster, Plastikverband, klarer Nagellack – die Auswahl bleibt ganz Ihrer Phantasie überlassen. Es gibt sogar Fingerhüte speziell für lange Fingernägel! Selbst wenn Sie nur einen normalen Metallfingerhut an der nicht nähenden Hand tragen, stehen mehrere Versionen zur Auswahl. In seinem originellen Buch *The Quiltmaker's Handbook* (Prentice Hall, 1978) empfahl der amerikanische Quilter Michael James den Einsatz eines Fingerhuts, der oben abgeflacht ist und durch die Schichten des Quilts eine leichte Delle erzeugt. Fast über Nacht flachten Tausende von Quiltern ihre Fingerhüte ab, und bald gab es diese Art Fingerhut auch zu kaufen. Kürzlich wurden sehr glatte Fingerhüte vorgestellt, bei denen die Nadel über die Oberfläche gleiten soll, und zweifellos werden noch andere Hilfsmittel folgen. Wenn Sie an der nicht nähenden Hand einen Metallfingerhut tragen, werden Sie wahrscheinlich feststellen, daß die Nadeln sehr schnell stumpf werden, aber dies ist wahrscheinlich ein kleines Problem im Vergleich zu schmerzenden Fingern.

Vorbereitungen fürs Quilten

Die Vorbereitung der Quiltvorderseite

Bügeln Sie die Stoffrückseite gründlich, wobei Sie besonders auf das Aufbügeln und Glätten der Nahtzugaben achten sollten. Bei einem Patchworkteil müssen Sie besonders an die vielen Nahtzugaben denken und daran, in welche Richtung sie gebügelt werden sollen, so daß durch möglichst wenige Nahtzugaben gequiltet werden muß. Applizierte Vorderseiten sollten von links auf einer gepolsterten Oberfläche gebügelt werden – legen Sie einfach ein oder zwei saubere alte Handtücher auf das Bügelbrett. (Wenn man Applikationen von rechts bügelt, können die leicht erhabenen Kanten der Formen unattraktiv glänzen.) Schauen Sie sich die linke Seite noch einmal genau an, und schneiden Sie lose Fäden ab oder zurück.

Markierungsmethoden

Ein Aspekt beim Quilten, der die meisten Fragen aufwirft, zu Kontroversen führt und Erstaunen auslöst, ist das Markieren. Bei praktischen Quiltvorführungen werden am häufigsten folgende Fragen gestellt: 'Wie wurde das Muster auf den Stoff übertragen? Läßt sich die Markierung nach Abschluß der Arbeiten wieder entfernen? Wie werden die Markierungen entfernt?' Das Geschick beim Markieren hängt zum großen Teil davon ab, inwieweit man die vorhandenen Methoden und Werkzeuge kennt. Freunden des Quiltens steht heute eine große Auswahl zur Verfügung, aber es gibt keine perfekte, leicht zu entfernende Markierung für alle Stoffe. Idealerweise entsteht beim Markieren eine feine Linie, die beim Quilten klar sichtbar bleibt und sich dann entfernen läßt. Eine leichte und vollständige Entfernung der Markierung ist wahrscheinlich wichtiger als die Geschwindigkeit beim Entfernen. Da immer neue Werkzeuge zum Markieren auf den Markt kommen, kann die folgende Liste nicht umfassend sein, aber sie gibt eine Vorstellung von den verschiedenen Möglichkeiten.

Die Markierung wird normalerweise durchgeführt, bevor die drei Quiltschichten zusammengeheftet werden, so daß man auf einer einzelnen, flachen Stoffschicht arbeiten kann. Um möglichst akkurat zu arbeiten, müssen Sie die Spitze oder Kante des Markierungswerkzeugs so nah wie möglich an die Linie oder Kante des Musters oder der Schablone halten. Probieren Sie den Markierer oder die Methode zuerst immer einmal selbst aus.

Schneiderkreide Viele Anfänger glauben, daß dieses nützliche Werkzeug aus der Schneiderei auch fürs Quilten geeignet ist. In der Vergangenheit wurde es aufgrund fehlender Alternativen verwendet, aber Kreide verwischt leicht, sie läßt sich zu leicht vom Stoff entfernen, und die Linie ist im allgemeinen zu dick.

Ein **normaler Bleistift** ist für manche Arbeiten geeignet, aber das Graphit kann den Quiltfaden verfärben, so daß Linien mit schmutzigen Stichen entstehen. Starke Bleistiftlinien lassen sich fast gar nicht entfernen. Wasserlösliche Bleistifte sind in Bastelläden erhältlich. Sie sind sehr weich, und zum Markieren des Stoffes bedarf es nur sehr geringen Drucks. Linien, die mit harten Bleistiften markiert werden, sind nur schwer erkennbar. Ein spitzer Stift der Härte HB oder B, mit dem leichte Linien gezeichnet werden, ist besser, aber beim Markieren darf der Stoff nicht verzogen werden. Druckbleistifte erzeugen eine feine Linie und müssen nicht ständig neu angespitzt werden. Es gibt einen Drehbleistift auf dem Markt, der sich leicht verwenden und wieder entfernen läßt, aber dennoch sollte mit ihm nur leicht markiert werden.

Kreidestifte sind oft rosafarben und haben am anderen Ende einen kleinen Pinsel, mit dem sich die Kreide entfernen läßt. Die gezeichnete Linie ist ziemlich breit und läßt sich wie Schneiderkreide oft zu leicht abwischen. Mit diesen Stiften muß zum Markieren ein wenig Druck ausgeübt werden, so daß sie möglicherweise für leichte Stoffe nicht geeignet sind.

Kreidepulver Nachfüllbare Beutel mit weißer oder farbiger Kreide mit einem kleinen Schlitz und einem Rädchen an einem Ende ergeben eine deutliche, feine Linie und sind leicht anzuwenden. Diese Kreiden bieten nur eine vorübergehende Markierung, aber sie scheint länger vorzuhalten als die meisten anderen und ist besonders für Schablonen mit Einschnitten geeignet. Sie sind ideal zum Markieren dunkler Stoffe, die Stück für Stück bearbeitet werden.

Wasserlösliche Stifte Einst hielt man diese Stifte für die Erfüllung aller Wünsche beim Markieren – sie ergeben eine klare blaue Linie, die mit einem in kaltes Wasser getauchten Schwamm entfernt werden kann. Beim Markieren entsteht eine breite Linie, so daß die Stiche wacklig aussehen können. Testen Sie diese Stifte vor Gebrauch an einem Stück Stoff. Wärme, Sonnenlicht oder sogar warmes Wasser können die Linien in einer unattraktiven braunen Farbe 'fixieren', und durch Feuchtigkeit oder Dampf können sie zu früh wieder verschwinden. Tauchen Sie den Stoff zum Entfernen der Markierungen in kaltes Wasser, bevor Sie ihn bügeln oder waschen, denn diese Prozesse können die Farbe fixieren. Wenn Sie die Markierungen mit einem Schwamm und kaltem Wasser entfernen, können später blaue Stelle auftauchen.

Verblassende Stifte, die anfänglich als ausgezeichnetes Werkzeug zum Markieren begrüßt wurden, macht man heute für das vorzeitige Schwächerwerden und Auflösen von Stoffen verantwortlich – ein Faktor, den Sie bedenken sollten, wenn Sie ein 'Erbstück' schaffen wollen. (Denkt man nicht immer an ein Erbstück, wenn man wieder neu mit der Arbeit beginnt?)

Wasserlösliche Buntstifte sind preiswert und in vielen Farben erhältlich. Mit dem Schwamm kann man schwache Linien entfernen; bei stärkeren Markierungen muß der Stoff leicht gewaschen werden. Sie lassen sich nicht so leicht anspitzen wie Bleistifte, ergeben jedoch eine feine Linie. Es steht eine gute Farbauswahl zur Verfügung, so daß man sie auf Stoffen in fast allen Farben verwenden kann. Manche Stifte lassen sich schwerer entfernen als andere – probieren Sie sie zuerst an einem Stoffrest aus.

Silber-/Specksteinstifte werden immer beliebter. Sie lassen sich leicht anspitzen und sind auf den meisten Stoffen sichtbar. Beim Waschen werden die Markierungen meistens vollständig entfernt.

Buntstifte lassen sich manchmal schwerer entfernen als die wasserlöslichen Stifte. Wenn nur leichte Markierungen gezeichnet werden, sind sie wahrscheinlich leicht entfernbar. Es ist jedoch angebracht, dies vorher an einem Probestück zu überprüfen. Professionelle Quiltmarkierer in Nordengland benutzten häufig einen blauen oder gelben Buntstift, womit sie die berühmte Markiererin Elizabeth Sanderson nachahmten, die diese Farben mit Vorliebe verwendete. Ein professionell markierter Quilt galt soviel, daß viele nie gewaschen wurden, weil man Angst hatte, die Markierungen zu entfernen.

Stifte zum Beschriften von Porzellan sind wachsig und lassen sich nicht leicht anspitzen. Eine der beliebtesten tradi-

Bei der Lochmustermethode wird das Muster mit Zimtpulver übertragen.

Hier werden Quiltmuster mit der Nadelspitze um Holzschablonen herum eingeritzt.

tionellen Quilterinnen in Großbritannien, Mrs. Amy Emms MBE, setzt sie sehr erfolgreich ein.

Mit **Schneiderkohlepapier** wird das Muster auf den Stoff übertragen, indem man mit einem ausgetrockneten Kugelschreiber oder einem Kopierrädchen über das Muster fährt, wobei das Kohlepapier zwischen Muster und Stoff liegt. Die Markierungen lassen sich bisweilen nur schwer entfernen. Es ist unbedingt anzuraten, diese Methode erst an einem Teststück auszuprobieren. Die Hitze eines Bügeleisens oder heißes Wasser kann die Kohle unauslöschlich im Stoff fixieren - wenden Sie diese Methode nur mit großer Vorsicht an.

Kohlepapier für Schreibmaschinen ist für Papier geeignet, läßt sich jedoch aus Stoff fast gar nicht entfernen. Im allgemeinen sollte man diese Methode zum Markieren von Quilts nie verwenden.

Seife ist ein guter, wasserlöslicher Markierer, der bei traditionellen Quilterinnen und Quiltern beliebt ist. An der Luft getrocknete Seifenstücke sind für dunkle Stoffe gut geeignet und ergeben eine recht feine Linie.

Ein **Lochmuster in Papier, das mit Pulver auf den Stoff übertragen wird**, ist eine alte Methode aus der Stickerei und nützlich für das Markieren von zarten und/oder dunklen Stoffen. Zeichnen Sie das Muster auf Pauspapier, stellen Sie Ihre Nähmaschine, in der sich kein Garn befindet, auf 4–6 Stiche pro Zoll ein und nähen Sie mit einer alten Nadel entlang der Musterlinien durch das Papier. Sie können auch eine Stopfnadel verwenden und die Löcher von einem willigen Kind übertragen lassen, doch bedenken Sie, daß dies eine langwierige Aufgabe sein kann, wenn das Muster groß oder kompliziert ist.

Legen Sie das fertig durchstochene Muster auf den Stoff und befestigen Sie es sorgfältig mit Klebeband. Streuen Sie Pulver (Puder, Kreide oder Zimt, was von der Stoffarbe abhängt) auf das Papier und reiben Sie es sorgfältig mit einem kleinen Wattebausch durch die Löcher. Entfernen Sie das Klebeband und heben Sie den Musterbogen mit einer schnellen Bewegung ab, so daß die Punkte nicht verwischt werden. Sie können jetzt, falls nötig, mit einem Markierstift miteinander verbunden werden. Dies ist nicht die schnellste Markierungsmethode, aber nützlich für kleinere Projekte.

Beim **Heften** werden die Musterlinien durch Seidenpapier, das anschließend abgerissen wird, auf den Stoff übertragen. Die Heftlinien dienen als Leitfaden fürs Quilten.

Die **Seidenpapiermethode** ist besonders für zarte Stoffe geeignet. Das Muster wird auf Seidenpapier übertragen, das anschließend auf den Stoff geheftet wird. Dann wird sowohl durch das Seidenpapier als auch die Quiltschichten gequiltet. Das Seidenpapier wird im Verlauf der Quiltarbeiten Stück für Stück abgerissen.

Die Methode, **Quiltmuster mit der Nadelspitze einzuritzen**, war früher viel beliebter und weiter verbreitet als heute und verdient eigentlich ein Comeback. Es müssen keine farbigen Markierungen entfernt werden, und die eingeritzten Markierungen überstehen die minimale Handhabung bei der Arbeit an einem feststehenden Rahmen, sind jedoch für einen runden oder tragbaren Rahmen weniger geeignet.

Die Quiltvorderseite wird mit Schablonen – Federn – und Schablonen zum Durchpausen – Zöpfe – markiert.

Das Abpausen eines Musters durch dünnen, hellen Stoff

Die Nadelmarkierungen werden normalerweise mit einer Teppich- oder Stopfnadel ausgeführt, die man zur leichteren Handhabung in einen Korken steckt – eine Schuhmacherahle ist ebenfalls geeignet. Legen Sie eine weiche Unterlage, beispielsweise eine gefaltete Decke, auf Ihre Arbeitsfläche und legen Sie den Stoff darauf. Setzen Sie die Nadelspitze nah am Rand der Schablone schräg auf und drücken Sie auf den Stoff, so daß eine deutliche Falte entsteht, die auf hellen und/oder glänzenden Stoffen wie Seide, Satin, satinierten und nicht-satinierten Baumwollstoffen sichtbar ist. Nadelmarkierungen können um eine Schablone herum ausgeführt werden, durch eine Schablone zum Durchpausen oder durch ein Pauspapiermuster. Wenn Sie Pauspapier verwenden, sollten Sie vorher ein Musterdoppel anfertigen, da Ihnen sonst nur noch zerrissenes Papier für Ihr Musterbuch bleibt. (Sie haben doch ein Musterbuch, oder?)

Kürzlich kam ein relativ neues Werkzeug für diese Markierungsmethode auf den Markt. Es basiert auf einem traditionellen japanischen Markierungswerkzeug, läßt sich leicht handhaben und ergibt eine gute, deutliche Spur.

Schablonen und Schablonen zum Durchpausen sind aus Kunststoff, Karton, Metall oder Holz erhältlich. Heute steht eine große und attraktive Auswahl an kommerziellen Kunststoffschablonen zur Verfügung. Sie sind besonders nützlich, wenn jeweils nur ein kleines Stück auf einem traditionellen Rahmen oder runden Rahmen markiert werden soll. Außerdem lassen sich dunkle oder schwierige Stoffe gut damit von oben markieren.

Wenn Sie zögern, die Quiltvorderseite direkt mit Schablonen oder Schablonen zum Durchpausen zu markieren, üben Sie erst an einem Stück Papier, bis Sie sich sicherer fühlen.

Wenn Sie Angst haben, daß der Stoff sich beim Markieren verschiebt, legen Sie einen Bogen sehr feines Sandpapier darunter, um den Stoff an Ort und Stelle zu halten.

Bei einer Schablone wird der Umriß übertragen, während die inneren Bereiche freihändig markiert werden. Eine Schablone zum Durchpausen weist Schlitze auf, so daß innere und äußere Linien markiert werden können. Beide Schablonenarten kann man leicht zu Hause selbst herstellen.

Für Schablonen werden individuelle Muster aufgezeichnet und auf Karton guter Qualität aufgeklebt. Der Karton kann dann mit einem scharfen Schneidemesser zugeschnitten werden. Eine Schere ist für leichteren Karton geeignet. Acetatbögen, Röntgenfilm oder zerlegte Kunststoffbehälter sind alle als wiederverwertetes Schablonenmaterial geeignet. Die Pappe von Cornflakes-Packungen ist zu schwach für Schablonen, die häufig verwendet werden sollen. Ein kommerziell erhältliches opakes oder mattes Kunststoffmaterial, das sich leicht mit der Schere zuschneiden läßt, ist für die Schablonenherstellung ideal. Man erhält eine feste Kante, und der Kunststoff nutzt sich auch bei häufigem Gebrauch nicht ab.

Schablonen zum Durchpausen werden ganz ähnlich hergestellt. Schneiden Sie die Schlitze sorgfältig aus – sie müssen breit genug sein, so daß man einen Bleistift oder die Spitze eines Markierstiftes frei bewegen kann. Wenn Sie opakes Kunststoffmaterial verwenden, sollten Sie die Schlitze mit einem Schneidemesser einschneiden, statt mit einer Schere in einem sehr kleinen Bereich zu manövrieren. Ein 'heißer Stift' erleichtert das Einschneiden der Schlitze. Eine andere Möglichkeit wäre das Einstechen von Löchern anstelle von Schlitzen.

Pausen Wenn Sie hellen Stoff verwenden, zeichnen Sie das Muster mit einem schwarzen Stift auf weißes Papier. Befestigen Sie das Muster auf einer festen, glatten Oberfläche und legen Sie den Stoff darauf. Kleben Sie beide Schichten mit Klebeband fest, so daß nichts verschoben werden kann. Anschließend übertragen Sie die Linien mit Ihrem Lieblingsmarkierer auf den Stoff. Eine helle Lampe in der Nähe läßt das Muster noch klarer hervortreten.

Lichtkästen sind nützlich zum Markieren dunkler Stoffe. Die einfachste Form des Lichtkastens ist eine Glas- oder durchsichtige Kunststoffscheibe, deren Kanten zur Sicherheit umwickelt sind und die so hoch auf Büchern oder Blöcken liegt, daß eine Tischleuchte daruntergeschoben werden kann. Bedenken Sie jedoch, daß Lampen heiß werden und sowohl Stoff als auch Papier entflammbar sind. Sie können sich einen tragbaren Lichtkasten kaufen oder herstellen lassen.

Ein großes, sonniges Fenster ergibt einen guten, senkrechten Lichtkasten zum Markieren kleiner Projekte – das Markieren eines großen Stücks auf diese Weise führt jedoch zu Problemen und Schmerzen in den Armen. Für sehr kleine Projekte (weniger als 60 cm im Quadrat) können Sie den 'Lichtkasten' nutzen, den es in den meisten Haushalten gibt – den Fernseher. Schalten Sie den Videokanal ein, kleben Sie Muster und Stoff auf den Bildschirm, und markieren Sie. Sie sollten diese Methode jedoch nicht gerade während der Hauptfernsehzeit der Familie wählen.

Selbstklebende Plastikfolie markiert einen Stoff vorübergehend, und hinterher müssen keine verräterischen Linien entfernt werden. Bei zarten Stoffen sollten Sie jedoch vorher prüfen, ob der Kleber Spuren hinterläßt. Schneiden Sie Ihre Musterformen aus, entfernen Sie die Papierrückseite, bringen Sie die Formen auf dem Stoff in Position, und quilten Sie um sie herum. Die Folie kann man mehrmals wiederverwenden, bevor sie nicht mehr klebt. Man erhält eine gute, deutliche Kante, entlang der man quilten kann, doch hüten Sie sich davor, die Folie zu lange am Stoff kleben zu lassen – Klebespuren lassen sich nur schwer entfernen und können sich verfärben.

Klebeband ist wunderbar geeignet, um deutliche, gerade Linien zu quilten, die wir alle bewundern, ohne vorher alles markieren zu müssen. Klebeband ist preiswert, überall und in verschiedenen Breiten erhältlich. Kreppband, das in Heimwerkerläden erhältlich ist, kann zum Markieren kurviger Linien verwendet werden. Fachgeschäfte für Quiltbedarf führen ein 0,6 cm breites Band, das man in Kurven legen kann, wenn man es beim Aufkleben auf den Stoff an einer Seite einschneidet. Die meisten Klebebänder kann man mehrmals verwenden, bevor sie zu einer Kugel zusammengeknüllt werden, mit der man Flusen, Katzenhaare und Krümel von der Arbeit entfernen kann.

Mit **Stramin** kann man Linien akkurat und recht leicht markieren. Legen Sie weitmaschigen Teppichstramin auf den Stoff, und zeichnen Sie mit Ihrem Lieblingsmarkierer in regelmäßigen Abständen Linien (etwa alle fünf Löcher) darauf, so daß eine gepunktete Linie auf dem Stoff entsteht.

Tüll Zeichnen Sie Ihr Muster mit einem wasserfesten Stift auf ziemlich weitmaschigen Tüll (prüfen Sie zuerst, ob der Stift tatsächlich wasserfest ist). Anschließend legen Sie den Tüll auf den Stoff und zeichnen mit Ihrem Stoffmarkierer über die markierten Linien. So erhalten Sie eine Punktelinie zum Quilten.

Photokopierer vergrößern oder verkleinern Muster nicht nur innerhalb weniger Sekunden, sondern eine frische (weniger als zwei Stunden alte) Kopie kann zum Übertragen von Mustern auf helle Stoffe verwendet werden. Legen Sie die Photokopie mit der Bildseite nach unten auf die rechte Seite des Stoffes und bügeln Sie mit dem warmen/heißen Bügeleisen, jedoch ohne Dampf, darüber. Entfernen Sie das Papier vorsichtig: Der Stoff ist jetzt markiert und kann gequiltet werden. Testen Sie diese Methode zuerst an einem Stoffrest, und prüfen Sie, ob sich die Markierung leicht entfernen läßt.

Kreppband und selbstklebende Folie sind für das Markieren von Quiltmustern nützlich.

Andere Hilfsmittel Ein wichtiges Werkzeug ist ein langes Lineal mit deutlichen Markierungen. Viele Lineale für das Quilten haben Winkelmarkierungen von 90°, 45° und 60° und sind mindestens 45 cm lang. Begeisterte Quilterinnen und Quilter finden sicherlich viele Einsatzmöglichkeiten für einen Plexiglasstab in Nahtzugabenbreite und ein flexibles Lineal, das für Einzellinien, parallele Linien und Echolinien von gleichmäßiger Breite um einfache Formen und Kurven herumgebogen werden kann. Ein Saum-Maß ist nützlich zum Überprüfen von Nahtzugaben und für gleichmäßige Abstände zwischen den Linien.

Die populärsten Markierungsmethoden sind das Pausen, der Lichtkasten und Schablonen. Da es kein perfektes Markierungswerkzeug gibt, das für alle Arbeiten geeignet ist, entwickelt jeder seine persönliche Vorlieben. Auf jeden Fall sollten Sie immer überprüfen, ob sich die Markierungen wieder leicht entfernen lassen.

Zum Entfernen der Markierungen, ob sie nun absichtlich oder versehentlich entstanden sind, verwenden Sie folgende Hilfsmittel: kaltes Wasser, Speichel, knetbare Radiergummis, MagicRub-Radiergummis, Gallseife, Waschen von Hand, Waschen mit der Maschine, Fleckenentferner. Verwenden Sie nie rostige Stecknadeln, und lassen Sie Nadeln nie längere Zeit in Ihren Arbeiten stecken. Hüten Sie sich davor, dunkles Heftgarn zu verwenden. Es kann kleine Fasern im Stoff zurücklassen, die sich nicht mehr entfernen lassen.

Drittes Kapitel

Heften, Quilten, Fertigstellen

Das Heften

Wenn Sie mit einem tragbaren Rahmen arbeiten wollen, müssen die drei Lagen des Quilts vorher sorgfältig zusammengeheftet werden.

Bei unzureichender Heftung verschieben sich die verschiedenen Lagen, wenn die Werkstücke zwischendurch vom Rahmen abgenommen und erneut befestigt werden. Das Heften kann eine langweilige und anstrengende Arbeit sein, aber es ist wichtig und sollte nie unterlassen werden. Viele breiten die verschiedenen Lagen des Quilts auf dem Boden aus und gehen zum Heften auf die Knie. Legen Sie die Rückseite mit der linken Seite nach oben auf den Boden und glätten Sie den Stoff so gut wie möglich. Sie können auch eine Ecke am Teppich feststecken oder den Stoff mit Klebeband auf dem Boden befestigen. Legen Sie die Wattierung auf die Stoffrückseite und glätten Sie sie ebenfalls. Jetzt legen Sie die Stoffvorderseite mit der rechten Seite nach oben auf das Ganze und glätten sie in Richtung Rand. Sowohl die Wattierung als auch die Stoffrückseite sollte an allen Seiten um etwa 10 cm größer sein als die Stoffvorderseite. Eine geringere Zugabe birgt Gefahren, da der Quiltprozeß alle drei Lagen schrumpfen läßt. Ein Zuviel an Wattierung und Stoffrückseite kann nach dem Quilten zurückgeschnitten werden, aber im umgekehrten Fall geraten Sie in Schwierigkeiten!

Wenn Sie Probleme mit den Knien haben und nicht auf dem Boden arbeiten können, kann der Quilt auf einem Tisch geheftet werden; damit wird dann Ihr Rücken stärker belastet. Im Grunde ist jeder Tisch dazu geeignet, aber poliertes Holz könnte verkratzt werden. Eine Tischtennisplatte ist ideal, aber man kann genausogut jede glatte, saubere Oberfläche benutzen.

Breiten Sie die Stoffrückseite mit der linken Seite nach oben auf dem Tisch aus, so daß sich das Zentrum in der Tischmitte befindet. Der Rest des Stoffes kann an den Tischkanten überhängen. Zentrieren Sie die Wattierung genauso und bringen Sie dann die Quiltvorderseite über diesen beiden Lagen in Position.

Die Reihenfolge beim Heften

Normalerweise beginnt man mit dem Heften in der Mitte und arbeitet sich gleichmäßig und systematisch zu den Rändern

Zusammenheften der Lagen eines Quilts auf einem Tisch

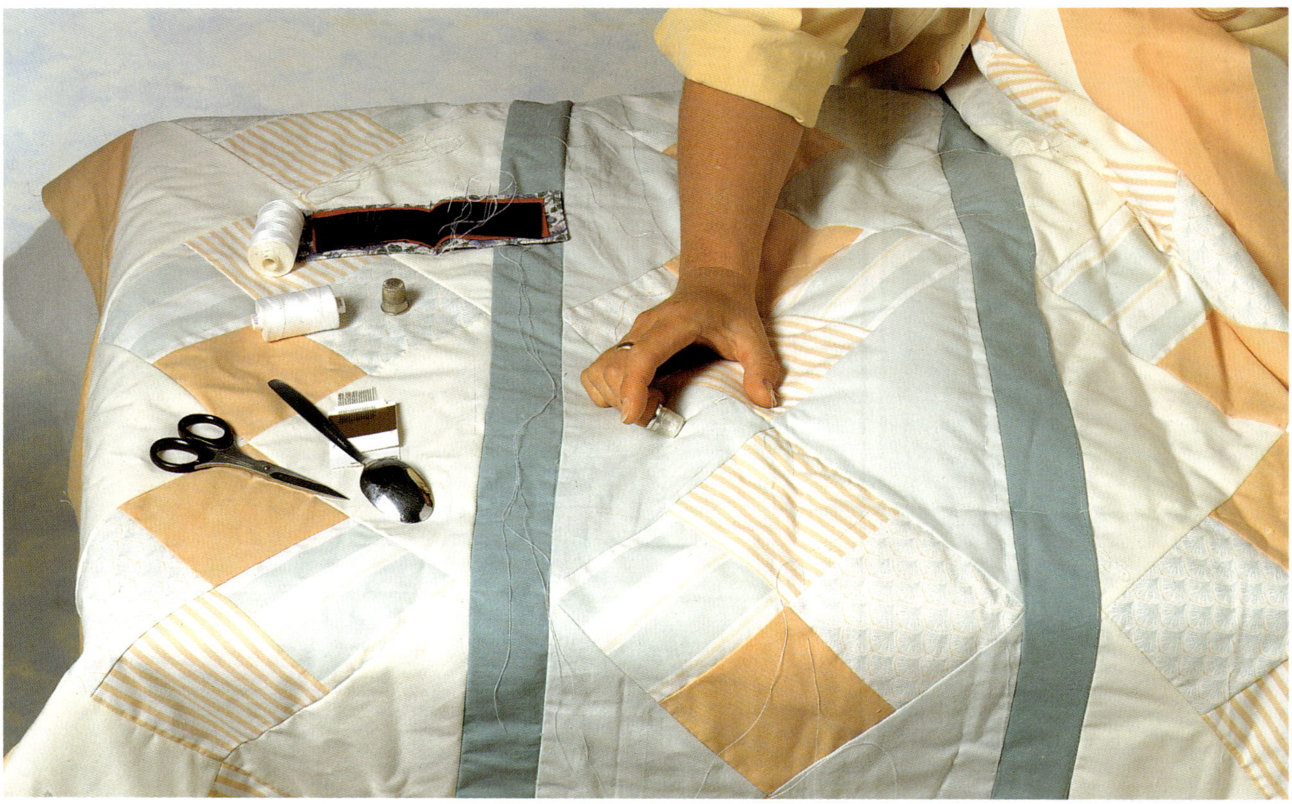

vor, damit im Verlauf alle Lagen zu den Rändern hin geglättet werden können und Falten entfernt werden. Wenn Sie am Tisch arbeiten, heften Sie von der Mitte ausgehend in waagrechter und senkrechter Richtung nach außen, bis Sie die Tischkante erreichen. Lassen Sie die Heftfäden hängen, da sie beim nächsten Schritt weiterverwendet werden. Jetzt heften Sie weitere waagrechte und senkrechte Linien, indem Sie weiter von der Mitte bis zur Tischkante arbeiten (Abb. 6a - 6d).

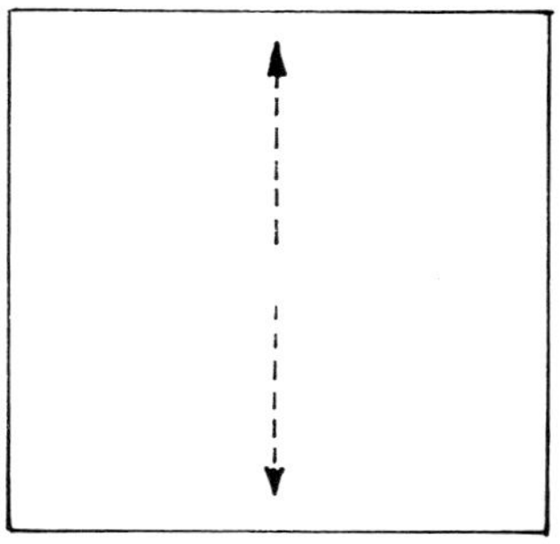

Abb. 6a

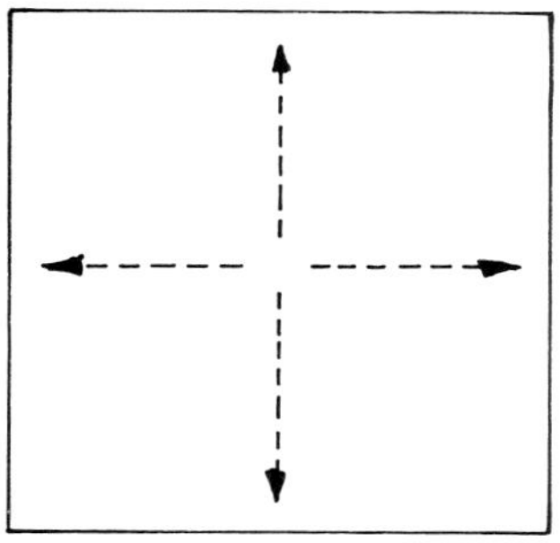

Abb. 6b

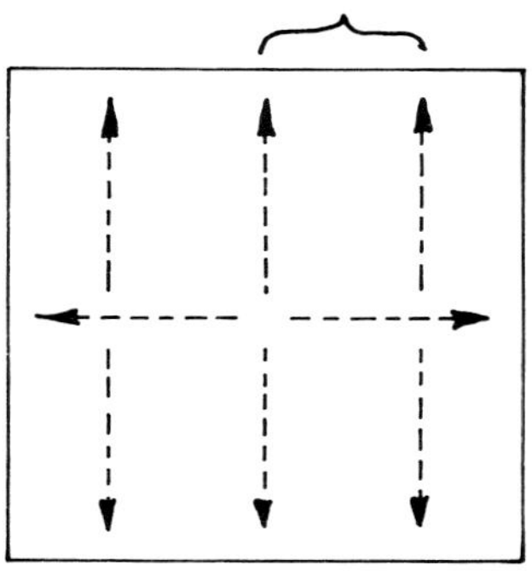

Abb. 6c

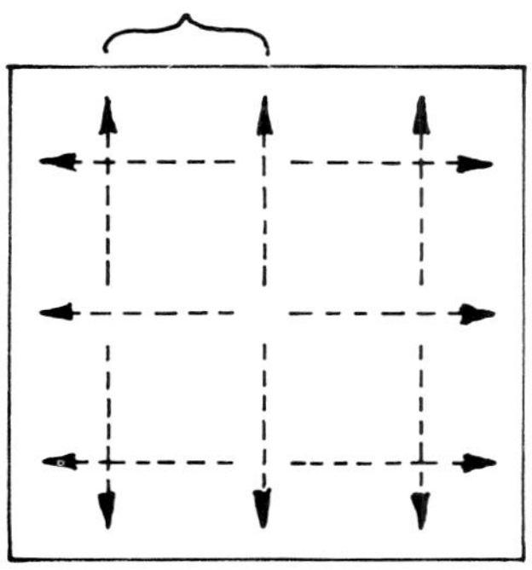

Abb. 6d

Wenn Sie das Heftgitter auf dem Quiltteil, das sich auf dem Tisch befindet, vervollständigt haben, schieben Sie dieses fertige Teil zur Seite, fädeln die losen Heftfäden wieder auf und heften weiter, bis der ganze Quilt mit Heftlinien versehen ist. Die beste Entfernung zwischen den Heftlinien beträgt 7,5 cm.

Bei manchen Anleitungen zum Heften findet man diagonale Linien, die sofort nach den waagrechten und senkrechten Linien gearbeitet werden, aber bei mittelgroßen bis großen Stücken kann es vorkommen, daß man die Schichten unabsichtlich beim Heften unrund entlang dem Schrägverlauf glättet. Bei dem hier beschriebenen Heftgitter ist es weniger wahrscheinlich, daß es zu einer solchen Verschiebung kommt.

Wenn Sie auf dem Boden arbeiten wollen, heften Sie entweder von der Mitte nach außen oder von einer Kante bis zur gegenüberliegenden. Wenn Sie die Lagen sorgfältig und gleichmäßig hin zu den Schnittkanten glätten, sollte es keine Probleme geben.

Als Alternative zum Heften auf dem Boden oder auf dem Tisch können Sie einen traditionellen Rahmen verwenden. Idealerweise sollte der Rahmen größer als der Quilt sein, so daß alle drei Schichten gleichmäßig gedehnt, festgesteckt und dann geheftet werden können, oder Sie verwenden einen Rahmen mit Rollvorrichtung. Befestigen Sie die drei Schichten an der vorderen Spannvorrichtung wie beim Quilten. Dann rollen Sie die Stoffrückseite an dem anderen Holzstab auf und befestigen sie. Die beiden oberen Schichten können dann Stück für Stück über der Oberseite der Stoffrückseite geglättet und geheftet werden, wobei die Arbeit nach Bedarf weitergerollt wird.

Heftstiche

Die Heftlinien sollten einigermaßen gerade sein, aber es ist nicht weiter schlimm, wenn sie etwas krumm sind. Um alle drei Lagen zusammenzuhalten, dürfen die Stiche weder zu lang noch zu kurz geraten, und sie sollten in etwa gleichmäßig sein. Lockere, 15 cm lange Stiche sind also genau wie kurze, gespannte Stiche, die nur 2,5 cm lang sind, ungeeignet.

Ein Löffel kann beim Heften hilfreich sein. Drücken Sie die Schichten mit der Löffelspitze etwa an der Stelle, an der die Nadel nach oben kommen soll, fest nach unten (Abb. 7).

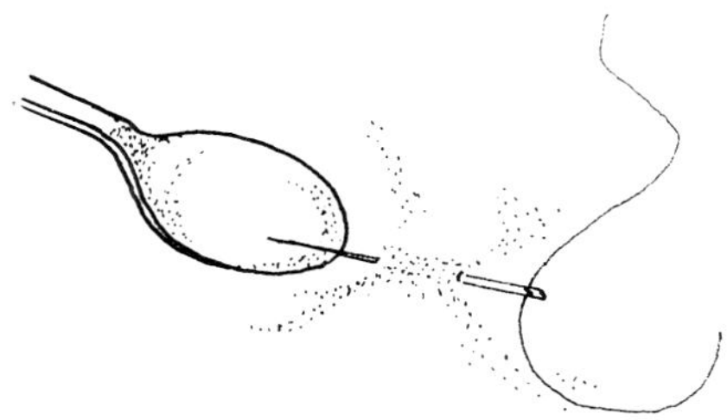

Abb. 7

Vermeiden Sie es, zu dicht entlang geplanten Quiltlinien zu heften - die Heftstiche würden beim Quilten nur stören.

Die Arbeit läßt sich leichter handhaben, wenn Sie die gehefteten Schichten nah bis an die fertiggestellte Heftlinie aufrollen.

Damit die Kanten des Quilts beim Quilten sauber bleiben und nicht übermäßig abgenutzt werden, schlagen Sie die Stoffrückseite mitsamt der Wattierung über die Quiltvorderseite und sichern das Ganze mit lockeren Heftstichen.

Der **Heftfaden** sollte auf der Quiltvorderseite sichtbar sein. Dunkles oder leuchtend buntes Heftgarn ist für helle Stoffe ungeeignet, da sich winzige Garnfasern in der Quiltvorderseite festsetzen und als kleine Punkte in dem fertigen Quilt sichtbar werden können, nachdem die Heftfäden entfernt wurden.

Heftnadeln Jede Nadel, die man leicht auffädeln kann, ist zum Heften geeignet. Sie sollte vorzugsweise länger als die halblangen Quiltnadeln sein. Es ist nützlich, mehrere Nadeln vorher aufzufädeln, so daß sie gebrauchsfertig sind. Ein ganzes Nadelpaket kann mit einer Spule Heftfaden aufgefädelt und nacheinander benutzt werden.

Der Aufbau eines traditionellen Rahmens

Wenn Sie auf einem feststehenden Rahmen quilten wollen, ist es nicht nötig, die drei Quiltlagen zusammenzuheften, bevor Sie den Quilt an dem Rahmen befestigen. Befestigen Sie die Quiltrückseite fest an beiden Holzstäben und glätten Sie sie mit der Hand. Die Wattierung und Vorderseite werden jetzt an dem vorderen Stab festgeheftet und über der festgespannten Rückseite geglättet, so daß die beiden Schichten über der anderen Holzleiste überhängen. Eine Reihe Nadeln hält alle drei Schichten vor der hinteren Holzleiste zusammen, und die Seiten des Quilts werden mit Bändern unter Spannung gehalten. Diese werden durch alle Schichten der Kanten festgesteckt und entweder an das Gurtband der beiden Spannleisten gesteckt oder um die Spannleisten herumgewickelt, wie es Abb. 5 auf Seite 22 zeigt.

In Blöcken quilten

Diese Methode ist ein sehr guter Weg, um ein großes Stück in Abschnitten zu quilten. Die Technik wird häufig für zusammengesetzte und applizierte Quilts und beim Quilten mit der Maschine eingesetzt, ist jedoch für Quilts aus ganzen Stoffbahnen weniger geeignet. Einzelne Abschnitte des Quilts werden geheftet, gequiltet und dann zusammengenäht. Wenn Sie nicht mit einem kleinen traditionellen Rahmen arbeiten, müssen Sie die drei Schichten jedes Abschnitts genauso heften, wie Sie es bei einem größeren Projekt tun würden. Außerdem brauchen Sie bei allen drei Quiltschichten besonders großzügige Nahtzugaben, damit Sie genug nicht gequilteten Stoff zum Zusammenfügen haben.

Wenn alle gequilteten Teile fertiggestellt wurden, breiten Sie sie mit der Rückseite nach oben flach aus. Falten Sie die Wattierung und die Stoffrückseite zurück, damit die Stoffvorderseiten aneinander angepaßt, festgesteckt und zusammengenäht werden können (Abb. 8).

Abb. 8

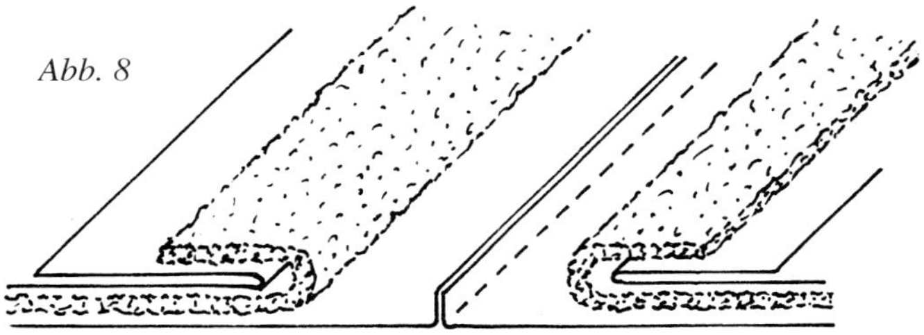

Schneiden Sie die Wattierung zurück, und nähen Sie die Stücke aneinanderstoßend mit Hexenstich zusammen (Abb. 9).

Abb. 9

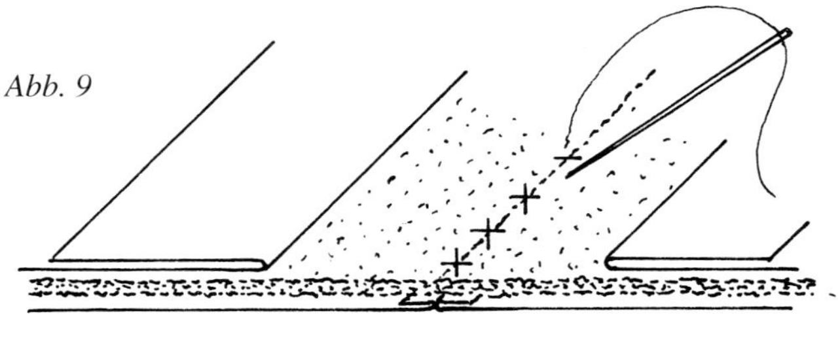

Dann nähen Sie die Rückseite zusammen, indem Sie eine unversäuberte Kante zurückschneiden und glätten und sie mit der gefalteten Kante der zweiten Stoffrückseite überlappen. Nähen Sie diese gefaltete Kante mit passendem Garn sauber fest (Abb. 9a). Achten Sie darauf, daß sich alle Verbindungen in derselben Richtung überlappen; Sie können sie mit geraden Stoffstreifen verdecken.

Abb. 9a

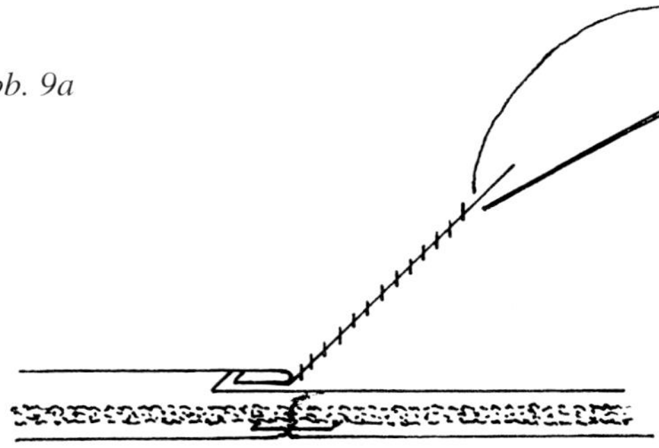

Manche sind der Meinung, daß diese Technik für das Quilten von kleinen Quiltabschnitten gut geeignet ist, empfinden aber das Verfahren beim Zusammensetzen als zu langsam, da dafür präzise Planung nötig ist.

Quilten von Hand

Beim Quilten wird ein Vorstich verwendet, der durch alle drei Schichten von Stoff und Wattierung gearbeitet wird. Seine Funktion besteht darin, diese Schichten zusammenzuhalten und ihnen Struktur zu verleihen. Der Vorstich ist häufig der erste Stich, den man erlernt, und auch der erste, den man wieder vergißt.

Gute Vorstiche sind gleichmäßig; sowohl die Stiche als auch der Raum zwischen ihnen sollte dieselbe Länge haben. Für den Augenblick sollten Sie alles vergessen, was Sie je über die Stichgröße gelesen oder gehört haben, und sich auf das Wort 'gleichmäßig' konzentrieren. Wenn Sie Anfängerin sind, sollten Sie auf gleichmäßige Stiche abzielen, nicht auf kleine. Seien Sie realistisch, und gehen Sie schrittweise vor. Wie es bei vielen Fähigkeiten der Fall ist, braucht es beim Quilten einige Übung und ein wenig Geduld während der ersten Stadien – jeder fühlt sich am Anfang unbeholfen.

Gute, von Hand durchgeführte Quiltlinien werden mit einem Vorstich in gleichmäßigem Abstand durch alle drei Stoffschichten durchgeführt. Jeder Stich sollte durch alle drei Lagen hindurchgehen. Idealerweise sollten die Stiche auf der Rückseite fast dieselbe Größe wie jene auf der Vorderseite haben. Bei Quilts, die als Erbstücke gearbeitet wurden, treffen all diese Punkte zu. Außerdem weisen sie eine fast unmöglich scheinende Anzahl von Stichen pro Zoll auf!

Auftakt zum Quilten

Fädeln Sie das Garn in die Nadel, bevor Sie ein 45 cm langes Stück abschneiden. Wenn Sie beim Einfädeln Schwierigkeiten haben, drehen Sie die Nadel um oder fädeln sie vor einem weißen oder hellen Hintergrund ein. Garn, das schräg statt gerade abgeschnitten wurde, läßt sich leichter durch das Öhr einer feinen Nadel fädeln. Bei längeren Fäden kommt es oft zu Geknäuel und Verknotungen (und damit zur Strapazierung der Nerven). Machen Sie etwa 2 bis 3 cm vom abgeschnittenen Fadenende entfernt einen Knoten. Wenn Sie den Faden wachsen, sollten Sie überschüssiges Wachs entfernen, damit Sie nicht von einem Haufen kleiner Kügelchen auf der Vorderseite Ihrer Arbeit überrascht werden. Fahren Sie mit dem Garn über das Bienenwachs und lassen Sie den Faden dann zwischen Daumen und Zeigefinger hindurchgleiten. Stechen Sie mit der Nadel nur durch die Vorderseite und Wattierung ein und führen

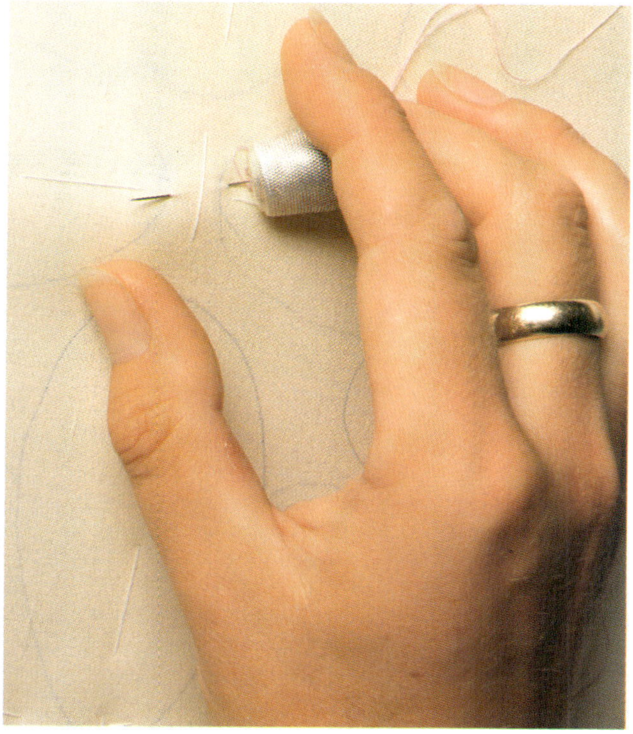

Zum Beginn des Quiltens müssen Sie die Nadel an der markierten Linie nach oben führen.

Position des Knotens ganz am Anfang eines neuen Quiltabschnitts

Sie die Nadel dann durch die Vorderseite an der ersten Linie, die Sie quilten wollen, wieder nach oben.

Versuchen Sie Fadenanfang und -ende und die Knoten so zu legen, daß sie entweder unter einer vorhandenen Quiltlinie liegen oder daß Quiltstiche über sie hinweggearbeitet werden. Bei Patchwork- oder applizierten Oberflächen sollten Sie die Anfangs- und Endfäden und Knoten, wenn möglich, in den Nahtzugaben verankern. Wenn Sie eine Reihe von Quiltlinien arbeiten, sollten die Anfangs- und Endpunkte jeder Linie so gestaffelt werden, daß sie sich nicht auf einer Linie befinden.

Ziehen Sie leicht am Faden, so daß der Knoten durch die Stoffvorderseite gezogen wird und in der Wattierung verborgen ist. Beginnen Sie die erste Quiltlinie mit einem kleinen Steppstich, der nur durch die beiden oberen Schichten führt (d.h. Vorderseite und Wattierung) oder durch alle drei Schichten. Sie können diesen Steppstich auch auslassen, wenn Sie sich sicher sind, daß der Knoten den Faden ausreichend sichert. Jetzt kann es weitergehen. Die Behauptung, daß man beim Quilten einen Vorstich verwendet, der durch drei Lagen gearbeitet wird, mag in Ihren Ohren jetzt lächerlich klingen. Wahrscheinlich fragen Sie sich, wie Sie diese kurze Nadel einigermaßen gleichmäßig und akkurat durch alle drei Lagen schieben sollen. Es ist nicht besonders hilfreich, die Nadel zwischen Daumen und Zeigefinger zu halten – einfacher ist es, die Nadel mit dem mit einem Fingerhut versehenen Finger der nähenden Hand zu kontrollieren, was aber zu Anfang einiger Hartnäckigkeit bedarf.

Die nicht nähende Hand sollte die Nadel von unten am Einstichpunkt nach oben schieben. Dabei ist der Daumen der nähenden Hand, der die Nadel nicht hält, sondern eher kon-

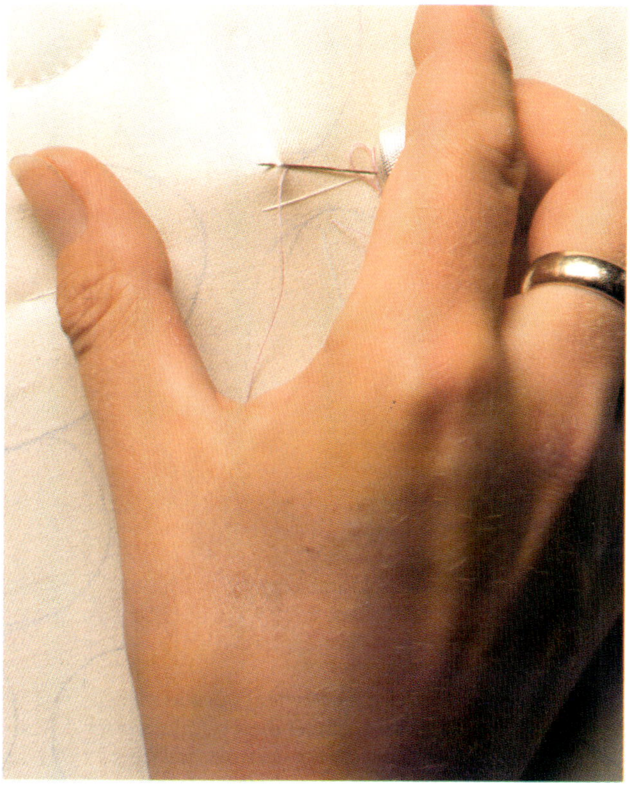

Stellung der nähenden Hand auf dem Quilt

trolliert, frei, so daß er knapp unter die Unebenheit gleiten kann, die unten entsteht.

Da die Quiltlagen an diesem Punkt zusammengedrückt sind, ist es für die Nadel leichter, durch alle Schichten zu dringen und wieder an die Oberfläche zu gelangen.

Sie halten also die Nadel und schieben Sie durch alle Lagen in Richtung der nicht nähenden Hand nach unten (die die Schichten von unten in Ihre Richtung schieben sollte). Dann lassen Sie den Daumen der nähenden Hand auf die Quiltoberseite fallen und hoffen aufs Beste. Vielleicht ist es hilfreich, die übrigen Finger der nähenden Hand hinunter in Richtung Quilt zu 'stoßen', während Sie gleichzeitig den Daumen fallenlassen und fest von unten mit der Hand, die sich unter dem Quilt befindet, nach oben drücken. Der Versuch, die verschiedenen Stadien dieses Prozesses zu beschreiben, ähnelt wahrscheinlich der Beschreibung des Akkordeonspiels, ohne dabei die Hände zu Hilfe zu nehmen! Jetzt werden Sie verstehen, warum unser erstes Ziel erst einmal gleichmäßige Stiche sind. Quälen Sie sich nicht, und analysieren Sie Ihre ersten Stiche nicht; holen Sie einfach tief Luft, und machen Sie weiter. Wenn Sie Kunstunterricht nehmen würden, würden Sie auch nicht erwarten, nach den ersten paar Stunden wie Rembrandt zu zeichnen! Bald werden Sie zu einem bestimmten Rhythmus finden; erfahrene Quilter sprechen von einer wiegenden Handbewegung, die für die Handbewegung beim Quilten typisch ist.

Die Feinheiten

Halten Sie die Nadel zwischen Finger und Daumen, um sie durch die Schichten zu schieben, gleiten Sie mit dem Fingerhut hinter das Nadelöhr, so daß das obere Ende der Nadel fest an der Seite oder an der Spitze des Fingerhutes anliegt – je nachdem, was Ihnen besser liegt. Der Finger mit dem Fingerhut gibt der Nadel Halt, wenn der Daumen vor der Nadelspitze herabfällt. Durch die Finger unter dem Quilt, die nach oben drücken, entsteht ein kleiner Hügel im Quilt. Lassen Sie den Daumen vor diesem Hügel fallen, um die Lagen zusammenzudrücken, und ändern Sie die Handhaltung. Sowohl die Finger unter dem Quilt als auch der Daumen, der oben liegt, bewegen sich mit jedem Stich etwas weiter. Zu Anfang liegt der Handballen beim Nähen auf der Arbeit auf, und wenn der Daumen nach unten fällt, folgt ihm das Gewicht der Hand, so daß eine flache, halbkreisförmige Bewegung mit dem Handgelenk beschrieben wird.

Führen Sie die Nadel entweder mit der Spitze oder Seite des Fingerhuts durch die Lagen. Mit etwas Übung ist es möglich, den Finger unter dem Quilt aus dem Weg zu rollen, wenn die Nadel nach unten einsticht und ihre Spitze die Fingerspitze leicht angekratzt hat.

Nachdem der Faden hindurchgezogen wurde, um einen oder mehrere Stiche zu vollenden, ziehen Sie leicht am Faden, um ihn zu spannen. Auf diese Weise sind die Stiche fest an Ort und Stelle verankert, und die Quiltlinie wird besser definiert. Ziehen Sie jedoch nicht zu stark, da der Faden sonst reißt.

Während Sie versuchen, mit all diesen Anleitungen zurechtzukommen, sollten Sie (darum möchte ich Sie bitten) Ihr Werkstück nicht umdrehen, um die Rückseite zu inspizieren. Je genauer nämlich Sie darauf schauen würden, desto bewußter würden Sie sich der unvollkommenen Stiche werden (und am Anfang werden es bestimmt einige sein). Sie würden sich nur unnötig Sorgen machen, und das wäre kontraproduktiv. Einer angehenden Quilterin gab man den Rat, einen Spiegel unter die Arbeit zu halten, damit sie die Rückseite im Auge behalten könnte. Sie wurde so ängstlich, daß ihr erster Quilt über ein Jahr lang unfertig in einem Schrank vor sich hindämmerte. Nach einer Stunde mitfühlender Ermutigung und der Versicherung, daß der Spiegel völlig unnütz sei, ging sie nach Hause, holte den Quilt wieder hervor und genoß die Arbeit. Quilten macht Spaß und ist therapeutisch – gehen Sie die Sache langsam an und lassen Sie sich viel Zeit, um zu lernen und zu üben.

Es ist anfangs nicht immer leicht, jeden Stich durch alle drei Lagen zu führen. Widerstehen Sie der Versuchung, jeden Stich wieder aufzutrennen. Schließlich werden Sie feststellen, daß die Mehrzahl Ihrer Stiche *tatsächlich* durch alle Lagen geht und nur ab und zu ein Stich auf der Rückseite nicht sichtbar ist. Manche erfahrene Quilterinnen sagen, daß sich die Rückseite der Arbeit nicht von der Vorderseite unterscheiden sollte. Dies mag für deren eigene Arbeiten zutreffen, aber Ihre Erwartungen sollten realistisch und erreichbar sein. Wenn 75 Prozent Ihrer ersten Stiche durch alle drei Lagen gehen, dann leisten Sie äußerst gute Arbeit, und durch Übung werden Sie dieses Ergebnis noch verbessern können.

Immer nur ein Stich

Wahrscheinlich entstehen gleichmäßigere Stiche, wenn Sie immer nur einen Stich arbeiten, doch die Arbeit geht langsam voran, wenn Sie immer nur einen Stich machen und den ganzen Faden hindurchziehen. Das Verfahren läßt sich beschleunigen, wenn Sie den Faden erst dann hindurchziehen, wenn Sie mehrere Stiche durchgeführt haben oder mehrere Stiche auf die Nadel laden, wie es beim normalen Vorstich der Fall ist. Arbeiten Sie die Stiche einzeln für sich, wenn Ihnen die andere Methode zu unbequem ist – solange die Stiche gleichmäßig sind, spielt es keine Rolle, wie sie erzielt wurden. Es ist ein wunderbares Gefühl, wenn Sie schließlich feststellen, daß Sie mehr als einen Stich auf einmal schaffen. Es gibt keine bestimmten Vorschriften, wie viele Stiche Sie jeweils auf die Nadel nehmen sollten – bei manchen sind es zwei oder drei, bei anderen dagegen über vier. Wiederum ist es die Qualität und Gleichmäßigkeit der Stiche, die wesentlich sind – die Zahl ist unwichtig.

An engen Kurven ist es möglicherweise einfacher, nur einen oder zwei Stiche auf einmal zu machen – gerade Linien sind eher für Leute geeignet, die ihre Nadeln gern volladen. Achten Sie besonders auf den ersten Stich, wenn Sie immer mehrere Stiche auf die Nadel nehmen – es ist leicht, die Gleichmäßigkeit der Stiche auf der Nadel zu beurteilen, aber noch leichter, die Länge jedes Anfangsstichs falsch einzuschätzen, was dazu führt, daß die Quiltlinien in kleineren, unattraktiven Stichen ausgeführt werden.

Zeiteinteilung, Haltung, Beleuchtung

Wenn Sie mit dem Quilten beginnen, werden Sie sich stark konzentrieren und wahrscheinlich verkrampfen. Nach einer halben Stunde sollten Sie aufstehen, um Hals, Wirbelsäule und Augen zu entspannen. Machen Sie ein paar Schritte, strecken

Sie sich und schauen Sie aus dem Fenster. Wahrscheinlich haben Sie gar nicht gemerkt, daß Sie die Schultern hochgezogen und angespannt haben, und daß Sie doppelt so oft geblinzelt haben, ganz abgesehen davon, daß Sie Ihre Zunge voller Eifer zwischen die Zähne geschoben haben!

Sitzen Sie bequem? Wählen Sie Ihren Stuhl für die Quiltarbeiten sorgfältig aus – eine gute Rückenstütze ist beim Quilten nicht zu unterschätzen, insbesondere, wenn Sie an einem traditionellen Rahmen arbeiten. Ein verstellbarer Bürostuhl, ein Kniestuhl oder ein Stuhl mit Rückenlehne bieten den besten Halt.

Passen Sie Ihre Beleuchtung an. Versuchen Sie, bei guter Beleuchtung zu quilten. Quilten bei Tageslicht ist ein idealer Luxus, doch viele begeben sich erst nach einem geschäftigen Tag an die Arbeit. Wenn Sie abends quilten, sollten Sie auf ausreichende Beleuchtung achten. Eine einfache Deckenleuchte reicht nicht aus. Stellen Sie eine Lampe in die Nähe Ihres Stuhls. Es ist weniger ermüdend für die Augen, wenn die Arbeit gut ausgeleuchtet ist, und Sie können sich entspannen und das Quilten genießen. Bei künstlicher Beleuchtung kann es sehr schwierig sein, gelbe Markierungen auf weißem Stoff zu erkennen; verwenden Sie nach Möglichkeit eine andere Farbe zum Markieren.

Die 'richtige' Spannung

Wenn Sie versuchen, ohne Rahmen zu quilten, ist es nicht zu schwierig, die Lagen auf die Nadelspitze zu schieben, doch da ein Rahmen die Stoffschichten flach hält, ist dies nicht möglich. Aus diesem Grund sollten Sie die Quiltlagen im Rahmen nicht zu sehr spannen. Sie sollten etwas 'nachgeben', so daß die nicht nähende Hand von unten nach oben drücken kann. Manchen ist es am liebsten, wenn die Arbeit locker im Rahmen gehalten wird, andere brauchen beträchtliche Spannung – experimentieren Sie, um herauszufinden, was für Sie am besten ist.

Die Übergänge

Nachdem Sie mit dem Quilten begonnen haben, müssen Sie bald entweder einen Faden beenden oder zu einem anderen Teil des Musters übergehen. Dies erreichen Sie, indem Sie Nadel und Faden unter der Stoffoberseite in die Wattierung einstechen und durch sie hindurchführen und an der nächsten Quiltlinie wieder an die Oberfläche kommen. Bringen Sie die Nadel durch die Vorderseite wieder nach oben, machen Sie einen kleinen Steppstich durch die beiden oberen Schichten oder durch alle drei Schichten und quilten Sie weiter. Abhängig von dem Abstand zwischen den Quiltlinien müssen Sie diesen Vorgang möglicherweise mehrmals durchführen.

Wenn dies mehr als zweimal nötig ist, um die nächste Quiltlinie zu erreichen, beenden Sie den einen Faden und beginnen von neuem. Wenn Sie auf hellen Stoffen eine kräftige Farbe verwenden, sollten Sie den Faden so wenig wie möglich unter dem Stoff herführen, damit er nicht durchscheint. Manche ändern die Richtung beim Quilten so oft wie möglich, da dies ihrer Meinung nach die Spannung, die auf die Stiche ausgeübt wird, verringert, so daß weniger Stiche durchreißen.

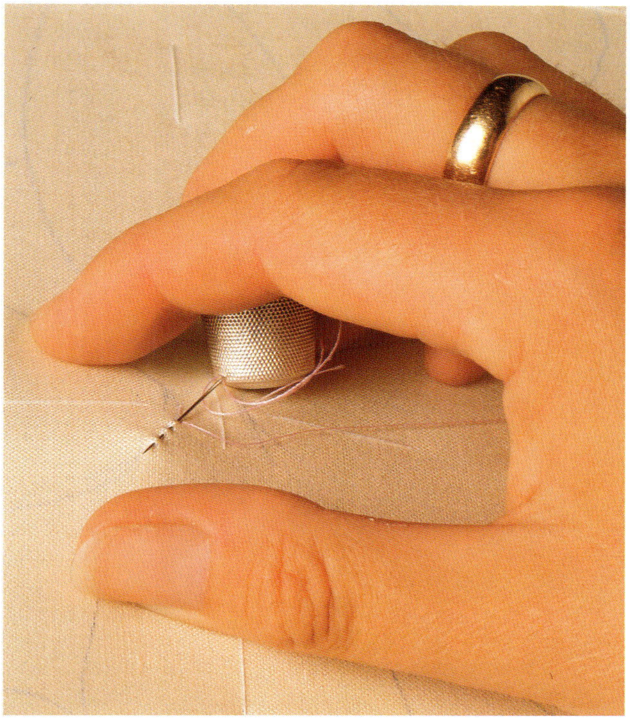

Lassen Sie den Daumen fallen, damit er der heraustretenden Nadel nicht im Weg ist. Achten Sie auf die Unebenheit, die durch die Hand auf der Unterseite entsteht, wenn der Fingerhut der nähenden Hand die Nadel durch die Quiltschichten schiebt.

Die Nadel unsichtbar durch die Wattierung gleiten zu lassen, ist die beste Möglichkeit, von einer Stichlinie zur nächsten zu gelangen.

Das Fadenende

Beim Verwahren eines Fadens wird, grob gesehen, das Verfahren am Anfang umgekehrt. Arbeiten Sie wie zuvor einen winzigen Steppstich durch zwei oder drei Lagen, führen Sie die Nadel dann durch den Oberstoff, entlang der Wattierung, und kehren Sie mit ihr an die Oberfläche zurück. Versuchen Sie, den Faden darunter in Position zu bringen, damit weitere Quiltstiche über ihn hinweggearbeitet werden, so daß er noch fester an Ort und Stelle verankert wird.

Jetzt machen Sie einen Knoten in den Faden und ziehen ihn in die Wattierung hinein. Bringen Sie die Nadel wieder durch die Vorderseite nach oben, wobei der Knoten in der Wattierung bleibt.

Schneiden Sie den Faden nah an der Oberfläche ab, wobei Sie ihn beim Durchschneiden nach oben ziehen, so daß das abgeschnittene Ende nicht über dem Stoff sichtbar ist, sondern sich darunter befindet. Halten Sie die Schere waagrecht und parallel zu Ihrer Arbeit. Wenn Sie den Faden durchgeschnitten haben, schneiden Sie das Anfangsstück des Fadens genauso ab.

Um nicht so häufig mit einem neuen Faden anfangen zu müssen, gibt es folgende Möglichkeit: Nehmen Sie die doppelte Fadenlänge, beispielsweise 90 cm, lassen Sie die Hälfte des Fadens über der Arbeit herabhängen, und beginnen Sie mit dem Quilten. Beenden Sie diese Fadenhälfte wie immer, bevor Sie zu der anderen Hälfte zurückkehren und in die andere Richtung quilten.

Verwahren des Fadens

Quiltstiche werden immer von oben begonnen, gearbeitet und beendet. Auf der Rückseite sollten keine Knoten herabhängen, und niemand sollte feststellen können, wo Sie die Arbeit begonnen und beendet haben oder zu anderen Quiltbereichen übergegangen sind.

Die Stichgröße

Es ist schwer zu verstehen, warum so viele meinen, daß alle Quiltstiche klein sein sollten. Die meisten Lehrer betonen die Wichtigkeit gleichmäßiger Stiche und ermutigen ihre Schüler, sich nur darauf zu konzentrieren. *Kleine Stiche sind nicht unbedingt besser.* Vielleicht hilft es Ihnen zu hören, daß mit zunehmender Praxis die Quiltstiche bei jedem etwas kleiner werden, und alle Quilterinnen oder Quilter erreichen schließlich eine bestimmte Stichlänge, die für sie leicht und bequem zu arbeiten ist. Es ist schwer, sehr kleine Stiche zu arbeiten, die zudem gleichmäßig sind – die meisten, die schon Erfahrung haben, können kleine Stiche machen, aber die Abstände dazwischen sind oft länger als die Stiche selbst. Wenn Sie große, gleichmäßige Stiche machen, sollten Sie sich wegen der Größe keine Gedanken machen – seien Sie stolz darauf, daß sie gleichmäßig sind. (Abb. 10 zeigt einige der möglichen Stichvariationen.)

Seien Sie darauf vorbereitet, die Nadeln häufig zu wechseln, wenn Sie in einer warmen Umgebung arbeiten. Die Nadeln werden matt und stumpf, speziell wenn Sie einen Fingerhut an dem Finger tragen, der unter der Arbeit liegt.

Abb. 10

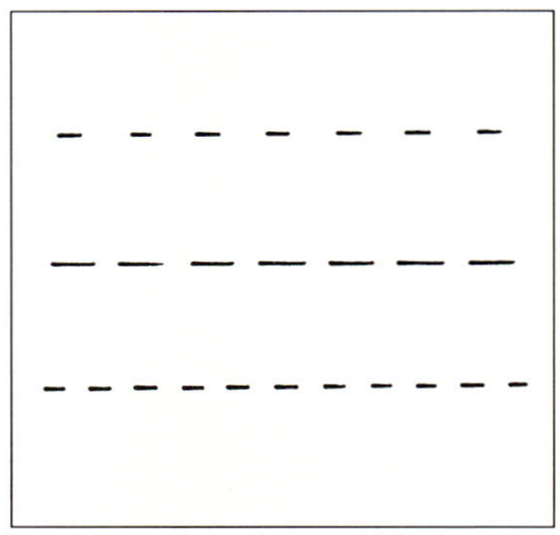

Auftrennen von Stichen

Perfektionistisch eingestellte Quilterinnen behaupten, daß sie mindestens so viele Stiche auftrennen, wie sie nähen. Ständiges Auftrennen ist jedoch kontraproduktiv – wahrscheinlich sind Sie bald eher ein Experte im Auftrennen als im Quilten. Häufige Pausen, die durch das Auftrennen hervorgerufen werden, hindern Sie außerdem daran, den Rhythmus zu entwickeln, der so wichtig ist, wenn Ihre Quiltfähigkeiten sich verbessern sollen. Niemand möchte Sie dazu überreden, Ihrer Arbeit gegenüber eine nachlässige Einstellung einzunehmen, doch Sie sollten daran denken, daß es auch möglich ist, überängstlich zu sein.

Muster mit geraden Linien sollten vor und beim Quilten akkurat abgemessen werden. Wenn einige *Stiche* nicht ganz gerade sind, fällt dies in dem fertigen Stück nicht auf, es sei denn, Sie arbeiten in ganz kleinem Maßstab. Wenn andererseits ganze Linien offensichtlich wackelig sind oder halbrund, sollte man sie auftrennen und es erneut versuchen. Mehrere kleine Fehler in der Quiltarbeit sind weniger auffällig als ein großer. Beschränken Sie sich darauf, nur große Fehler aufzutrennen. Verwenden Sie dazu das Nadelöhr und nicht die Nadelspitze – die Gefahr, daß der Faden reißt oder ausfranst, ist dann geringer.

Der **Stechstich** ist nützlich, wenn es sich nicht vermeiden läßt, durch mehrere Nahtzugaben zu nähen, und es fast unmöglich ist, einen Vorstich zu nähen. Im allgemeinen erhält man beim Stechstich kein sauberes Ergebnis auf der Rückseite, aber viele stellen mit dieser Methode ausgezeichnete Arbeiten her. Da jeder Stich mit zwei bestimmten Bewegungen gearbeitet wird, ist diese Technik etwas langsamer als der Vorstich, aber man erhält gute Ergebnisse, wenn die Lagen straff gespannt werden, so daß die Stiche auf der Rückseite gerade bleiben. Den meisten Quiltlehrern ist es lieber, daß ihre Schüler den Vorstich beherrschen, aber wenn Ihnen diese Technik wirklich nicht zusagt, sollten Sie mit dem Stechstich experimentieren.

Die Reihenfolge beim Quilten

Nehmen Sie sich vor, systematisch zu quilten. Beginnen Sie, wenn Sie einen traditionellen Rahmen verwenden, an einer Kante, arbeiten Sie sich dann längs am Rahmen entlang vor und rollen den Quilt weiter, bis Sie die andere Kante erreichen. Solange Sie nicht von einem Abschnitt zum nächsten springen, sollten Sie perfekte Ergebnisse erzielen, wenn Sie mit Ihrem Stickrahmen in einer Ecke beginnen, sich entlang einer Kante vorarbeiten und dann wieder zur ersten Ecke zurückkehren, um die Arbeit fortzusetzen (Abb. 11a). Kleine Verschiebungen gehen dann immer in dieselbe Richtung.

Der Nachteil bei dem oft gehörten Ratschlag, in der Mitte zu beginnen, ist die Tatsache, daß die ersten Stiche von schlech-

Abb. 11a

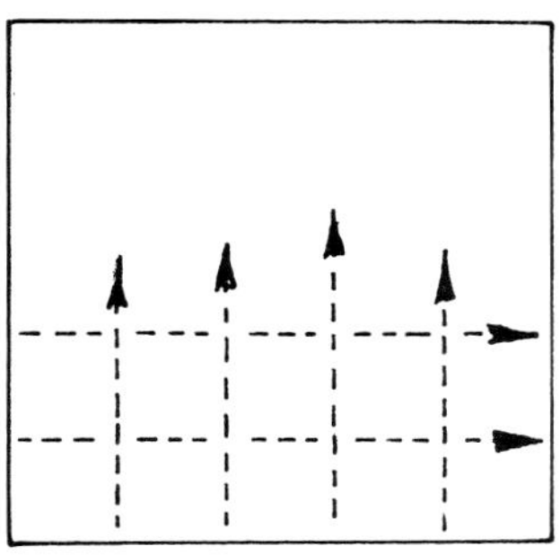

terer Qualität sind. Die Quiltstiche werden bei jedem mit der Zeit besser, so daß Unterschiede bei den Stichen weniger auffällig sein sollten, wenn man an einem Rand beginnt.

Wenn man die Hauptlinien des Musters und die Hintergrundlinien zusammen arbeitet, statt mit dem Muster zu beginnen und später zum Hintergrund zurückzukehren, erhält man ein deutlicheres, glatteres Endergebnis. Es ist möglich, das Muster zuerst zu arbeiten und den Hintergrund anschließend – manchmal wird die Wahl für das Hintergrundmuster erst getroffen, nachdem die Hauptmuster fertiggestellt sind –, aber Sie müssen mit kleinen Fältchen rechnen, wo eine Quiltlinie auf die andere stößt.

Beim Quilten der Hintergrundlinien erhält man das beste Ergebnis, wenn die Stiche in dieselbe Richtung verlaufen (Abb. 11b), statt die nächste Linie in umgekehrter Richtung zu arbeiten (Abb. 11c). Es mag wirtschaftlicher erscheinen, in die andere Richtung zu gehen, aber dies kann zu einer leichten diagonalen Verschiebung des Stoffes zwischen den Quiltlinien führen, was bei Stoffen mit glänzender Oberfläche recht auffällig sein kann.

Wenn möglich, sollten Sie es vermeiden, Stiche zu überkreuzen, wenn sich Quiltlinien überschneiden. Wenn dafür ein

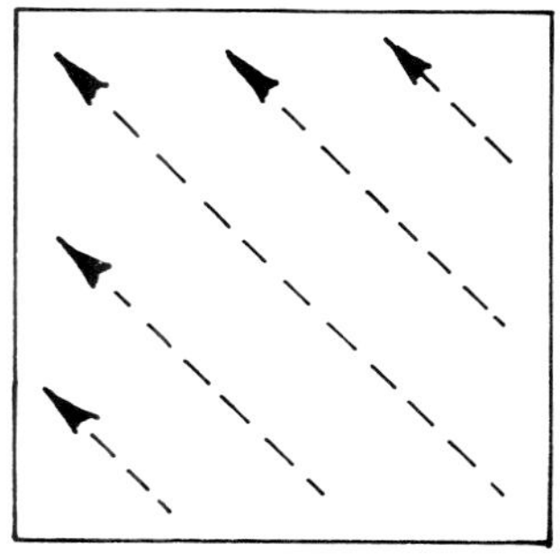

Abb. 11b

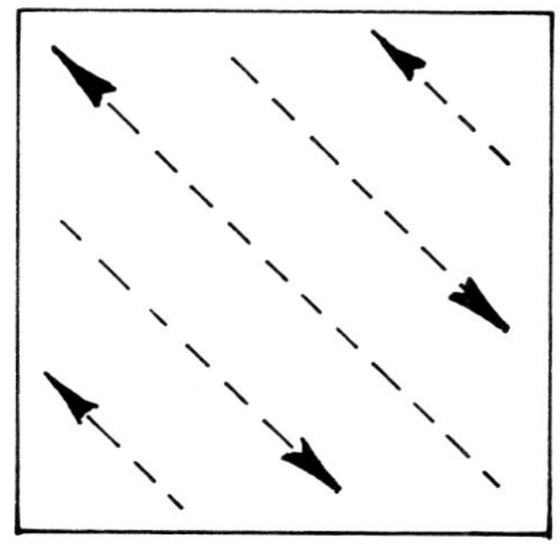

Abb. 11c

ungewöhnlich langer Abstand zwischen den Stichen notwendig wäre, schieben Sie den Faden durch die Wattierung, statt auf der Rückseite einen besonders langen Stich zu machen.

Kreuzschraffierung Eine einfache, recht schnelle Methode zum Arbeiten einer Kreuzschraffierung auf einem traditionellen Rahmen besteht darin, entweder von der vorderen Leiste weg zu arbeiten und Nadel oder Faden für später hängenzulassen, oder eine Strecke, die sich bequem überbrücken läßt, zu arbeiten und dann den Faden mit einem kleinen Steppstich zu verankern, bevor Sie wieder rückwärts auf die Leiste zu arbeiten, so daß sich eine rechtwinklige Linie ergibt (Abb. 12).

Abb. 12

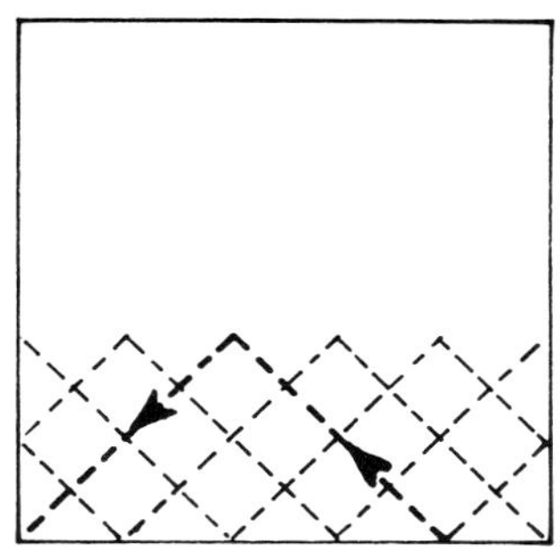

Ränder Es mag leichter sein, einen besonders schmalen Rand zu quilten, nachdem die unversäuberten Kanten versäubert wurden. Wenn Sie auf einem tragbaren Rahmen arbeiten, können Sie auch ein altes Handtuch an die unversäuberten Kanten heften und so nah am Rand nähen, wie es erforderlich ist.

Vorgedruckte Bahnen Man muß sich nicht schämen, wenn man vorgedruckte Bahnen verwendet, um sich im Quilten zu üben; diese Blöcke sind oft eine ideale Einführung für alle

Quiltverfahren, abgesehen vom Markieren eines Musters. Diese Stoffbahnen können ganz nach dem eigenen Geschmack stark oder weniger stark gequiltet werden. Das Wichtigste an diesen Stoffbahnen ist, daß sich die Stiche eines Anfängers in der Struktur 'verlieren'. Selbst wenn einzelne Stiche sichtbar sind, wirkt das Ergebnis dennoch attraktiv.

Man kann diese Bahnen als Übungsstücke verwenden oder ein Übungsstück aus einfarbigem Stoff, der mit verschiedenen Hintergrundmustern markiert ist, in einem kleinen Stickrahmen aufbewahren, so daß man einen Rhythmus entwickeln kann, bevor man ein wichtigeres Stück quiltet. Es könnte sich um ein Kissen in einem kleinen Rahmen handeln, das Sie bearbeiten, bevor Sie sich an ein großes Meisterstück begeben. Auf diese Weise können Sie produktiv sein und gleichzeitig die Qualität Ihrer Stiche verbessern!

Andere Möglichkeiten zum Halten der Nadel Es gibt wenige Vorschriften beim Quilten – die Art, Richtung und Ausführung des Stiches bleibt der persönlichen Wahl überlassen. Viele arbeiten waagrecht von rechts nach links (Linkshänder entgegengesetzt). Wenn Sie 'traditionelle' Quilterinnen oder Quilter bei der Arbeit beobachten, werden Sie feststellen, daß die Stichrichtung vom Körper weg verläuft, wobei der Zeigefinger und nicht der Daumen eingesetzt wird, um den Stoff vor der Nadel wegzuschieben. Es lohnt sich zu experimentieren, um festzustellen, welche Methode Ihnen am bequemsten und natürlichsten scheint.

Einfassungen und Fertigstellung

Dieser letzte Arbeitsprozeß in der Quiltherstellung kann Ihre Arbeit beträchtlich verschönern. Nehmen Sie sich ein wenig Zeit, um zu entscheiden, welcher Abschluß für Ihren Quilt der beste sein wird. Alle Quilts sind an den Rändern einiger Abnutzung unterworfen, daher sollte den Kanten besondere Aufmerksamkeit gewidmet werden. Es gibt fünf Hauptmethoden, um einen Quilt fertigzustellen. Um die besten Resultate bei allen Methoden zu erreichen, sollten Sie ein Garn verwenden, das farblich zur Einfassung paßt statt zum Hauptteil des Quilts.

Von hinten nach vorn

Eine sehr erfolgreiche Möglichkeit zur Fertigstellung eines Quilts besteht darin, den Stoff der Rückseite zur Vorderseite umzuschlagen und ihn im überwendlichen Stich festzunähen. So entsteht der Eindruck einer Einfassung. Außerdem ist diese Methode leicht zu bewerkstelligen, aber es muß von vornherein genug Material an der Rückseite vorhanden sein.

Eine einzelne Quiltlinie, die nah am Rand der 'Einfassung' gearbeitet wird, ergibt einen schönen Abschluß und stabilisiert die Schichten beim Fertigstellen der Kanten. Diese Quiltlinie arbeiten Sie entlang der abgemessenen Breite der 'Einfassung' von der unversäuberten Kante des Oberstoffes aus.

Wenn Sie die Quiltarbeiten beendet haben, schneiden Sie die Kanten des Oberstoffes und der Wattierung so ab, daß sie bündig abschließen. Auf der Rückseite des Quilts messen und markieren Sie von der letzten Quiltlinie ab eine Breite, die dreimal der Breite der 'Einfassung' plus Nahtzugaben entspricht. Den Rest schneiden Sie ab (Abb. 13a).

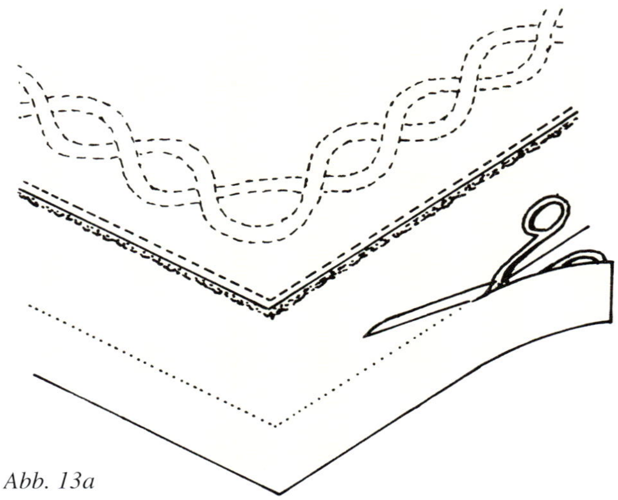

Abb. 13a

Als nächstes falten Sie die unversäuberten Kanten der Rückseite um, so daß sie auf die unversäuberten Kanten von Vorderseite und Wattierung treffen. Glätten Sie die Kanten dabei mit den Fingern. Die umgefaltete Außenkante der Rückseite kann jetzt zur Vorderseite umgefaltet und festgesteckt werden (Abb. 13b).

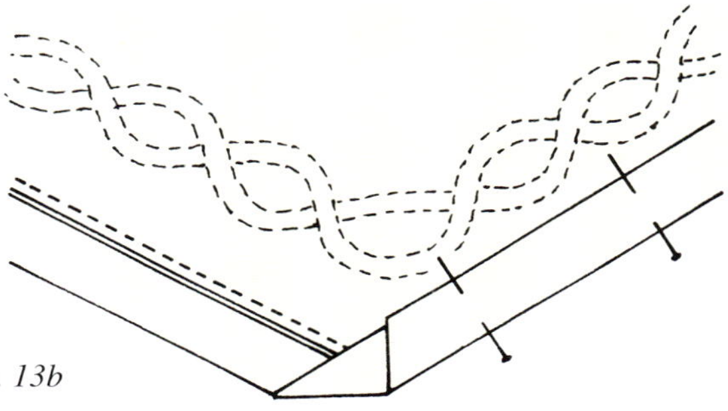

Abb. 13b

Die letzte Quiltlinie sollte gerade noch sichtbar sein. Achten Sie darauf, daß Sie nicht unabsichtlich den umgefalteten Stoff verziehen, denn sonst werden die fertigen Kanten nicht so flach anliegen, wie sie es sollten. Durch das Falten der Rückseite fühlt sich die 'Einfassung' kräftiger an. Außerdem wird verhindert, daß eine dunkle Stoffvorderseite durch eine blasse Stoffrückseite durchscheint. Außerdem ist es leichter und akkurater, eine umgefaltete Kante festzustecken und festzunähen, statt die unversäuberten Kanten beim Nähen umzufalten. Nähen Sie im Blindstich knapp über der Quiltlinie mit einem Garn, das dem oberen Stoff entspricht (Abb. 13c).

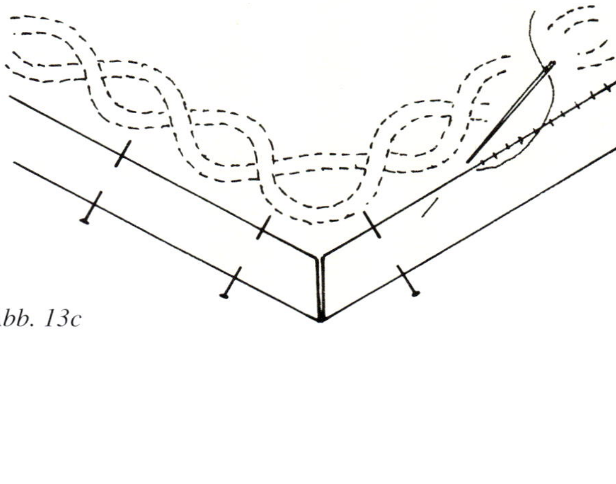

Abb. 13c

Ecken

Wenn Sie beim Abmessen und Zurückschneiden der Stoffrückseite vorsichtig vorgegangen sind, dürfte es recht einfach sein, die Kanten so umzufalten, daß eine 'Briefecke' entsteht (Abb. 13d). Schneiden Sie die Ecke weg, um dicke Stoffschichten zu vermeiden. Nähen Sie die umgefalteten Kanten jeder Briefecke zusammen, um die Falte zu sichern (Abb. 13e).

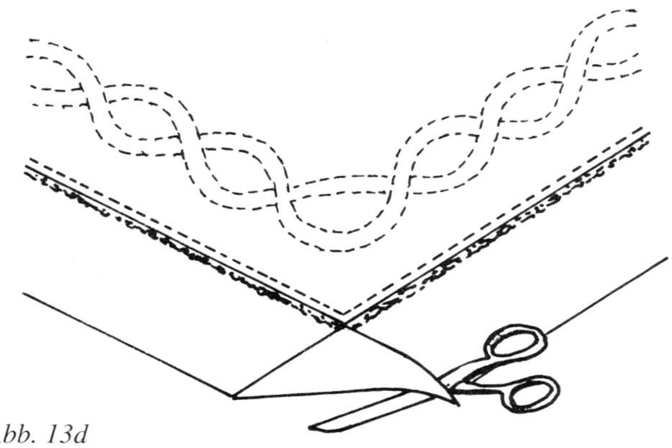

Abb. 13d

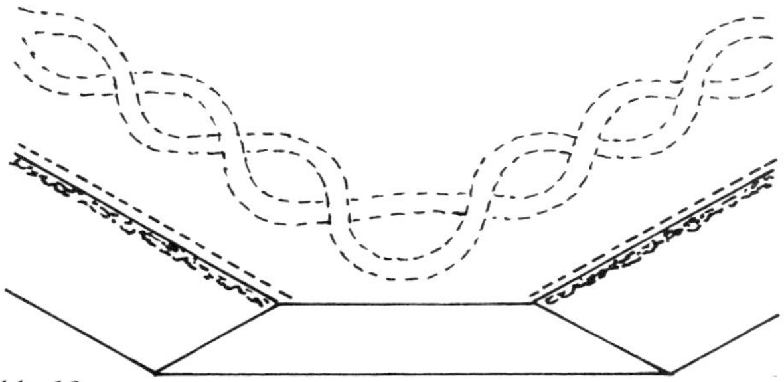

Abb. 13e

Wenn nicht genug Stoff von der Rückseite vorhanden ist, um bis zu den unversäuberten Kanten der Vorderseite und der Wattierung zu falten, versäubern Sie die unversäuberten Kanten der Rückseite mit einem schmalen, mit der Maschine genähten Saum, oder Sie stecken oder heften einen schmalen Rand an der Stoffrückseite fest, bevor Sie sie zur Vorderseite umfalten. Ein mit der Maschine genähter Saum kann wieder von vorne untergefaltet werden, um die Maschinennaht zu verstecken – Heftstiche oder Nadeln müssen beim Festnähen der Rückseite entfernt werden.

Von vorn nach hinten

Diese Methode zur Fertigstellung von Quiltkanten ist weniger populär als das zuerst beschriebene Verfahren. Die fertige, einfach umgefaltete Kante sieht nicht so kräftig oder vollständig aus, doch eine Quiltlinie zum Abschluß, wie sie oben beschrieben wurde, hilft.

Vielleicht möchten Sie die Stoffvorderseite lieber zur Rückseite hin umschlagen, wenn Sie der Meinung sind, daß die Farbe oder der Druck der Rückseite von dem Quilt ablenken würde, wenn sie von vorn als 'Einfassung' sichtbar wäre.

Die Methode entspricht im Prinzip der oben beschriebenen, doch in diesem Fall ist es der Oberstoff, der abgemessen, zurückgeschnitten und zur Rückseite umgefaltet wird, bevor er im Saumstich festgenäht wird.

Die Kanten zur Mitte falten

Diese beliebte und einfache Möglichkeit zur Fertigstellung von Quiltkanten ist besonders erfolgreich bei Quilts aus mehreren Stoffbahnen. In diesem Fall werden die Stoffe von Vorder- und Rückseite umgefaltet, so daß sie aufeinander treffen (Abb. 14a).

Abb. 14a

Schneiden Sie überschüssige Wattierung gerade zurück, so daß sie nicht über diese umgefalteten Kanten hinausreicht. Stecken Sie die Stoffschichten beim Einfalten mit Nadeln zusammen, oder heften Sie sie. Arbeiten Sie eine Reihe Vorstiche sehr nah an den umgefalteten Kanten durch alle Lagen und dann eine zweite Linie Vorstiche in geringem Abstand dazu (Abb. 14b). Verwenden Sie dasselbe Garn, das auch zum Quilten verwendet wurde.

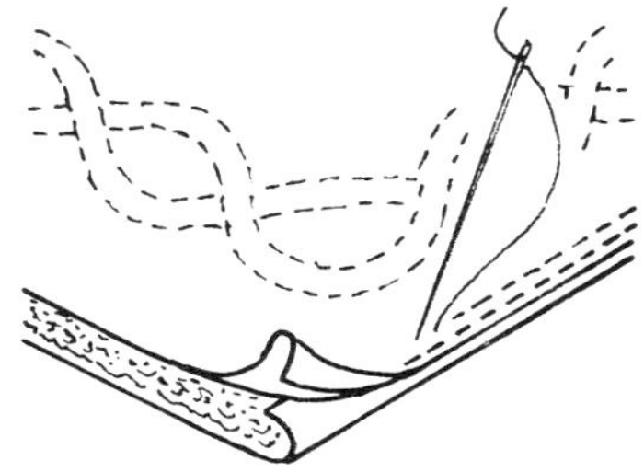

Abb. 14b

Diese Abschlußmethode sieht man an vielen alten Quilts, oft mit Maschinennähten anstelle von Vorstichen gearbeitet. Eine mit der Maschine fertiggestellte Kante galt als kräftiger und dauerhafter als ein von Hand abgeschlossener Rand. Außerdem wies dies zu einer Zeit, als Nähmaschinen als Statussymbol galten, darauf hin, daß man solch ein begehrtes Gerät besaß! Sie können die Ränder mit der Maschine zusammennähen, aber manche leichte Maschinen können die Dicke der umgefalteten Stoffe nicht bewältigen.

Einfassungen

Einfassungen sind ein ausgezeichneter und vielseitiger Abschluß für Patchwork- und applizierte Quilts. Die Einfassungen können mit den Hauptstoffen kontrastieren, dazu passen oder eine der Farben betonen.

Die Qualität von fertig gekauften Schrägstreifen ist normalerweise für Quilts nicht gut genug. Wenn Sie Schrägstreifen selbst herstellen, haben Sie bei der Wahl der Farbe und der Stoffqualität größere Auswahl.

Eine **einfache Einfassung** ist am preiswertesten. Berechnen Sie die Breite der Einfassung, indem Sie die Breite der Einfassung, die auf Vorder- und Rückseite sichtbar sein soll, addieren und zwei Nahtzugaben für Säume an beiden Seiten dazugeben. Schneiden Sie den Stoff für die Einfassung im Fadenverlauf, vorzugsweise an einem Stück, zu. Wenn Streifen für die Einfassung zusammengenäht werden müssen, sollte dies so geplant werden, daß die Naht auf halber Höhe der fertigen Länge auftaucht, nicht nahe den Ecken oder in unregelmäßigen Abständen. Legen Sie die rechte Seite der Einfassung auf die rechte Seite der Quiltvorderseite, und nähen Sie sie mit einer

Nahtzugabe von 0,5 cm fest (Abb. 15a). (Wählen Sie eine lange Sticheinstellung und lockern Sie die Spannung leicht wegen der zusätzlichen Lagen, durch die Sie nähen müssen.)

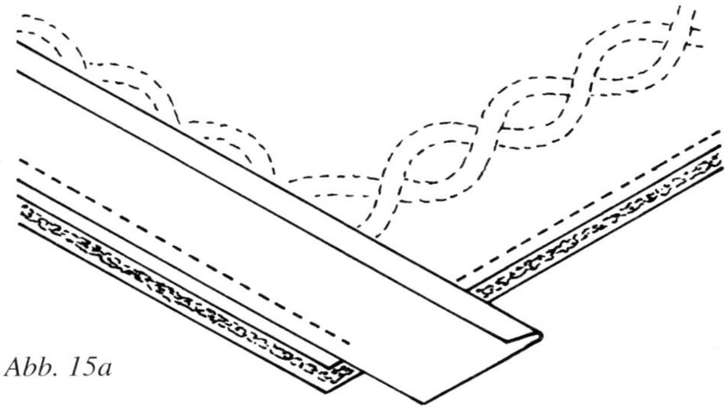

Abb. 15a

Falten Sie die Nahtzugabe der Einfassung um, und bringen Sie sie auf die Rückseite des Quilts, so daß sie gerade die mit der Maschine genähte Linie berührt. Nähen Sie die Einfassung im Saum- oder Blindstich durch die maschinengenähte Naht fest, um zu verhindern, daß die Stiche auf der Quiltvorderseite sichtbar sind (Abb. 15b).

Abb. 15b

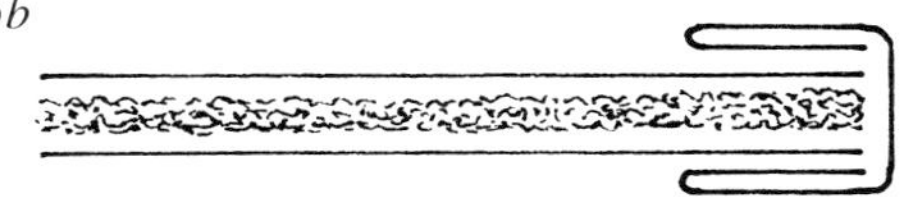

Ecken können wie abgebildet gearbeitet werden (Abb. 15c), indem die Streifen überlappt und die letzten unversäuberten Kanten untergefaltet werden, um sie zu versäubern, bevor sie schließlich festgenäht werden.

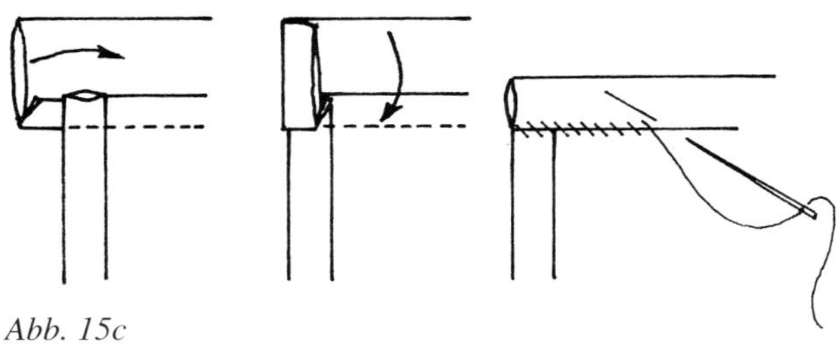

Abb. 15c

Schrägstreifen Zusammengenähte Längen von Schrägstreifen können aus einem Stoffquadrat hergestellt werden. Zerschneiden Sie das Stoffquadrat in zwei gleichseitige rechtwinklige Dreiecke (Abb. 16a) und nähen Sie sie so wieder zusammen, daß ein Parallelogramm entsteht (Abb. 16b).

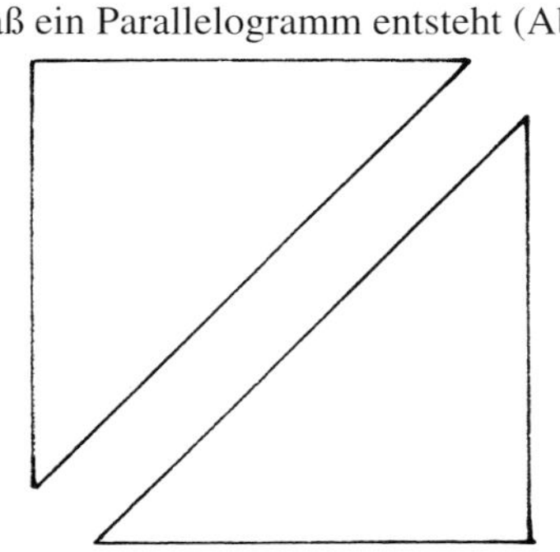

Abb. 16a

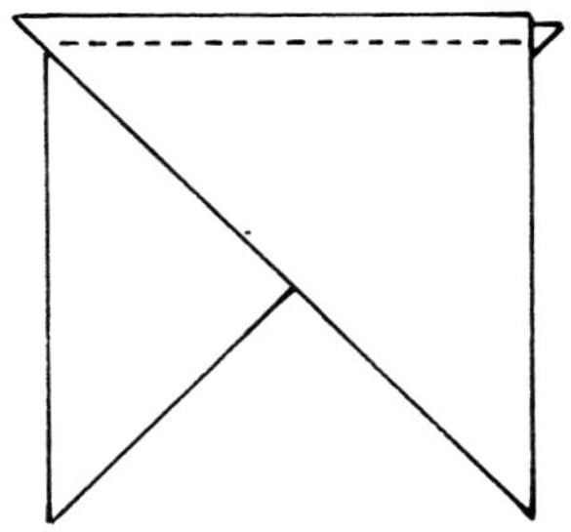

Abb. 16b

Bügeln Sie den Saum auf. Messen und markieren Sie die Breite des gewünschten Streifens, und bringen Sie die winkligen Enden des Parallelogramms zusammen, so daß ein Zylinder entsteht, wobei die markierten Streifen versetzt werden (Abb. 16c und 16d).

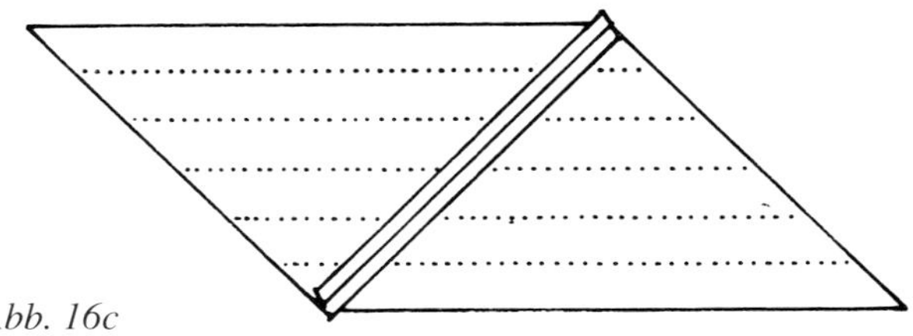

Abb. 16c

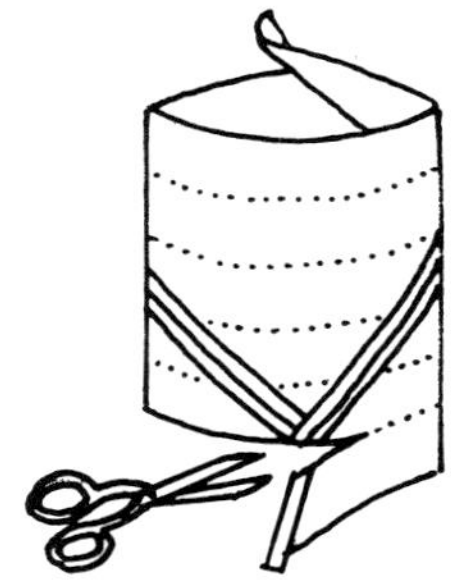

Abb. 16d

Bügeln Sie diesen letzten Saum auf, bevor Sie entlang der markierten Linien schneiden. Diese Methode zum Zuschneiden von Schrägstreifen kann für einfache oder doppelte Einfassungen verwendet werden.

Eine **doppelte Einfassung** bedeutet, daß der Quilt mit zwei Lagen Stoff eingefaßt wird, die fester und kräftiger sind als eine einfache Einfassung (Abb. 17a).

Abb. 17a

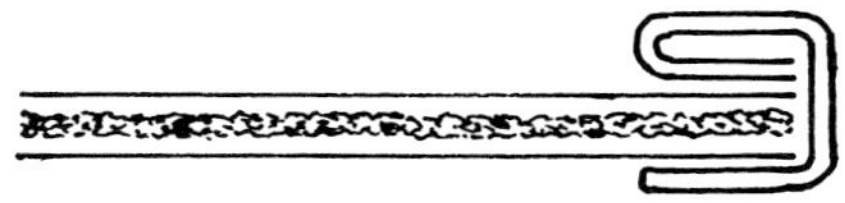

Eine doppelte Einfassung kann entweder im Fadenverlauf oder schräg zugeschnitten werden. Schrägstreifen lassen sich vielleicht etwas leichter um gerundete Kanten und Ecken führen. Quilts mit geraden Kanten sollten eine Einfassung im geraden Fadenverlauf haben, um ein Dehnen oder Kräuseln der Quiltkanten zu vermeiden.

Um die Streifenbreite für eine doppelte Einfassung zu berechnen, messen Sie die Breite ab, die auf der Vorderseite des Quilts erscheinen soll. Multiplizieren Sie diese mit vier und geben Sie vorsichtshalber weitere etwa 1,3 cm dazu. Markieren Sie die Streifen, und schneiden Sie sie in dieser Breite von dem Stoff für die Einfassung ab. Die zugeschnittenen Streifen werden dann links auf links in der Mitte halb umgefaltet, wobei die unversäuberten Kanten aneinander liegen. Anschließend wird der Streifen gebügelt. Seien Sie beim Bügeln von Schrägstreifen vorsichtig – drücken Sie mit dem Bügeleisen leicht auf, statt es hin und her zu schieben, was die Streifen verziehen könnte. Bei den Quiltschichten sollte überschüssiges Material abgeschnitten werden, so daß alle Kanten bündig abschließen. Bringen Sie die gefalteten Streifen auf der Quiltvorderseite in Position, und stecken Sie sie fest, so daß die unversäuberten Kan-

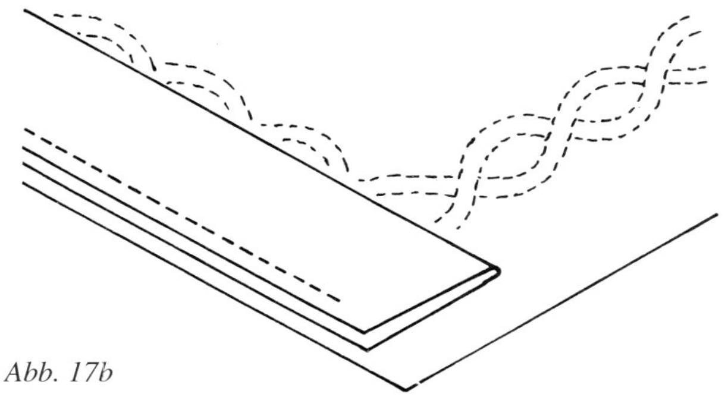

Abb. 17b

ten von Quilt und Einfassung wie in Abb. 17b eine Linie bilden.

Die Streifen können durch alle Lagen von Hand oder mit der Maschine festgenäht werden. Mit der Maschine erhält man eine gute, feste Linie – zudem geht es schneller. Halten Sie sich etwa durchgehend 1,3 cm von den unversäuberten Kanten entfernt. Wenn die Einfassung am Quilt befestigt wurde, falten Sie sie zurück zur Rückseite, so daß die umgefaltete Kante der Einfassung die Nahtlinie gerade noch zeigt. Dann wird die Einfassung mit passendem Garn im überwendlichen Stich festgenäht. Ecken können wie bei der einfachen Einfassung gearbeitet werden. Arbeiten Sie sich an jeder Seite vor, und überlappen und säumen Sie die Streifen an den Ecken. Sauber gearbeitete Briefecken sind leicht zu arbeiten und verraten Professionalität. Nähen Sie Ihre Einfassungsstreifen zu einer Länge zusammen, die dem Umfang des Quilts entspricht, wobei Sie für die Ecken eine großzügige Zugabe machen, bevor Sie die Streifen falten. Bringen Sie die gefaltete Einfassung in der Mitte einer Seite in Position und stecken Sie sie fest. Wenn eine Ecke erreicht wird, stecken Sie eine Nadel an genau der Stelle ein, wo die beiden Nahtzugaben aufeinandertreffen werden (Abb. 18a).

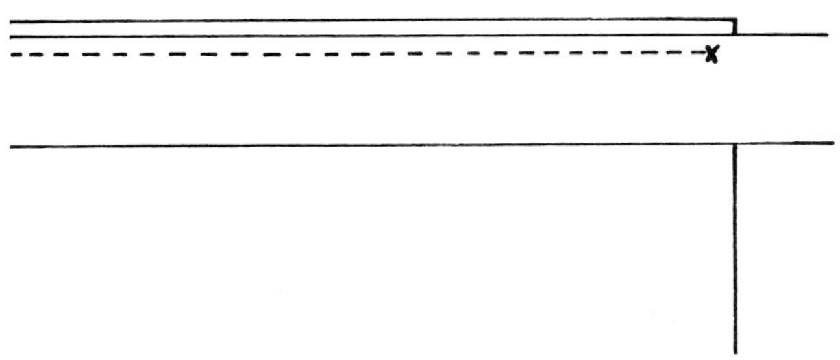

Abb. 18a

Jetzt führen Sie die Einfassung nach links, so daß eine Falte von 45° entsteht und sich der nicht befestigte Streifen links von dieser Falte befindet (Abb. 18b).

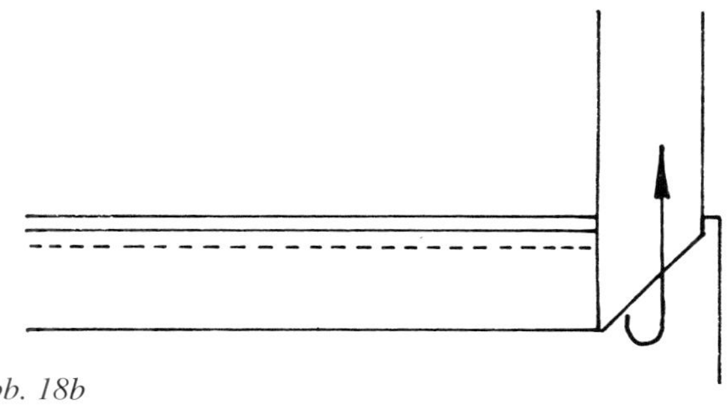

Abb. 18b

Stecken Sie diese Falte von 45° fest und führen Sie den unbefestigten Streifen wieder zurück nach rechts, um diese gesteckte Falte zu verdecken. Nach Fertigstellung der Falte von 45° bringen Sie die Einfassung gerade nach unten, wobei alle unversäuberten Kanten übereinstimmen (Abb. 18c).

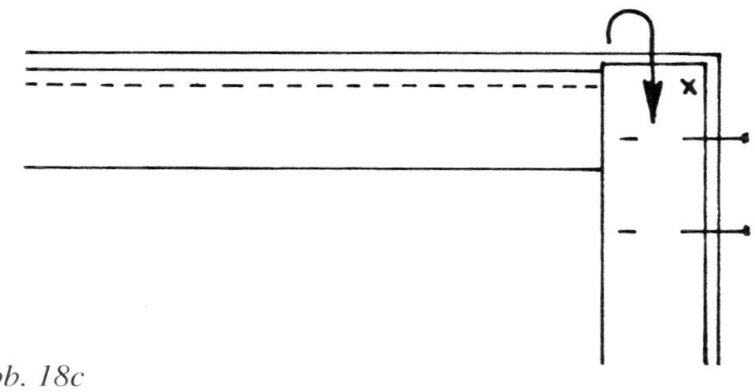

Abb. 18c

Die oberste Falte sollte mit der Kante der Einfassung übereinstimmen – im Fall einer breiten Einfassung sollte die Falte links der Breite der fertigen Einfassung entsprechen (bei geringerer Breite liegt die Briefecke auf der Rückseite nicht flach an). Die unversäuberten Kanten des Streifens sollten eine Linie mit den Quiltkanten bilden. Nähen Sie die Einfassung mit der Maschine fest. Wenn Sie eine Ecke erreichen, halten Sie inne und falten, so daß die Briefecke entsteht, bevor Sie weiternähen. So werden Fehler korrigiert, für die sonst eine lange Naht aufgetrennt werden müßte. Stecken Sie den Streifen an der nächsten Kante fest, wobei Sie die Ecken wie zuvor falten und feststecken. Nähen Sie von Hand oder mit der Maschine durch alle Lagen von Einfassung und Quilt, und entfernen Sie die Nadeln beim Nähen. An den Ecken nähen Sie nur bis zu dem Punkt, an dem die Nahtzugaben aufeinandertreffen, und sichern die Naht mit ein paar festen Stichen. Beginnen Sie mit dem Nähen wieder von diesem Punkt am obersten Einfassungsstreifens an und nähen Sie weiter bis zur nächsten Ecke. Wenn alle Einfassungen festgenäht sind, können sie zur Rückseite umgefaltet werden, so daß die gefaltete Kante die Nahtlinie gerade berührt. Anschließend wird sie im Blindstich festgenäht. Die Ecken an Vorder- und Rückseite sollten zu sauberen Briefecken gefaltet sein. Üben Sie zuerst mit einigen Stoffresten – es ist wirklich nicht so kompliziert, wie es klingt.

Wenn Sie eine doppelte Einfassung wünschen, aber nicht genug Stoff haben, hilft vielleicht folgender Kniff. Berechnen Sie die Breite der Einfassung vorn und hinten plus zwei Nahtzugaben für Stoff A (Oberstoff) und Stoff B (Futterstoff). Markieren Sie den Stoff und schneiden Sie zu. Legen Sie die Streifen von Stoff A und B rechts auf rechts und nähen Sie sie zusammen. Bügeln Sie die Naht auf. Wenn die Einfassungs-

und Futterstoffe (A und B) für einen langen Streifen zusammengenäht werden mußten, sollten diese Nähte nicht direkt aufeinander liegen, da dies zu viel Volumen erzeugt. Der neue Streifen wird dann genau an dieser Nahtlinie links auf links gefaltet, und die Einfassung wird wie oben beschrieben am Quilt befestigt. Dieses Verfahren erfordert zusätzliches Abmessen und Nähen, kann jedoch die Rettung sein, wenn man zu wenig Stoff für eine doppelte Einfassung hat.

Paspeln

Paspelierungen oder Schnurkanten können sehr elegant an einem Quilt aussehen. Paspelkordel ist in verschiedenen Stärken erhältlich – 'mittel' ist normalerweise eine gute Wahl für einen großen Quilt, während die feineren Stärken eher für kleine Projekte geeignet sind. Die beste Paspelkordel besteht aus Polyester, da dieser, anders als Baumwolle, nicht vorgeschrumpft werden muß.

Schneiden Sie Schrägstreifen so breit zu, daß die Kordel umschlossen wird, und geben Sie eine vorsorgliche Nahtzugabe von 1,3 cm dazu. Falten Sie den Streifen um die Kordel, so daß die rechte Seite sichtbar ist, und nähen Sie nah an der Kordel entlang, wobei Sie ein passendes Garn verwenden (Abb. 19 a). Mit einem Reißverschlußfuß können Sie viel näher an der Kordel nähen als mit dem normalen Nähmaschinenfuß.

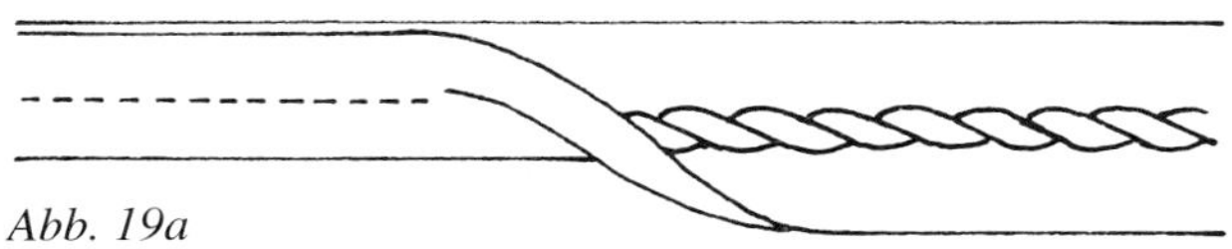

Abb. 19a

Sie können die Kordel an der Quiltvorderseite befestigen, bevor Sie die Schichten zusammensetzen; eine einzelne Schicht ist leichter zu handhaben.

Die überzogene Kordel wird dann auf der Vorderseite festgesteckt, wobei die unversäuberten Kanten an der Außenkante liegen (Abb. 19b).

Abb. 19b

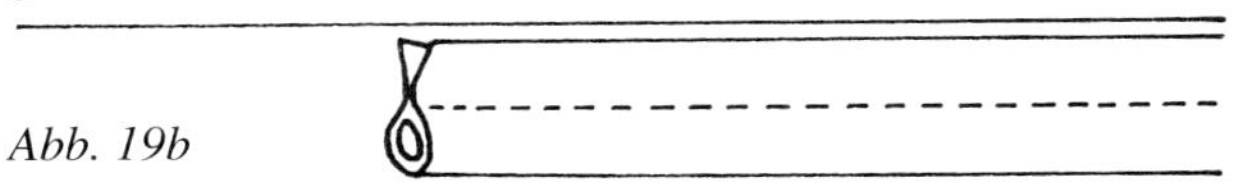

Nachdem die Paspel nur an die Quiltvorderseite genäht wurde, können überschüssige Wattierung und Quiltoberseite bündig mit den unversäuberten Kanten der Paspel abgeschnitten werden. Diese unversäuberten Kanten werden dann in die Mitte des Quilts gefaltet, und die Rückseite wird übergefaltet, so daß die unversäuberten Kanten umschlossen sind und die Maschinennaht an der Paspel gerade noch bedeckt wird (Abb. 19c).

Abb. 19c

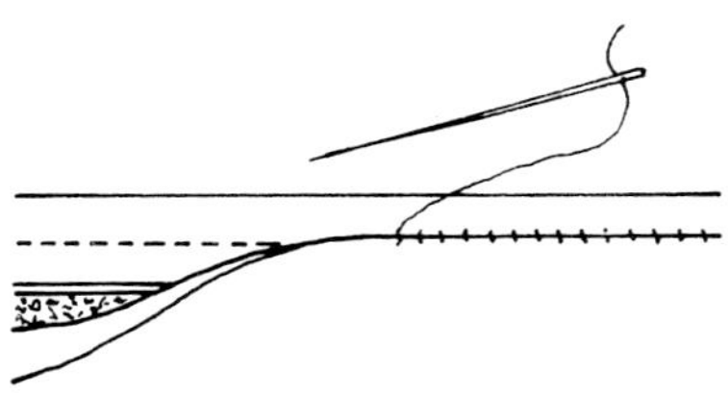

Nähen Sie die gefaltete Rückseite an der Paspel im Blindstich fest, wobei Sie ein zur Rückseite passendes Garn wählen. Um die Paspelierung fertigzustellen, spleißen und sichern Sie die Kordel (Abb. 19d) und überlappen den umhüllenden Stoff.

Abb. 19d

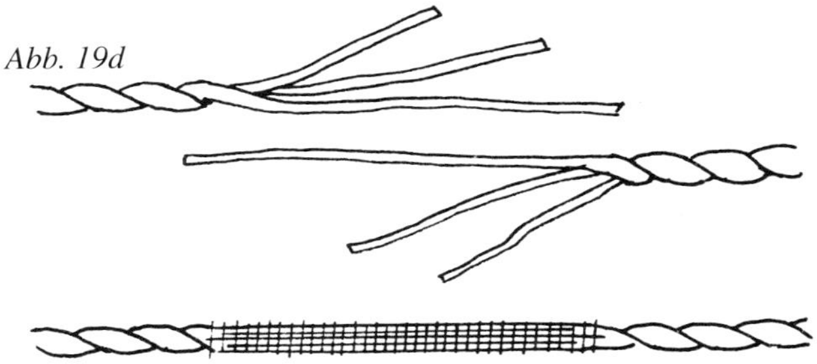

Dicke und dünne Paspel Wenn Sie sich Grundkenntnisse im Paspelieren angeeignet haben, möchten Sie einen Quilt vielleicht mit einer doppelt gepaspelten Kante verschönern. Umhüllen Sie zwei verschiedene Kordeln von unterschiedlicher Stärke mit Stoffen, die die Farben der Quiltvorderseite betonen. Die Kordeln werden einzeln mit Stoff versehen und mit der Maschine zusammengenäht, bevor sie wie eine einzelne Paspel an der Quiltvorderseite befestigt werden. Fertige, feine Paspel ist in vielen Farben, einschließlich Gold und Silber, erhältlich.

Weiche Paspel Ersetzen Sie die Schnurkordel durch einen Streifen Wattierung, so daß ein weicher, abgerundeter Abschluß für einen Quilt entsteht.

Arbeitsanleitung: Kissen mit 'Tudorrose'

Gequilteter Kissenbezug, 30 cm im Quadrat

Benötigtes Material:

Oberstoff, 40 cm im Quadrat
Wattierung (50 g/qm), 40 cm im Quadrat
Stoff für Rückseite des Vorderteils, 40 cm im Quadrat
Stoff für Rückseite (Hinterteil) des Bezugs, 50 cm im Quadrat
Kissen, 30 cm im Quadrat
Halblange Nadeln Ihrer Wahl
Näh-/Quiltgarn, das farblich zum Oberstoff paßt
Heftgarn
Rahmen (falls gewünscht)
Bienenwachs (falls gewünscht)
Pauspapier, 40 cm im Quadrat
Schwarzer Filzstift mittlerer Stärke, Bleistift, Kreppband
Stoffmarker (prüfen Sie vorher, ob er sich leicht entfernen läßt)
Schere, Fingerhut

1 Bügeln Sie sowohl den Oberstoff als auch den Stoff für die Rückseite. Markieren Sie die Mitte des Oberstoffes leicht und legen Sie ihn beiseite.

2 Markieren Sie die Mitte des Pauspapierquadrats und übertragen Sie, genau senkrecht bzw. waagrecht ausgerichtet, die begrenzenden Markierungslinien der Zeichnung auf Seite 42, Abb. 20.

Übertragen Sie dieses Viertel des Musters mit einem schwarzen Filzstift. Drehen Sie das Pauspapier und vervollständigen Sie die drei übrigen Viertel des Musters, unter genauer Ausrichtung der Begrenzungslinien (jetzt Mittellinien). Diese Pause ist jetzt Ihr Plan.

3 Wenn Sie einen hellen Stoff verwenden, kleben Sie den Plan mit Klebeband auf eine saubere, glatte Oberfläche. Wenn Sie einen Bogen weißes Papier unterlegen, sehen Sie die Linien beim Übertragen auf den Stoff deutlicher. Legen Sie den Oberstoff auf den Plan, wobei die Mittellinien auf dem Plan mit denen auf dem Stoff übereinstimmen müssen. Glätten Sie den Stoff und kleben Sie ihn mit Kreppband fest.

4 Mit dem Stoffmarker fahren Sie leicht über die Musterlinien und übertragen sie so auf den Stoff. Achten Sie darauf, daß Sie nicht zu stark aufdrücken. Wenn das ganze Muster abgepaust ist, entfernen Sie das Klebeband von Stoff und Plan.

5 Wenn der Oberstoff zum Durchpausen zu dunkel ist, befestigen Sie Plan und Stoff an einem sonnigen Fenster und verwenden einen hellen Marker zum Durchpausen des Musters.

6 Legen Sie das Quadrat für die Rückseite auf eine glatte Oberfläche mit der linken Seite nach oben.

Bringen Sie die Wattierung auf der Rückseite in Position, und legen Sie dann den markierten Oberstoff darauf.

7 Heften Sie die drei Lagen mit neutralem Garn zusammen, und arbeiten Sie sich jeweils von der Mitte zu den Kanten vor. Glätten Sie die Lagen beim Heften und achten Sie darauf, daß keine Falten vorhanden sind.

Abb. 20

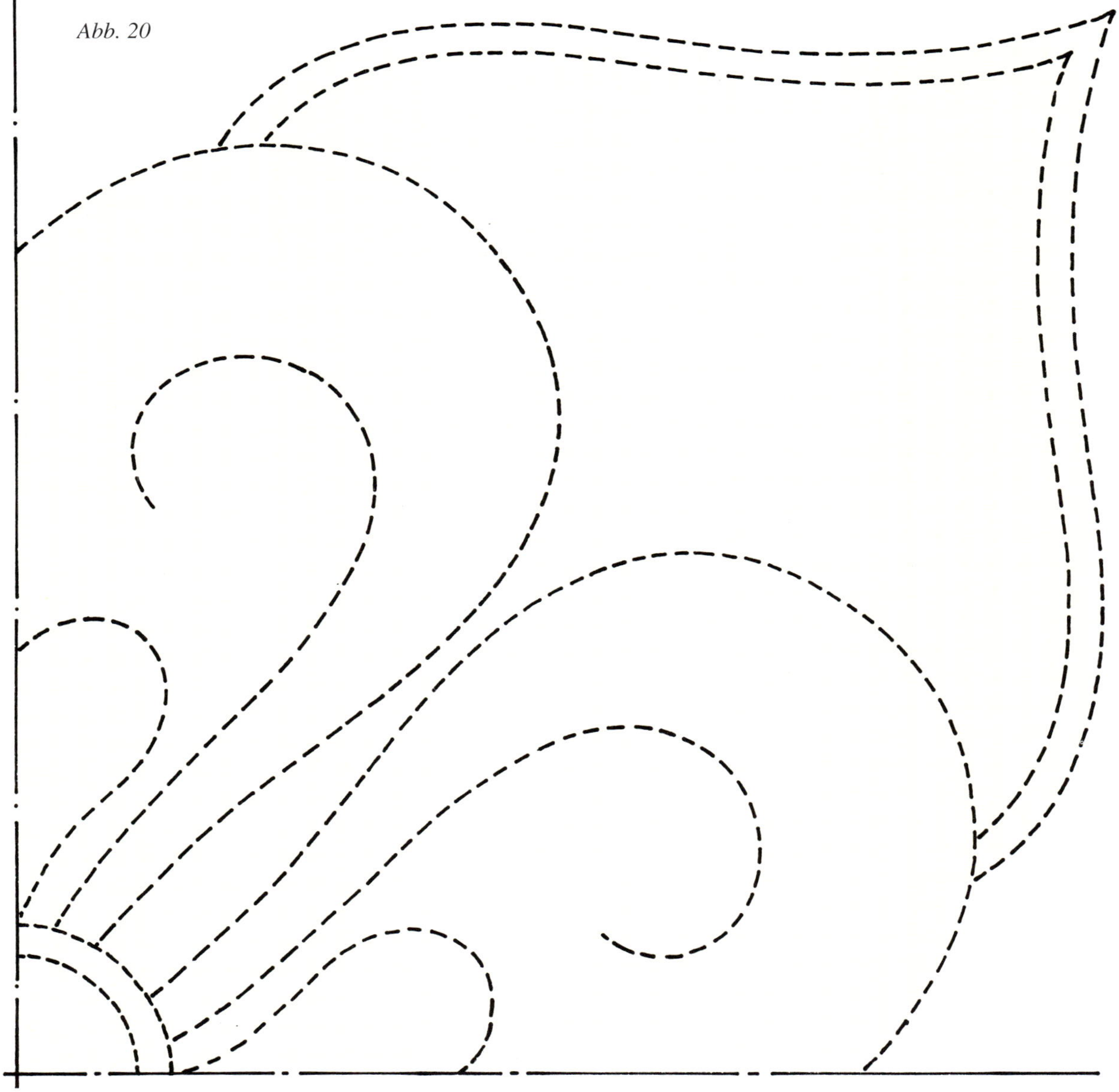

Abb. 21

8 Wenn Sie einen tragbaren Rahmen verwenden, befestigen Sie die zusammengehefteten Lagen so, daß sich das Muster in der Mitte des Rahmens befindet.

9 Beginnen Sie mit dem Quilten in der Mitte des Musters oder an einer Ecke (siehe Seite 35) und fahren Sie systematisch fort, bis das Muster fertiggestellt ist. Nehmen Sie die Arbeit immer aus dem Rahmen, wenn Sie gerade nicht quilten.

10 Wenn die Quiltarbeit beendet ist, entfernen Sie alle Heftfäden und möglicherweise vorhandenen Markierungen.

11 Messen Sie – als Nahtlinien für den Bezug – vier 30 cm lange Linien in jeweils gleichem Abstand von der Mitte ab und markieren Sie sie.

Schneiden Sie überschüssiges Material aus allen drei Schichten bis auf 2 cm außerhalb dieser markierten Linien weg (Abb. 21).

12 Vervollständigen Sie nach einer Ihnen genehmen Methode mit dem Stoff für die Rückseite den fertigen Kissenbezug.

Viertes Kapitel

Quilten, Patchwork und Applikationen

Quilten ist eine Technik für sich. Patchwork und Applikationsarbeiten werden durch Quilten verschönt, und nur sehr wenige Patchwork- und Applikationsarbeiten sind für das Quilten ungeeignet. Es ist einfach eine Sache der Wahl der passendsten und oft der einfachsten Muster. Wenn Sie sich nicht ganz sicher sind, sollten Sie einfache Linien quilten, die die Hauptmuster entweder ergänzen oder einen Kontrast zu ihnen bilden.

Wenn beispielsweise ein Applikationsmuster sehr auffällig und graphisch ist, wirkt ein stark gequilteter Hintergrund mit 'Charakter'-Quiltung (wie auf dem Foto auf Seite 47) auf den applizierten Formen und um sie herum normalerweise sehr gut. Wenn es wichtig ist, die Betonung auf die geometrischen Formen und Patchworkblöcke in kräftigen und kontrastierenden Farben zu lenken, sehen einfache gequiltete Umrißlinien und recht eng gearbeitete Quiltlinien im Hintergrund gut aus.

Gehen wir beispielsweise davon aus, daß Sie eine Patchwork- oder Applikationsoberfläche quilten müssen, deren Blöcke aneinanderstoßen oder die durch Streifen getrennt sind. Planen Sie das Quiltmuster für die Formen des Hauptmusters zuerst. Wenn sich zwischen den Blöcken Streifen befinden, führen Sie eine Quiltlinie sehr nah zu beiden Seiten

Antiker amerikanischer Quilt, ca. 1860, mit applizierter Oberseite. Das auffallende Muster wird durch die Quiltlinien im Hintergrund noch betont. (Wiedergabe mit freundlicher Genehmigung von Patricia Cox)

Jeder Block bei diesem Meereswellen-Quilt wurde in einem anderen Quiltmuster gearbeitet.

der Naht aus. Auf diese Weise erhalten Sie wahrscheinlich den gewünschten Effekt. Innerhalb der Blöcke selbst gibt es wahrscheinlich viel ungequiltete Fläche, die mit Quiltmustern für den Hintergrund ausgefüllt werden kann. Eine einfache Möglichkeit besteht darin, gerade Linien mit Kreppband zu markieren. Diese Linien können derselben Richtung folgen (Abb. 22a), innerhalb des Blocks rotieren (Abb. 22b) oder von der Mitte des Blocks aus ausstrahlen (Abb. 22c). Schraffierungen und die paarweise Anordnung von Linien sind andere Möglichkeiten.

Versuchen Sie es einmal mit dem Muschelmuster (siehe Abb. 53a, Seite 78) oder dem Weinglasmuster (siehe Abb. 53c, Seite 78) als Kontrast, wenn Sie der Meinung sind, daß gerade Quiltlinien den winklig ausgerichteten Kanten des Patchworks zu sehr entsprechen. Solange Maßstab und Proportionen des Quiltmusters im Hintergrund ziemlich konstant bleiben, können Sie sogar mit unterschiedlichen Hintergrundmustern für jeden Block experimentieren.

Die einfache gerade Linie trägt viel zum endgültigen Erscheinungsbild eines Quilts bei, besonders wenn es sich um applizierte Arbeiten handelt. Es sollte Ihnen nicht darum gehen, weite Flächen mit vielen verschiedenen Mustern zu füllen. Die meisten Quiltmuster mit geraden Linien verleihen dem fertigen Quilt ein traditionelles Aussehen. Der Vorteil dabei ist, daß sich das Muster leicht markieren läßt (entweder mit einem Lineal oder mit Kreppband) und daß das Quilten schnell vor sich geht, weil man nicht ständig die Richtung ändert. Außerdem verbessert das Quilten gerader Linien die Technik, da sich auf diese Weise ein Rhythmus entwickelt.

Gerade Quiltlinien für den Haupt- oder den zentralen Hintergrund bei einem applizierten Quilt könnten folgendermaßen aussehen:

Einfache, zweifache oder dreifache Parallellinien, die senkrecht verlaufen (Abb. 22d - 22f).

Einfache, zweifache oder dreifache Parallellinien, die diagonal nur in eine Richtung verlaufen (Abb. 22g und 22h).

Einfache, zweifache oder dreifache Parallellinien, die diagonal verlaufen und in jedem Viertel die Richtung wechseln (wie in Abb. 22a).

Einfache, zweifache oder dreifache Parallellinien, die von der Mitte aus diagonal zu jeder Ecke hin verlaufen (wie in Abb. 22c).

Einfache, zweifache oder dreifache Linien, die sich rechtwinklig überkreuzen, so daß Quadrate entstehen (Abb. 22i und 22j).

Einfache, zweifache oder dreifache Linien, die sich rechtwinklig überkreuzen, so daß Rauten entstehen – auch als Waffelmuster, Gitter oder Schraffierung bezeichnet (Abb. 22k und l).

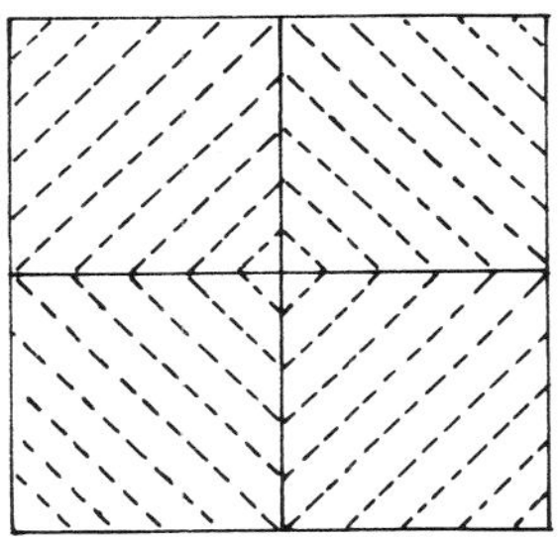
Abb. 22a

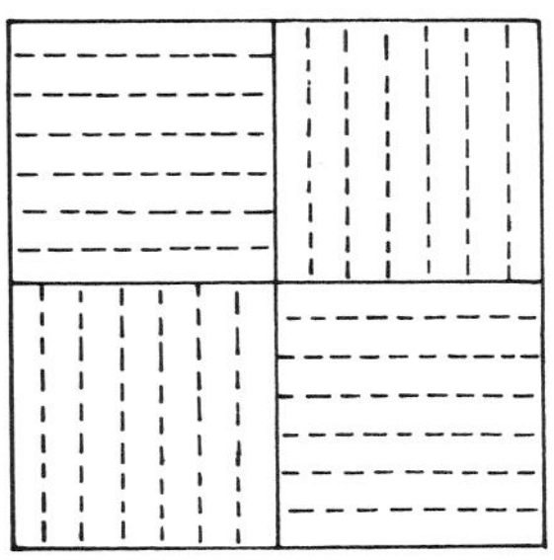
Abb. 22b

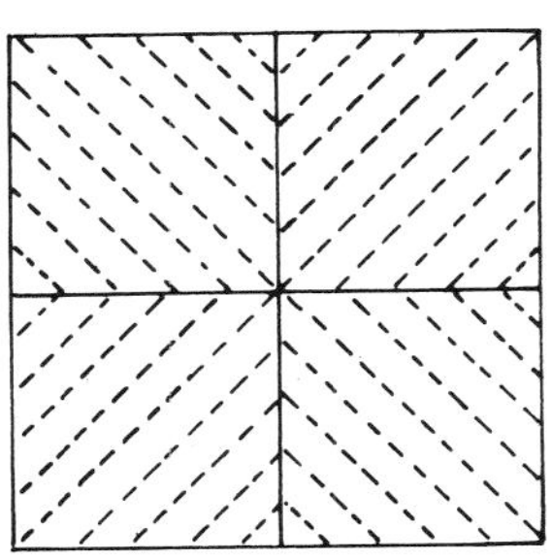
Abb. 22c

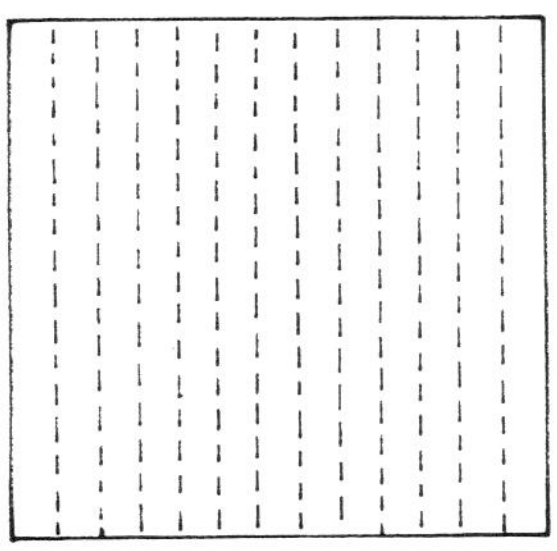
Abb. 22d

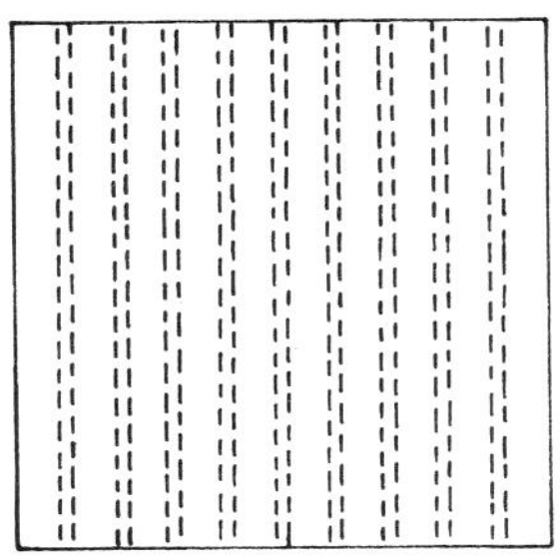
Abb. 22e

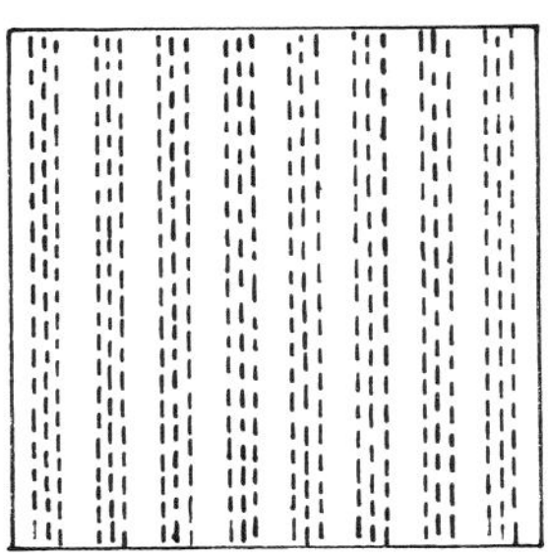
Abb. 22f

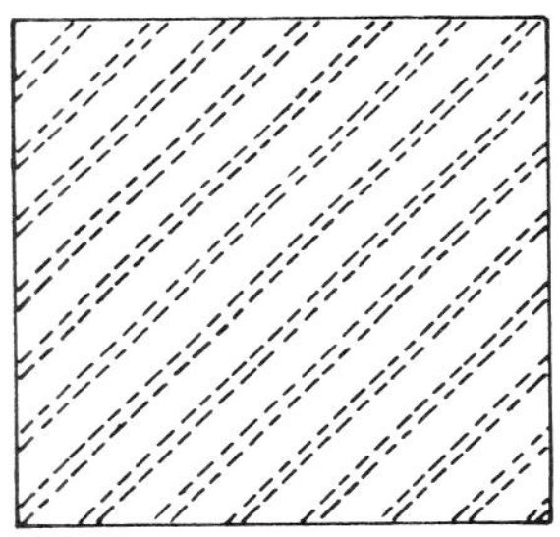
Abb. 22g

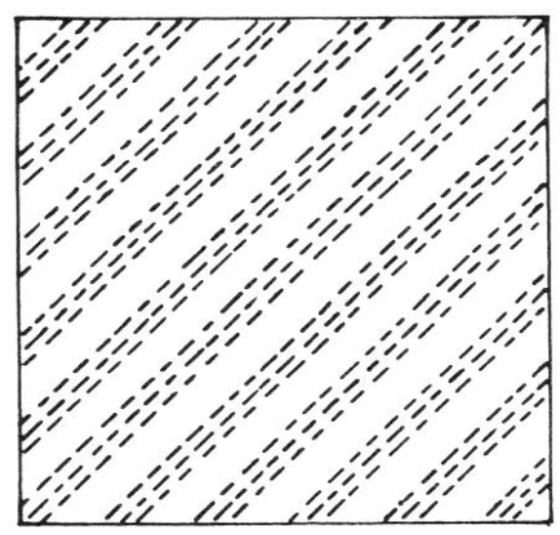
Abb. 22h

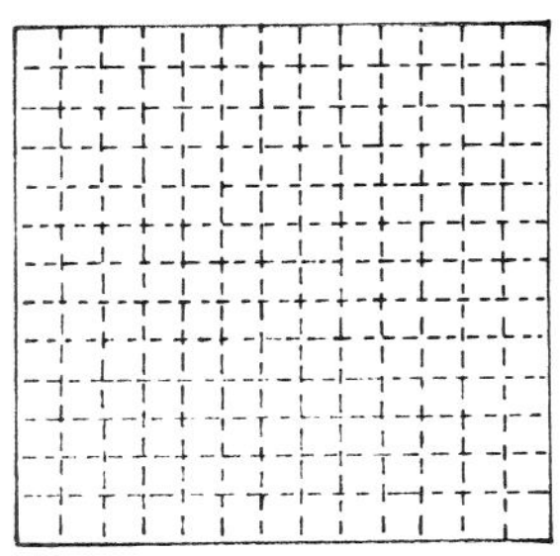
Abb. 22i

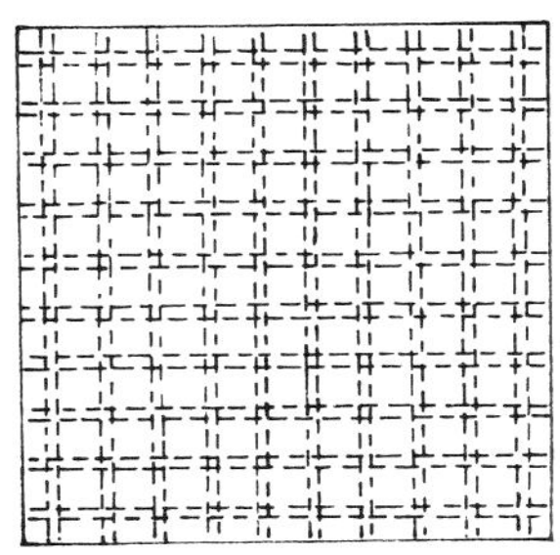
Abb. 22j

Abb. 22k

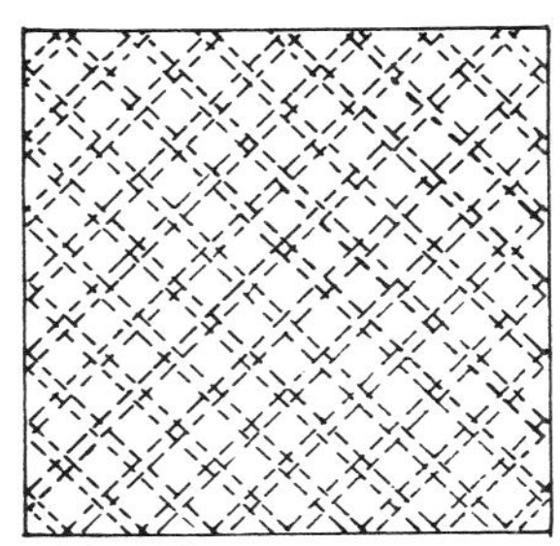
Abb. 22l

Bedenken Sie immer, daß Muster, die zufällig verwendet werden und die falsche Größe haben, klecksig und isoliert wirken können. Es muß sich eine insgesamt gleichmäßige Struktur ergeben (Abb. 23).

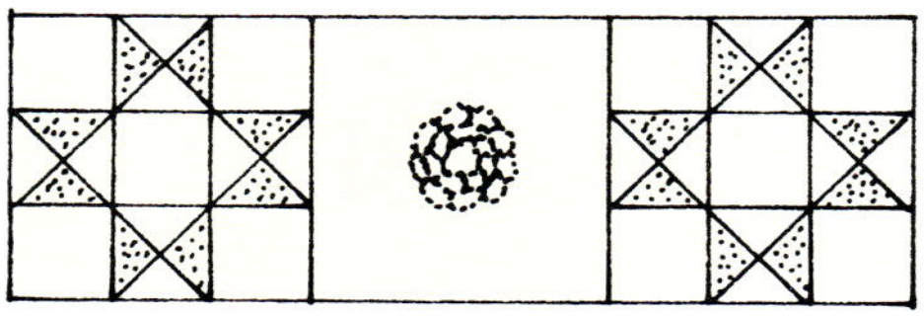

Abb.23

Es ist wichtig, daß das Ganze nicht zu vollgestopft wirkt, indem man Quiltmuster verwendet, die die Aufmerksamkeit allein auf sich lenken, denn sie würden sicherlich vom Hauptmuster ablenken. Wenn sich zwischen den Hauptformen und/oder den Rändern viel offener Raum befindet, wirken Federkränze oder das laufende Federmuster von Seite 105 wunderbar. Federn und blumige Applikationsformen passen gut zu traditionellen Quilts, sind aber nicht die einzig mögliche Kombination.

Vielen Applikationsmustern sowohl traditioneller als auch zeitgenössischer Art tut die 'Charakter'-Quiltung wohl, das heißt, Quiltlinien, die über applizierte Formen gearbeitet werden, um Details hinzuzufügen. Applizierte Blätter beispielsweise können gequiltete Adern haben, und Schattierungen bei Blütenblättern können mit kurzen Quiltlinien angedeutet werden.

Abgesehen von gefalteten und gebügelten Patchworktechniken wie Gefalteter Stern, Bon-Bon (Jo-Jo), Kirchenfenster (Mayflower) und einige Blockhausmuster können Patchworkarbeiten durch Quiltung betont und verschönt werden. Bewegungen können angedeutet werden, indem man sich drehende Kurvenlinien auf oder in der Nähe von starren geometrischen Formen quiltet. Eng nebeneinander ausgeführte Quiltlinien betonen und ändern Farben auf subtile Weise. Die Betonung der Hauptformen kann durch die wohlüberlegte Verwendung von Umrißquiltlinien oder Quiltlinien 'in der Naht' gesteigert werden, und Nahtlinien zwischen den Blöcken können minimiert werden.

Umrißquilten

Die meisten Patchwork- und Applikationsarbeiten wirken am besten, wenn sie zuerst mit Quiltlinien umrissen werden. Das Umreißen bei Patchwork kann 'in der Naht' geschehen, d.h. sehr nah an der Naht, in der Naht selbst oder 0,6 cm von der Naht entfernt. Applizierte Formen können ebenfalls mit einer Quiltlinie gleich neben der Kante oder etwas davon entfernt betont werden. Umrißquilten betont die Hauptmuster, bevor andere Strukturen hinzugefügt werden.

Das Umrißquilten kann zum Echoquilten weiterentwickelt werden, das einen wirkungsvollen Hintergrund für viele Applikationsmuster bildet, speziell wenn nur wenige Blöcke gequiltet werden müssen, wie etwa bei dem hier gegenüber abgebildeten Quilt. Die Dichte des Quiltmusters wäre bei einem großen Quilt recht zeitraubend, aber in einem kleineren Maßstab, beispielsweise bei einem Wandbehang oder einem Kissen, könnten Sie es ja vielleicht einmal ausprobieren.

Betonung von Patchwork

Seien Sie vorsichtig, wenn Sie sich dafür entscheiden, Patchwork zu betonen. Wie bei Applikationen sollte das Quiltmuster selbst nicht vorherrschend sein oder verwirren, indem zu viel verschiedene Musterelemente eingeführt werden.

Betrachten Sie den Ohio-Star-Quilt auf Seite 49. Jeder Block wurde, angefangen bei einfachem Umrißquilten bis hin zu nah beieinander liegenden Parallellinien, leicht unterschiedlich gequiltet. Die Wirkung einer stark kurvigen Linie ist auf dem Foto sichtbar. Der Kontrast zwischen den geraden Sternenlinien und den kurvigen Quiltlinien ist, in Verbindung mit dem starken Farbkontrast, kühn und wirkungsvoll.

Durchgehende Muster

Wenn Sie ein durchgehendes Quiltmuster für Ihre Patchwork- oder Applikationsarbeit wählen, ergibt sich ein überzeugend 'altmodischer Look', insbesondere, wenn viele unterschiedliche Muster oder Blöcke kombiniert wurden, wie es bei Sampler-Quilts (Muster-Quilts) der Fall ist. Wenn die Quiltoberfläche aus vielen kleinen Stücken wie Rauten oder Sechsecken besteht, mag es leichter sein, ein durchgehendes Muster zu quilten, statt die einzelne Form zu umreißen. Der hier abgebildete Quilt zeigt ein sich überlappendes Kreismuster, das manchmal als Baptisten-Fächer bezeichnet wird (Abb. 24). Dieses Muster, das relativ leich zu markieren und zu quilten ist, findet sich auf vielen amerikanischen Gebrauchsquilts wieder.

Abb. 24

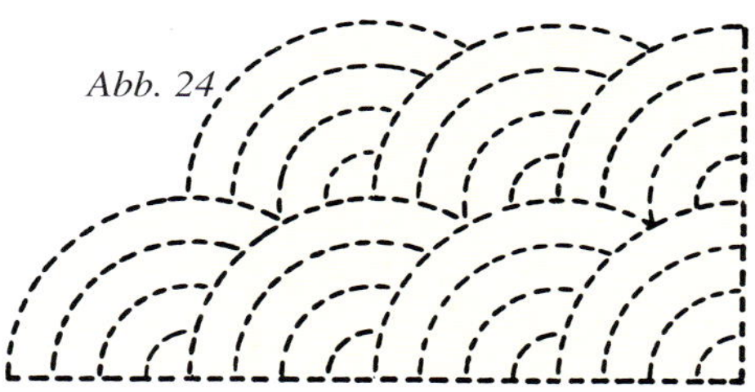

Andere Muster, die normalerweise für Hintergründe Verwendung finden, können zu einem durchgehenden Muster erweitert werden. Weinglas-, schraffierte und parallele Linienmuster haben alle eine vereinheitlichende Wirkung. Im allgemeinen sollte das Quiltmuster bei applizierten Vorderseiten so gewählt werden, daß die applizierten Formen auf unauffällige Weise betont und abgehoben werden. Bei Patchworkoberteilen steht der Quilter vor fast zu vielen Wahlmöglichkeiten; der Ohio Star (Seite 62) gibt einen Hinweis auf diesen fast übergroßen Reichtum.

Die Wahl eines Musters

Eine gute Hilfe für den Anfang, um sich das Quiltmuster einer Oberfläche bei einem Patchwork- oder applizierten Quilt vorzustellen, ist die Markierung mit Kreppband. Kleben Sie Krepp-

Eng gearbeitete Echoquiltung um ein traditionelles Eichenblattmuster herum.

Ohio-Star-'Sampler'-Quilt: jeder Block zeigt ein anderes Motiv.

bandstreifen auf die Quiltoberfläche, um mögliche Quiltlinien anzudeuten, und gehen Sie dann ein paar Schritte zurück, um zu sehen, ob Ihnen die Wirkung gefällt. Dies ist eine großartige Möglichkeit, um zu entscheiden, wie breit Schraffurlinien sein sollten, wie paarweise angeordnete Parallellinien aussehen würden, wie Diagonallinien oder von der Mitte ausstrahlende Linien wirken und so weiter. Natürlich wirken Quiltlinien viel raffinierter als Kreppbandstreifen, doch diese Methode ist äußerst hilfreich, wenn Sie sich nicht entscheiden können, was bei allen Quiltern hin und wieder vorkommt. Eine weitere optische Hilfe ist Kreide. Leicht aufgetragen, hilft sie zu entscheiden, wie gut das Muster den Raum ausfüllt und zu den Patchwork- oder Applikationsformen in Beziehung steht. Außerdem kann Kreide hinterher ziemlich leicht wieder entfernt werden.

Vor der Wahl eines Quiltmusters sollten Sie bedenken, daß die meisten Patchwork- und Applikationsarbeiten mit einer gequilteten Umrißlinie um die Hauptformen herum am besten wirken, da diese auf diese Weise betont und definiert werden, ohne von der Struktur durch weitere Quiltlinien abzulenken. Vielleicht erscheint Ihnen das Quilten von Umrißlinien langweilig – Sie haben die Formen, die diese Linien erzeugen, bereits zusammengesetzt oder appliziert, und die zusätzlichen Schichten, die durch die Nahtzugaben entstehen, lassen sich nicht immer leicht durchstechen. Wenn Sie nicht gerade ein durchgehendes Muster quilten, wie es für ein abstraktes Stück oder eine Landschaft nötig sein mag, sind ein paar grundlegende gequiltete Umrißlinien fast immer wichtig. Quiltlinien im Hintergrund oder andere Quiltlinien allein ergeben nicht die raffinierte Betonung, die durch Umrißlinien hervorgerufen wird.

Quiltoberflächen, die sich durch Quiltlinien am besten verschönern lassen, enthalten zusammengesetzte oder applizierte Blöcke, die durch sich abwechselnde einfarbige Blöcke getrennt sind, und Ränder. Wenn die Quiltoberfläche aus Blöcken besteht, die direkt aneinandergenäht oder durch schmale Streifen getrennt sind, werden die einzigen offenen Räume durch den Hintergrund der einzelnen Blöcke gebildet. Dadurch sind Sie jedoch nicht auf Umrißquiltlinien beschränkt. Wie Sie an dem Beispiel des Ohio Star oben sehen, gibt es eine Vielfalt an Auswahlmöglichkeiten.

Ihr Ziel sollten ähnliche Proportionen von gequilteten Bereichen über die gesamte Oberfläche hinweg sein. Große ungequiltete Bereiche neben kleinen Bereichen mit dichter Struktur auf demselben Stück wirken unausgewogen.

Blöcke mit Umrißquiltlinien sehen am besten neben einfarbigen Blöcken aus, die ein einfaches Quiltdesign haben, das den Raum wie in Abb. 25 ausfüllt.

Abb. 25

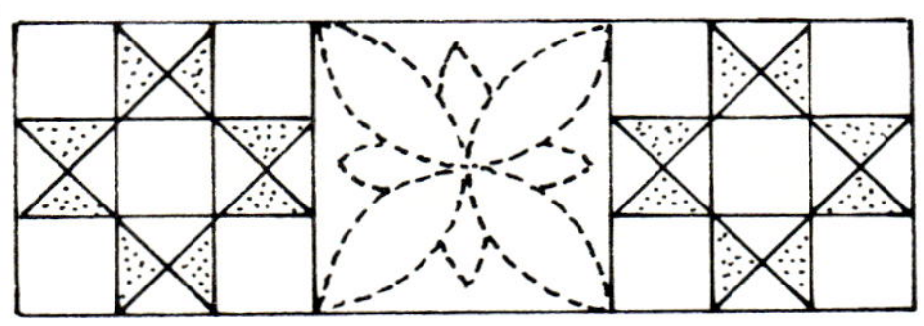

Links: Ohio-Star-Quilt, rote Sterne auf blauem Hintergrund, gearbeitet von Jane Arthur.

'Zuckerhut'-Quilt aus Resten, um 1870 in Texas entstanden.

Wenn Sie mit einfarbigen Blöcken oder Bereichen auf der Quiltoberfläche arbeiten, können sich aus ein paar einfachen Möglichkeiten neue Ideen entwickeln. Versuchen Sie, den Umriß des Blocks in dem leeren Raum zu wiederholen; auf diese Weise werden die Hauptformen strukturiert und nicht als farbige Formen dargestellt. Wenn der Musterblock aus ziemlich großen, einfachen Formen besteht, könnte das Quiltmuster

Abb. 25a

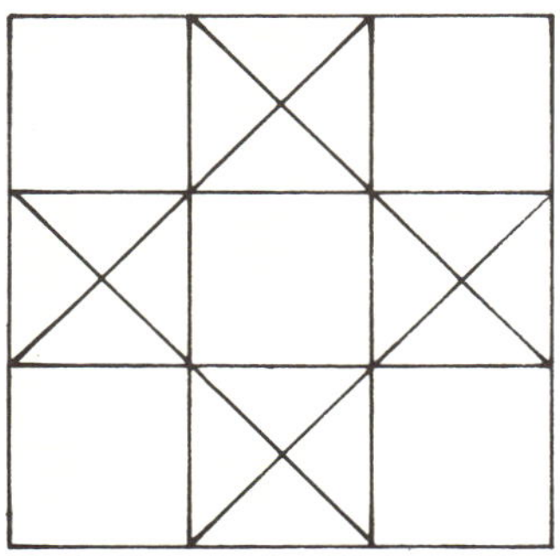

in dem einfarbigen Block eine Verkleinerung des Blockmusters selbst sein, das beispielsweise viermal wiederholt wird (Abb. 25a und 25b).

Die Quiltlinien können auch die Nahtlinien der Blöcke verbinden, so daß ein Sekundärmuster entsteht.

Innerhalb des Musterblöcke kann sogar genug Hintergrundraum vorhanden sein, um ein Quiltmuster vom benachbarten

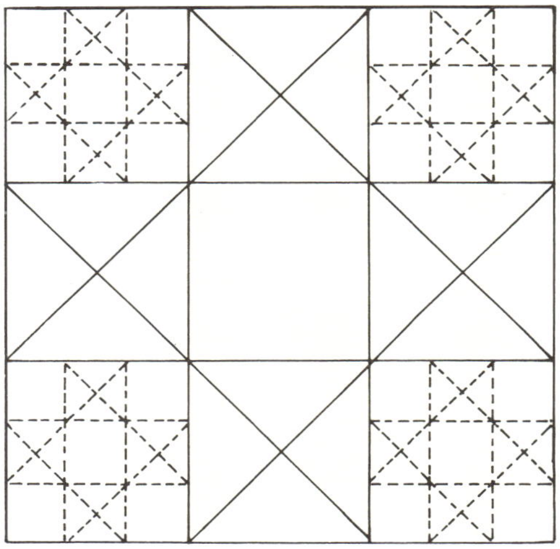

Abb. 25b

Block aus weiterzuführen. Auf diese Weise werden Nahtlinien sehr effektiv heruntergespielt.

Normale Schraffierungen und Waffelmuster ergeben viel Struktur, ohne daß großartige Entscheidungen getroffen werden müssen – versuchen Sie, ein Gleichgewicht zwischen dem Abstand der Schraffurlinien und den ungequilteten Räumen des Hauptblöcke zu schaffen.

Dieser Musterquilt von Rosemary Wilde zeigt die Blöcke Ohio Star, Fächer und Dresdener Teller, betont durch freihändig markierte Quiltmuster.

Willkürlich verlaufende Kurvenlinien oder Kräusellinien lassen sich leicht freihändig zeichnen und quilten. Eine meiner Schülerinnen stellte fest, daß dies ihre Lieblingslösung war, um die freien Flächen im mittleren Bereich ihres ersten Samplerquilts zu füllen. Sie hatte sich auf ein paar Stoffe beschränkt, und die gestreiften, mit Briefecken versehenen Rahmen der einzelnen Blöcke und Ränder gliederten die Arbeit gut. Das Quiltmuster mußte viel Struktur liefern und ein wenig raffinierten Kontrast, ohne zu stark von den Blöcken und ihrer Anordnung abzulenken. Schließlich faßte sie sich Mut und zeichnete ohne speziellen Plan freihändig ‘Schnörkel’ direkt auf den Stoff. Als erster Versuch mit einem großen Stück ist das Ergebnis mehr als lobenswert, und ihr Selbstbewußtsein ist ungeheuer gestiegen.

Quiltformen

Eine Form, die im Patchwork oder in der Applikation auftaucht, könnte angepaßt und zu einem Quiltmuster entwickelt werden. Es können zusätzliche Blätter, Blumen und Knospen auf einen applizierten Block gequiltet werden, damit er komplexer wirkt, und ein verkleinerter Ohio Star kann in alle vier Ecken eines großen Ohio-Star-Blocks gequiltet werden (Abb. 25b, Seite 50).

Bei dem Quilt mit den sogenannten ‘römischen Streifen’ auf Seite 54 spiegeln sich der einfache Stil und die Formen des Patchworks in der Wahl der Quiltmuster wider. Der Hauptbereich des Hintergrundes wurde in Dreiecke unterteilt und mit einfachen Parallellinien ausgefüllt, die auf die zusammengesetzten Streifen der bunten Dreiecke abgestimmt sind und die Linien des Gesamtentwurfs fortsetzen.

Beachten Sie, wie die Richtungsänderungen der Quiltlinien den schwarzen Stoff verändern, so wie es beim Flor von Samt der Fall ist.

Komplizierte Quiltmuster treten auf einem unruhigen, dicht bedruckten Stoff nicht klar hervor. Verwenden Sie lieber einfache Muster.

Quiltmuster mit kurvigen Linien bilden einen guten Kontrast zu den Winkeln von zusammengesetzten Stücken – zielen Sie auch hier bei Quiltmuster und Patchwork auf ein Gleichgewicht von Proportionen und Abständen ab.

Blockmuster mit starken Diagonallinien können in einfarbigen Blöcken wiederholt werden, um das Grundthema weiterzuführen. Umgekehrt kann ein waagrechtes/senkrechtes oder kreuzförmiges Quiltmuster genauso zu Kontrast und Ausgewogenheit führen.

Unebenheiten glätten

Es gibt einen ausgezeichneten Grund, sich einen sorgfältigen Quiltplan der Quiltoberseite zurechtzulegen und nicht nur einige grundlegende Umrißlinien auszuführen. Viele Oberseiten weigern sich einfach, glatt und eben dazuliegen, wobei alle Nähte sich genau treffen – statt dessen erinnern sie an einen großen Vulkanausbruch! Wenn dies der Fall ist, sollten Sie nicht verzweifeln. Zum großen Teil kann dies durch das Quilten wieder gutgemacht werden – das heißt, die Oberfläche wird schließlich viel besser aussehen, als sie tatsächlich ist. Dieser Verbesserungsprozeß beginnt, wenn Sie sich durch ungenaue Nähte, krasse Fehler oder anderes nicht entmutigen lassen, sondern die gesamte Oberfläche mit dichten Quiltstichen versehen. Der Quiltprozeß gestattet es Ihnen, leichte Anpassungen und Neuausrichtungen (durch Dehnen und Verschieben) an den gemusterten Stücken vorzunehmen, während Sie ihre Umrißlinien nachquilten. Außerdem läßt ein stark gequiltetes Muster wie durch Zauber Stoffhügel weniger offensichtlich scheinen; manchmal (siehe unten) verschwinden sie sogar völlig.

Ein gemeinsam hergestellter Doppelter-Ehering-Quilt vor dem Quilten (Seite gegenüber): die Lagen wurden geheftet, liegen aber nicht flach. Unten derselbe Quilt 'danach': die Unregelmäßigkeiten, die in der Hitze des Gefechts entstanden, wurden 'ausgequiltet'.

Der kleine, hier abgebildete Quilt ist ein gutes Beispiel. Über zwanzig Quilter lieferten sich ein Wettrennen, um kleine Bereiche des Doppelten-Ehering-Musters von Hand zu nähen. Sie arbeiteten unter viel Gelächter und waren bei den feineren Punkten des handgearbeiteten Stücks nicht ganz bei der Sache. Das Zusammensetzen der einzelnen Stücke war äußerst frustrierend – wie stark sie auch zogen und bügelten: die Oberfläche ließ sich einfach nicht glätten. Statt die Arbeit irgendwo in einem Schrank verschwinden zu lassen, beschlossen sie, die alte Quilterweisheit 'Das Quiltmuster wird's schon richten' unter Beweis zu stellen. Das Stück ist zwar immer noch nicht ganz akkurat, aber die Gesamtwirkung ist annehmbar. Nehmen Sie sich also ein Herz, wenn Sie beim Zusammensetzen nicht so geschickt sind – ein dichtes Quiltmuster kann diese Tatsache verbergen, und in der Tat können Sie manche Menschen zumindest zeitweise damit hinters Licht führen!

Detail eines Quilts mit sogenannten 'römischen Streifen' und parallelem Quiltmuster.

Umrandungen

Überlegt geplante und ausgeführte Umrandungen tragen viel zur Verbesserung des Aussehens eines jeden Quilts bei. Der für das Quilten vorhandene Raum hängt von dem Patchwork- oder Applikationsmuster und der Konstruktion einer oder mehrerer Umrandungen ab. Wieder sollten die gewählten Quiltmuster den Raum gut ausfüllen und den Hauptteil des Quilts betonen. Es besteht kein Grund, nach bestimmten Randmustern zu suchen – es ist recht einfach, eigene zu entwerfen, indem Sie die Muster oder den für die mittleren Bereiche geplanten Quiltstil entsprechend anpassen (Näheres dazu im achten Kapitel). Angenommen, Sie haben ein Muster gewählt, das für die einfarbigen Blöcke und freien Räume auf einfachen Ovalen beruht. Aus dieser einzelnen Form heraus lassen sich viele verschiedene Muster entwickeln und so anpassen, daß sie sich einer Umrandung jeglicher Breite anpassen (Abb. 26). Richten Sie sich nach der auf Seite 117 beschriebenen Spiegeltechnik, damit Sie um Ecken herumgelangen oder Muster weiterentwickeln können.

Abb. 26

Wenn die Planung einer Umrandung Ihnen zu schwierig scheint, ist es hilfreich, erst einmal mit Papierstreifen zu arbeiten. So können Sie es sich anders überlegen und die gezeichneten Linien sooft Sie wollen verändern, ohne Markierungen von der Quiltoberfläche entfernen zu müssen. Außerdem gehen Sie sicher, daß genug Platz für das gewählte Muster vorhanden ist, daß Sie die richtige Anzahl an Wiederholungen erhalten und ordentlich um die Ecken kommen, bevor Sie sich an den Quilt selbst begeben.

Schneiden Sie Papierstreifen aus und kleben Sie sie zusammen, so daß sie die genaue Größe und Länge der Umrandungen haben. Markieren Sie den Mittelpunkt – er ist nützlich, falls sie beschließen, das Muster hier umzukehren. Außerdem markieren Sie die Mittellinie der Länge nach. Falten Sie den Papierstreifen in gleichmäßige Abschnitte und/oder passen Sie ihn abhängig von der Konstruktion des Hauptteils des Quilts den Nahtlinien der Blöcke an. Diese Faltlinien bilden den Rahmen für das Randmuster (Abb. 27).

Wenn das Randmuster auf den Wiederholungen eines einzelnen Motivs beruht, helfen die Faltlinien, Wiederholungen mit gleichmäßigen, ausgewogenen Abständen zu zeichnen. Zudem können Sie überprüfen, ob der Maßstab der Motive von der Breite her zum Rand paßt, und entsprechende Anpassun-

Abb. 27

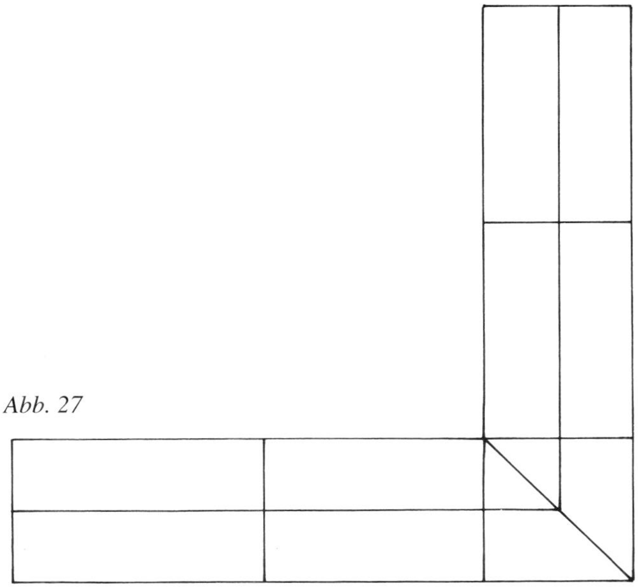

gen vornehmen. Wenn Sie eine Kombination aus Motiven verwenden wollen, brauchen Sie die Linien, um Abstand und Ausgewogenheit zu überprüfen und anzupassen.

Die Anzahl der Quiltlinien auf Umrandungen

Es ist ratsam, Umrandungen in ähnlichem Umfang mit Quiltmustern zu versehen wie den Mittelteil. Wenn ein dicht gequilteter Rand einen Quilt umgibt, der nur mit minimalen Umrißquiltlinien versehen ist, wirkt der Quilt nicht 'richtig' und liegt auch nicht flach. Umgekehrt trifft dasselbe zu.

Eine erprobte Idee für das Quilten von Umrandungen ist die Verwendung einer reduzierten Version eines der Hauptquiltmuster oder -motive. Sie sehen an dem Quilt auf Seite 94, wie dies funktioniert. Wenn Sie die Anzahl der Hauptlinien bei einem solch verkleinerten Muster verdoppeln, wirkt das kleinere Muster etwas anders als das Original.

Wenn Sie einen breiten Rand haben, der zusammengesetzte oder applizierte Blöcke umgibt, könnten Sie ihn mit einer einfachen Schraffierung ausfüllen, so daß dichte Struktur und Bereicherung entsteht, ohne von der Quiltmitte abzulenken. Viele Amish-Quilts haben eine oder mehrere Umrandungen, die auf diese Weise gequiltet wurden, und die Schraffierung bildet einen guten Kontrast zu den anderen Quiltmustern, die verwendet wurden. Eine Schülerin, die nicht gerne quiltete, konnte überzeugt werden, es bei ihrem ersten Quilt mit einer Schraffierung zu versuchen, so daß sie ihre Arbeit schnell fertigstellen konnte, ohne zuviel quilten zu müssen. Diese Schraffierung sieht nicht nur gut aus, sondern läßt sich auch viel leichter arbeiten als Umrißquiltlinien, bei denen die Nahtzugaben Schwierigkeiten verursachen können. Ihre Ansichten über das Quilten haben sich jetzt etwas geändert, und ihr Quilt ist sehr schön.

Hintergründe

Wenn alle Hauptelemente des Entwurfs ausgewählt sind, wird oft die Frage des Quiltmusters für den Hintergrund außer acht gelassen. Ausgewogenheit und Kontrast durch Quiltmuster für den Hintergrund können das Hauptdesign stark hervorheben. Zu wenig Quiltlinien im Hintergrund (es ist fast unmöglich, zu viele zu haben!) oder ein Hintergrund mit unpassenden Proportionen können von einem ansonsten ausgezeichneten Design ablenken. Dicht strukturierte Hintergründe lassen das Hauptmuster hervortreten, indem die Nebenbereiche 'zurückgehalten' werden, so daß die größeren, nicht gequilteten (negativen) Bereiche des Hauptmusters stärker hervortreten.

Viele stöhnen, wenn sie bei dem Vorschlag, ein dichtes Quiltmuster für den Hintergrund zu arbeiten, an 'all die Quiltstiche' denken. Hier ist ein wenig Überzeugungsarbeit nötig, damit sie einsehen, daß die Menge der Quiltstiche, die für eine dicht strukturierte Wirkung nötig sind, sehr dazu beitragen, daß man sich zu einem guten Quilter entwickelt. Übung macht den Meister, und das Quilten von Hintergrundsbereichen ist der ideale Weg, um die eigene Nähtechnik zu verbessern und zu einem eigenen Rhythmus zu finden.

Dieser Ausschnitt zeigt eine schraffierte oder Gitter-Umrandung an einem Quilt von Helen Whittingham.

Muster mit Doppellinien

Doppellinien wirken bei Hintergründen oft besonders schön. Sie geben den Eindruck von Komplexität, ohne die eigenen Fähigkeiten zu sehr zu beanspruchen. Doppellinien mit geringem Abstand heben zudem das Hauptmuster gut hervor. Ein flüchtiger Blick auf alte Quilts zeigt, wie gut man damals die Funktion und Wirksamkeit einer doppelten Quiltlinie verstand. Einige meiner Schüler, die mich schon lange ertragen müssen, sind der Meinung, daß meine Grabschrift in einer Doppellinie gemeißelt werden muß, bevor meine arme Seele Frieden findet!

Wenn eine einfache Schraffierung oder ein Waffelmuster im Hintergrund (Abb. 22k, Seite 45) fast, aber nicht ganz richtig scheint, können Doppellinien (Abb. 22l, Seite 45) besser aussehen. Parallellinien ziehen mehr Interesse auf sich, wenn sie verdoppelt werden, und wirken viel besser, obwohl sie nicht viel Mühe machen.

Tüpfelwirkung

Die schönste Quilttechnik für Hintergrundflächen sind eng beieinander liegende Quiltstiche. Diese arbeitsintensive Methode ergibt eine wunderbar dramatische Wirkung. Da die zufällig plazierten Stiche so eng beieinander liegen, treten benachbarte,

Abb. 28a

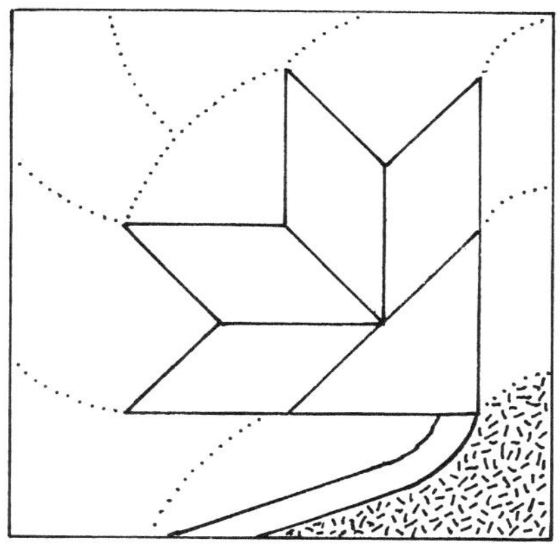

Abb. 28b

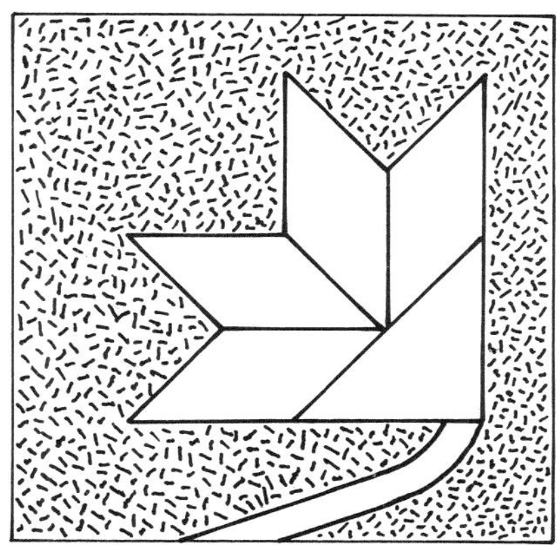

Diese Beispiele zeigen dicht gearbeitete Quiltmuster im Hintergrund.

nicht gequiltete Bereiche in einem viel stärkeren Relief hervor. Diese Tüpfelwirkung findet man häufig bei alten, meisterhaften Quilts, und sie wird oft von Trapunto-Arbeiten im Hauptmuster begleitet, so daß die Struktur noch stärker definiert und betont wird.

Es gibt keine bestimmten Vorschriften für die Ausführung dieser Quiltstiche. Die Stiche werden eng nebeneinander in scheinbar zufälliger Weise angeordnet. Für Ihr erstes Experiment mit dieser Methode sollten Sie einen sehr kleinen Hintergrundsbereich wählen – vielleicht den Mittelpunkt eines Federkranzes oder den Bereich um eine zusammengesetzte Tulpe herum. Statt diesen kleinen Bereich als Ganzes in Angriff zu nehmen, bearbeiten Sie jeweils einen kleinen Unterbereich und führen immer nur zwei Stiche aus, bevor Sie die Richtung ändern (Abb. 28a und 28b, Seite 57).

Echoquilten

Echoquilten ist genau das, was der Name besagt – die Quiltlinien spiegeln die Umrisse des Hauptmusters wider, egal ob es zusammengesetzt, appliziert oder gequiltet ist.

Links: Detail des Quilts 'Aprikosenspirale', der von Jennie Langmead entworfen und gearbeitet wurde. Es zeigt das dichte Quiltmuster des Hintergrunds und ein Tüpfelmuster in der Mitte des Sternenmotivs.

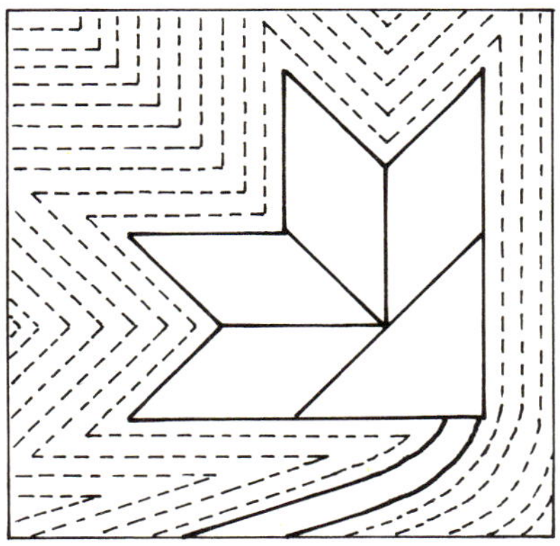

Abb. 29

Als spezielle Technik wurde das Echoquilten am wirkungsvollsten in der hawaiianischen Tradition entwickelt (Näheres dazu auf Seite 60).

Die kräftigen, fließenden Linien beim Echoquilten des Hintergrunds (Abb. 29) verstärken die kühne Wirkung von Applikationsformen. Der Abstand zwischen den Quiltlinien wird normalerweise mit dem Auge beurteilt (oder nach Daumenbreite) und nicht durch kompliziertes und akkurates Abmessen. Echoquilten verleiht den Räumen zwischen Mustern Reiz und verändert die Betonung dieses Raums. Bei einem Abstand von 0,6 cm entsteht ein dicht strukturierter Hintergrund ohne die Intensität des Tüpfeleffekts oder verschlungener Muster.

Verschlungene Muster

Diese Quiltmethode (Abb. 30) findet man oft bei Stücken, die mit der Maschine gequiltet werden, doch sie läßt sich auch von Hand ausführen. Die Quiltlinien wandern fast ziellos über den Hintergrund, wobei Struktur ohne ein spezifisches Muster entsteht. Es ist ein unaufdringliches Quiltmuster für den Hintergrund, für das nicht Maß genommen und das nicht markiert werden muß. Eine formelle Art dieser verschlungenen Muster (Abb. 31) findet man bei Westen und Unterröcken aus dem 18. Jahrhundert.

Abb. 30

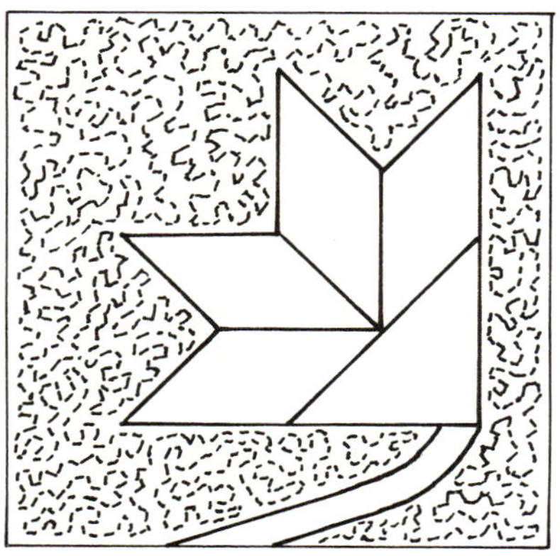

Abb. 31

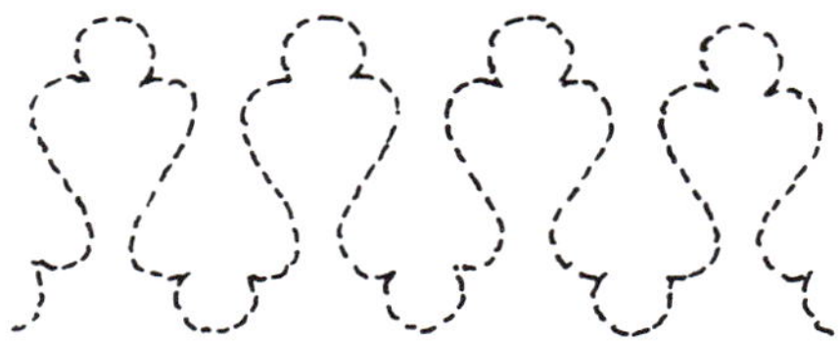

Italienisches Quilten

Das italienische Quilten paßt sehr gut zu den verschlungenen Mustern – durch die dabei verwendete Schnur ergeben sich glatte Linien im Hochrelief, die einen guten Kontrast zu dem dichteren Maßstab der verschlungenen Muster bilden. Sie können es einmal mit einem kleinen Stück, das flach (nicht wattiert) ist, probieren, wobei Sie verschlungene Muster für den Hintergrund und Schnur für die Hauptmuster verwenden. Statt im Vorstich zu arbeiten, können Sie mit dem Rückstich experimentieren, durch den eine fortlaufende, nicht durchbrochene Linie entsteht, was die Wirkung noch unterstreicht.

Wenn es Ihnen schwerfällt, den richtigen Hintergrund für einen Entwurf zu finden, warum verschieben Sie nicht einfach

Die drei hawaiianischen Applikationsstücke (gegenüberliegende Seite) sind Beispiele für das Echoquilten. In den kurvigen Mittelteilen zwischen den Federn angewandt (oben), kann das Echoquilten den Bereichen zwischen Mustermotiven erhöhten Reiz verleihen.

Ihre Entscheidung und beginnen mit einem Übungsstück, wie es Abb. 32 zeigt? Heften Sie ein 60 cm großes Quadrat mit Wattierung und Stoff für die Rückseite zusammen, und probieren Sie verschiedene Hintergründe aus, beispielsweise Parallellinien mit geringem Abstand, Waffelmuster, Rauten und so weiter. Sie können dieses Übungsstück auch dazu verwenden, das Markieren von Mustern mit der freien Hand zu üben. Arbeiten Sie an diesem Übungsstück, bevor Sie wichtigere Projekte angehen. Es verhält sich ähnlich wie beim Üben von Tonleitern, bevor man ein Konzert gibt.

Abb. 32

Arbeitsanleitung: Kleiner Quilt oder Kissen mit Ohio-Star-Motiv

Warum sollten Sie nicht ein paar Vorschläge dieses Kapitels an einem kleinen Quilt (86,3 x 119,3 cm) üben?

Angewandte Techniken:

Heften
Umrißquiltlinien
Quiltlinien auf dem Hintergrund
Markieren von freier Hand
Verwendung von Kreppband zum Markieren gerader Linien

Material:

Je 0,5 m von drei Stoffen (2 Komplementärfarben, 1 Kontrastfarbe)
Gut 0,65 m Stoff für Streifen
1 m Stoff für Umrandungen
Wattierung (50 g/qm) von 90 x 122,5 cm Größe
1,5 m Stoff für die Rückseite (falls nötig, zusammengenäht zu einer Fläche von 90 x 122,5 cm)
Passendes Garn
Stecknadeln
Karton oder Kunststoff für Schablonen
Stoffmarker
Rahmen
Kreppband
Halblange Nadeln Ihrer Wahl

Vorgehen:

1 Schneiden Sie die Schablonen A und B aus (Abb. 33a und 33b). Wenn Sie von Hand nähen, halten Sie sich dabei an die innere durchgehende Linie, bei der Arbeit mit der Maschine an die äußere gestrichelte Linie.

2 Markieren Sie auf der Rückseite des Stoffs entlang den Schablonen.
Anmerkung: Wenn Sie von Hand nähen, markieren Sie gemäß der durchgehenden Linie auf dem Stoff. Das ist Ihre Nahtlinie. Beim Zuschneiden geben Sie eine großzügige Nahtzugabe dazu. Beim Nähen mit der Maschine halten Sie sich dagegen an die gestrichelte Linie – dann werden die unversäuberten Kanten aneinander ausgerichtet, und sie nähen mit einer

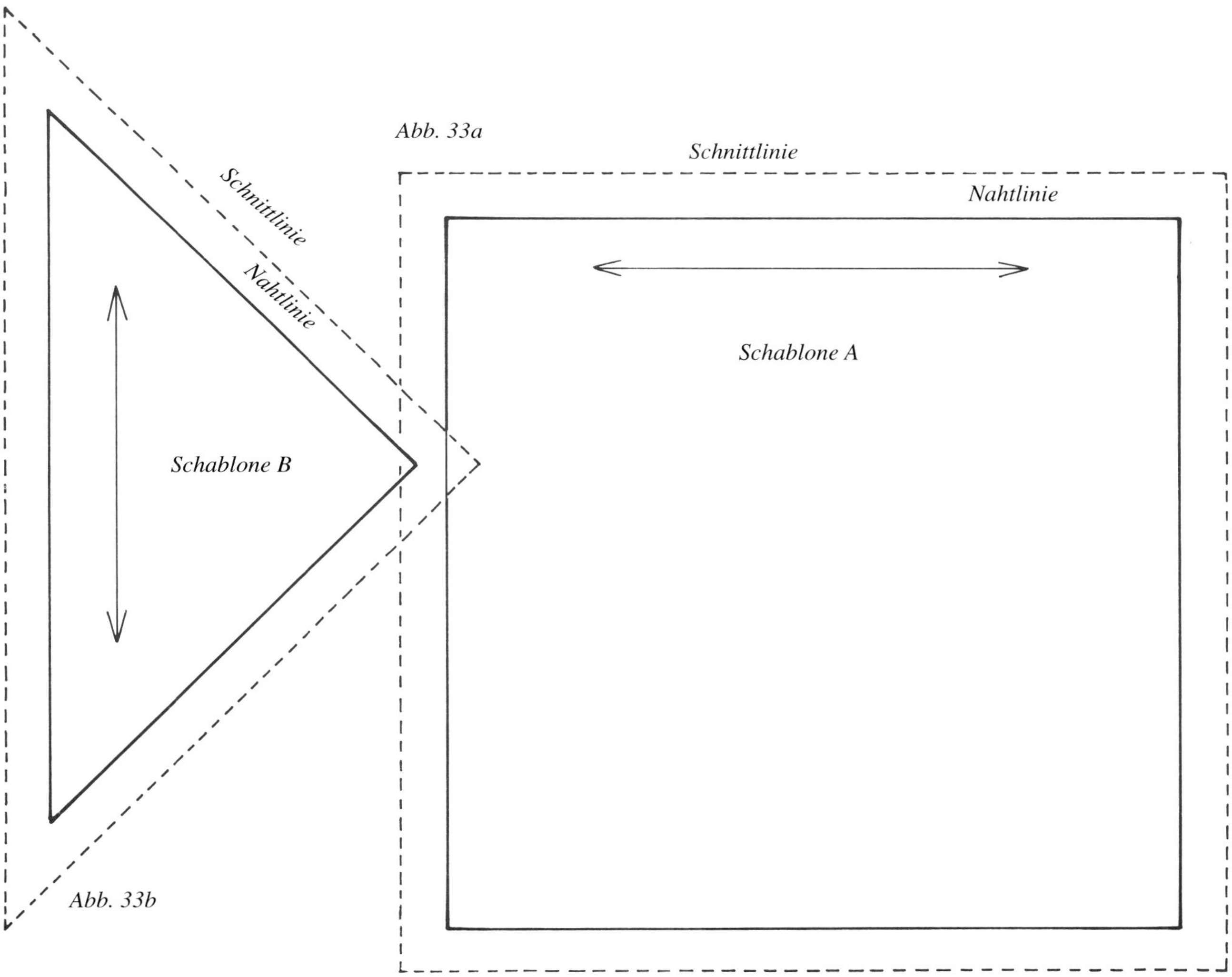

Abb. 33a

Abb. 33b

gleichmäßigen Nahtzugabe, wobei Sie den Nähmaschinenfuß als Richtschnur verwenden. Achten Sie darauf, daß die Pfeile dem Fadenverlauf des Stoffes entsprechen.

3 Markieren Sie folgende Teile und schneiden Sie sie zu:
4 x Quadrat B aus dem Stoff für den Hintergrund
1 x Quadrat B aus dem Hauptstoff
8 x Dreieck A aus dem Stoff für den Hintergrund
8 x Dreieck A aus dem Hauptstoff
Abb. 33c zeigt einen fertigen Block.

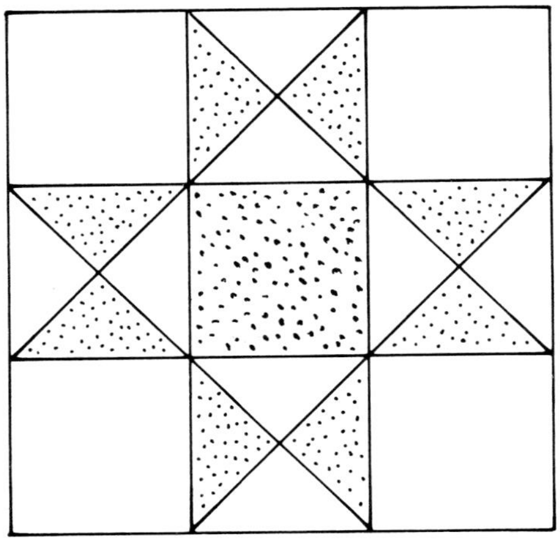

Abb. 33c

4 Legen Sie die Stoffe links aufeinander, und nähen Sie ein dunkles Dreieck A an ein helles Dreieck A, wie es Abb. 34 zeigt.

Abb. 34

Beim Nähen von Hand nähen Sie entlang den markierten Linien (Abb. 35a). Mit der Maschine nähen Sie von einer Kante zur anderen (Abb. 35b)

Abb. 35a

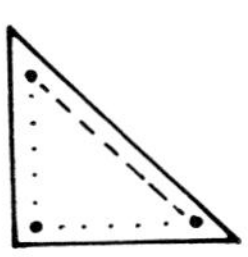

Abb. 35b

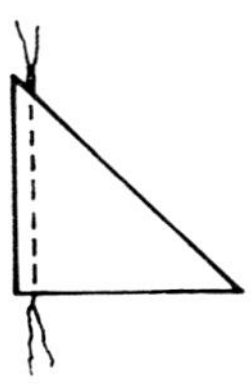

Wiederholen Sie diesen Schritt, bis Sie 8 dunkle und 8 helle Dreiecke zusammengenäht haben.

5 Bügeln Sie alle Nahtzugaben zu einer Seite und zwar in Richtung des dunkleren Stoffes, damit sie nicht durchscheinen.

6 Nähen Sie jeweils zwei Dreieckseinheiten zusammen, so daß Quadrate entstehen, wie Abb. 36 es zeigt, und bügeln Sie wieder.

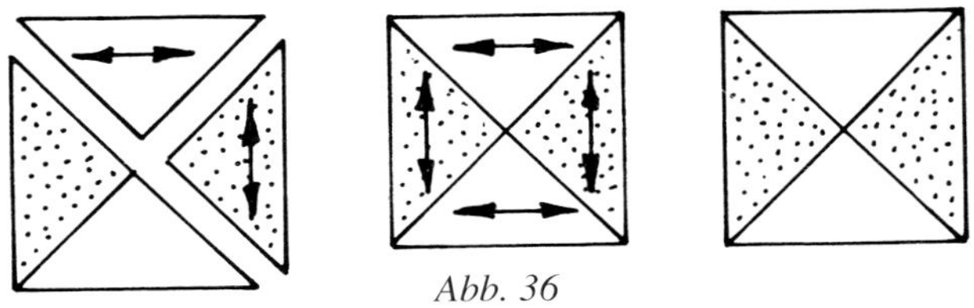

Abb. 36

7 Jetzt können die zusammengesetzten Quadrate an die zugeschnittenen Quadrate genäht werden, so daß Streifen gemäß Abb. 37 entstehen. Bügeln Sie erneut und nähen Sie die drei

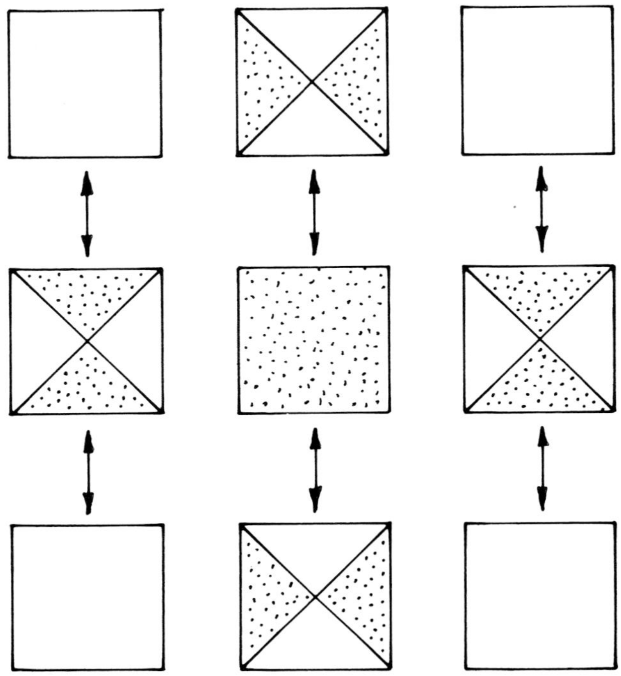

Abb. 37

Streifen zusammen, um den Block fertigzustellen. Bügeln Sie den fertigen Block zuerst von links und dann von rechts.

8 Stellen Sie insgesamt 6 Ohio-Star-Blöcke fertig.

9 Schneiden Sie 3,8 cm breite Streifen aus dem Stoff für die Streifen aus und 11,3 cm breite aus dem für Umrandungen.

10 Nähen Sie die Blöcke mit den schmaleren Streifen, wie in Abb. 38a gezeigt, zusammen, und fügen Sie Umrandungen hinzu, wie in Abb. 38b gezeigt.

11 Legen Sie den Stoff für die Rückseite, die Wattierung und die zusammgesetzte Vorderseite aufeinander, und heften Sie alles zusammen (siehe Seite 28–29).

12 Betrachten Sie wieder das Photo des Quilts. Sie müssen entscheiden, ob Sie alle Blöcke identisch oder unterschiedlich quilten wollen.

13 Geben Sie die Quiltlagen in einen Rahmen oder spannen Sie sie leicht, und markieren Sie die gewählten Entwürfe auf der Stoffoberseite. Wenn Sie bereits Schablonen besitzen, die Sie verwenden wollen, zeichnen Sie in der gewählten Position um

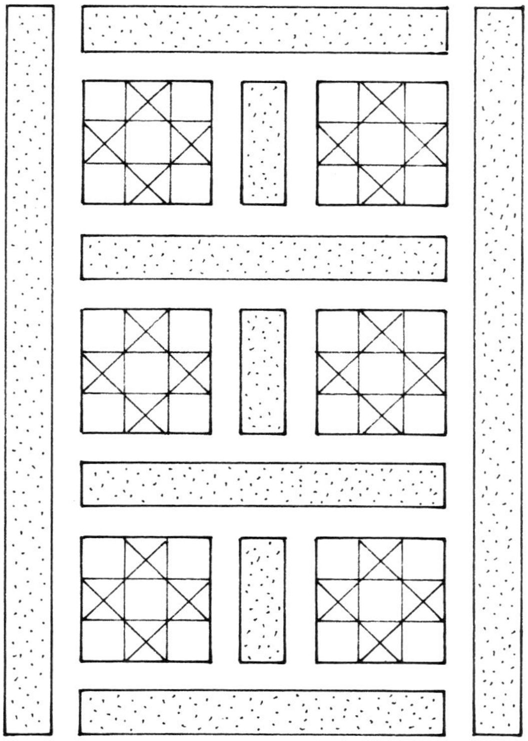

Abb. 38a

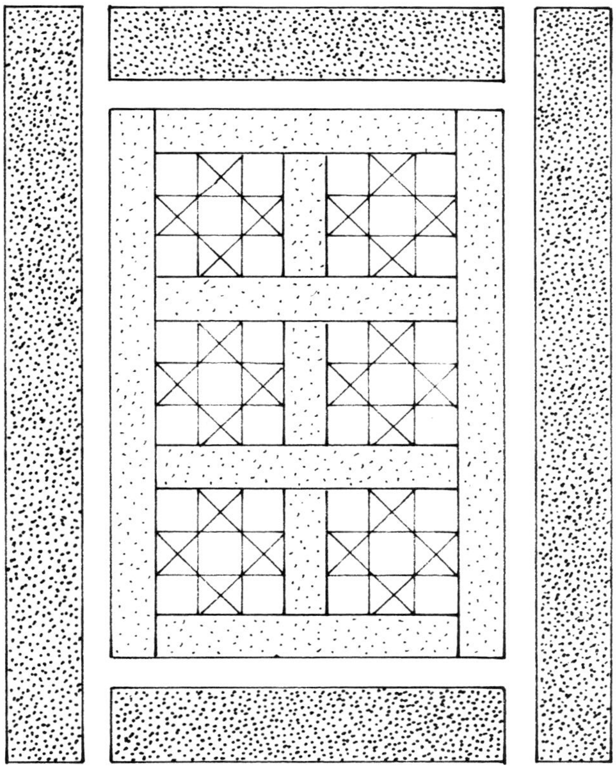

Abb. 38b

sie herum. Ansonsten können Sie freihändig Kurvenlinien zeichnen (oder ein flexibles Lineal benutzen) oder gerade Linien mit Hilfe von Kreppband markieren.

14 Quilten Sie in jedem Block eine Linie um den Umriß des Hauptsterns herum, wobei Sie einen Abstand von 0,6 cm zu den Nähten wahren. Alternativ können Sie in der Naht quilten oder gleich neben der Naht. Abb. 39a–39c zeigen ein paar Quiltmuster, die dafür in Frage kommen.

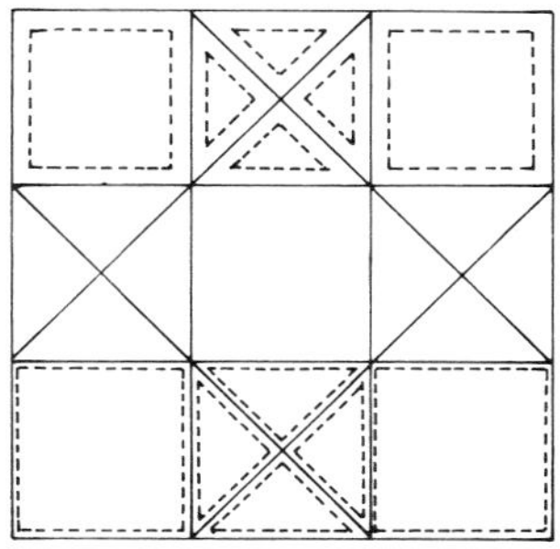

Abb. 39a

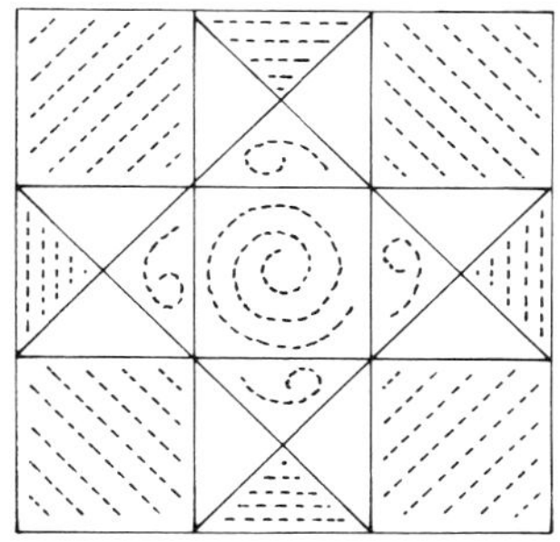

Abb. 39b

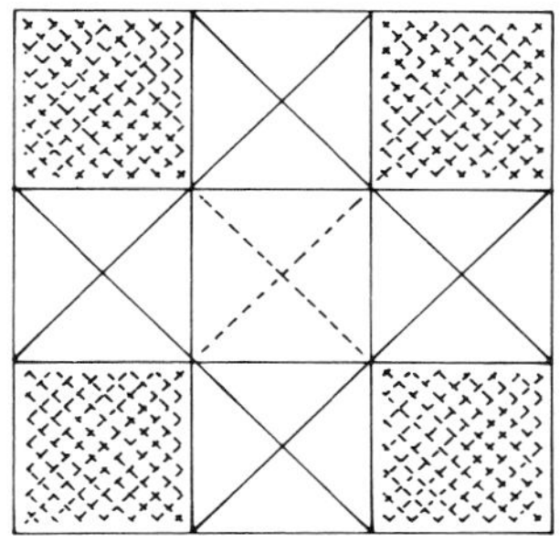

Abb. 39c

15 Arbeiten Sie sich systematisch von der Quiltmitte aus vor oder quer von einer Ecke aus (siehe Seite 35). Bei den Nahtzugaben kann sich das Quilten etwas schwieriger gestalten – ein wenig Sorgfalt und Geduld lohnen sich hier.

16 Quilten Sie entlang der Innenseite des Randes.

17 Entfernen Sie alle Heftfäden.

18 Die Herstellung eines kleinen Quilts gibt Ihnen nicht nur die Möglichkeit, das Markieren und Quilten zu üben, sondern die Größe ist auch gut geeignet, um eine der im dritten Kapitel beschriebenen Methoden für Abschlüsse auszuprobieren. Viel Glück! Eine Anleitung und Vorschläge für die Herstellung eines Etiketts für Ihren Quilt finden Sie im neunten Kapitel. Wenn Sie möchten, können Sie auch nur einen Block anfertigen. Richten Sie sich beim Hinzufügen der Randstreifen dann nach Abb. 40, so daß ein Kissenbezug entsteht.

Abb. 40

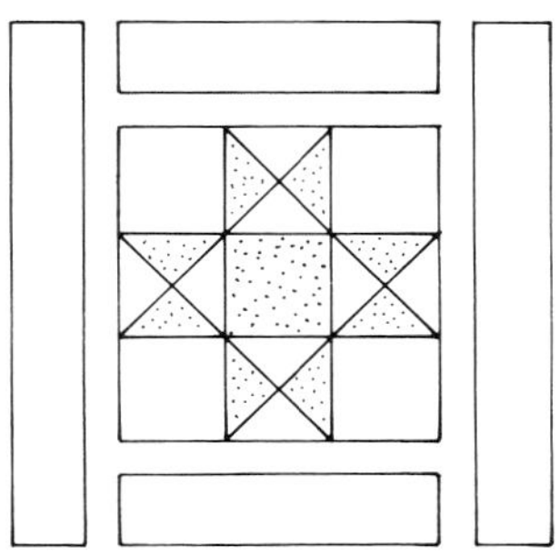

Fünftes Kapitel

Verschiedene Quiltmethoden

Techniken von Hand

Alle von Hand ausgeführten Techniken, die hier beschrieben werden, können Sie wirkungsvoll entweder für sich anwenden oder auch in Kombination mit anderen.

Trapunto

Meisterliche Quilts wurden oft durch zusätzliches Ausstopfen oder Polsterung betont, so daß ausgewählte Bereiche des Hauptentwurfs ein stärkeres Relief erhielten. Diese Technik, die unter dem Namen Trapunto bekannt ist, gewinnt heute wieder an Popularität.

Das zusätzliche Ausstopfen der genähten Formen kann vor oder nach dem Quilten vorgenommen werden. Wenn Sie es als ersten Arbeitsschritt ausführen wollen, nähen Sie die Umrisse der Formen durch den Oberstoff und einen sehr leichten zweiten Stoff wie Mull, der locker und offen gewebt ist, so daß kleine Stücke Füllung hineingeschoben werden können. Viele Anleitungen für Trapunto empfehlen, den Entwurf auf den leichten Stoff zu zeichnen und von unten zu nähen, aber die Stiche sehen wahrscheinlich besser aus, wenn sie von oben gearbeitet werden. Die Stiche sollten recht dicht aufeinander folgen und so gleichmäßig wie möglich sein. Wenn Sie von oben arbeiten, sollten sich die Mustermarkierungen leicht entfernen lassen. (Im zweiten Kapitel finden Sie detaillierte Anleitungen zu den Markierungsmethoden.) Ein Vorteil bei der Arbeit von oben besteht darin, daß Sie sich nicht auf den Vorstich beschränken müssen – Bäumchen-, Ketten- oder Rückstiche machen sich sehr gut. Ein kontrastierendes Garn kann die Arbeit noch weiter betonen. Wenn die Umrißlinien fertig sind, kann zusätzliche Füllung hineingegeben werden, bis der gewünschte Effekt erzielt wird. Seien Sie vorsichtig! Hier kann man sehr leicht übertreiben. Wird zuviel hineingestopft, verzieht sich der Oberstoff, so daß die ganze Wirkung verdorben wird. Sie können verschiedene Werkzeuge – Zahnstocher, Cocktailstäbchen, Häkelnadeln, Teppichnadeln – benutzen, um die Wattierung durch den Stoff auf der Rückseite zu schieben. Ziehen Sie einfach die Fäden auseinander, oder machen Sie vorsichtig einen kleinen Einschnitt in den Stoff auf der Rückseite (Abb. 41). Verwenden Sie immer nur winzige Stückchen Füllung, und schieben Sie sie vorsichtig bis an die Nahtlinien heran (Abb. 42). Schlitze sollten mit einem sauberen Hexenstich zusammengenäht werden (Abb. 43).

Beim Ausstopfen großer Bereiche mag es einfacher sein, mit mehreren kleinen Schlitzen auf der Rückseite zu arbeiten, statt den Bereich durch eine größere Öffnung zu füllen.

Wenn Sie die Trapunto-Technik bei einem Stück verwenden wollen, das eine Lage Wattierung hat, arbeiten Sie die Trapunto-Bereiche zuerst, wobei Sie einen sehr leichten Stoff für die Rückseite verwenden, der zurückgeschnitten werden kann,

Abb. 41

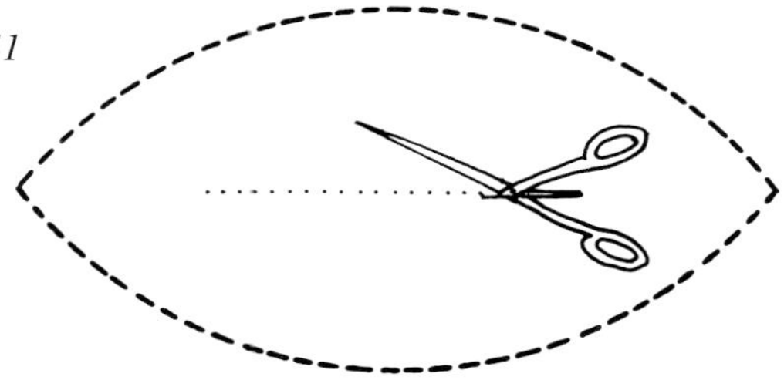

Abb. 42

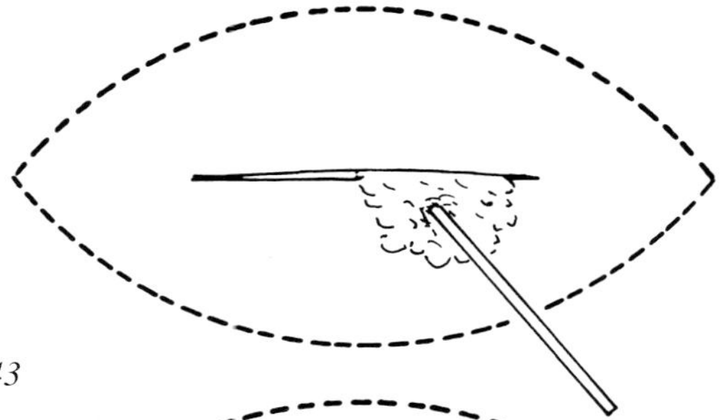

Abb. 43

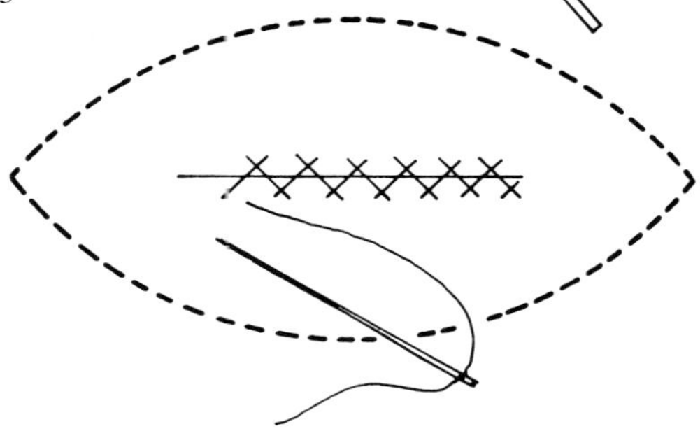

bevor Sie die Wattierung und den Hintergrundstoff hinzufügen. Arbeiten Sie weitere Quiltlinien so nah wie möglich an den ausgestopften Bereichen, um diese zu sichern.

Die amerikanische Quilterin Sue Rodgers befürwortet die Verwendung einer langen, feinen Webnadel, auf die weiches Garn aufgefädelt wird, wenn Trapunto in Verbindung mit wattiertem Quilten eingesetzt wird. Die Trapunto-Bereiche werden gearbeitet, nachdem die einfachen wattierten Quiltbereiche fertiggestellt sind. Die Nadel wird durch den Stoff auf der Rückseite eingeführt, und die Form wird mit dem Garn ausgefüllt. Nachdem das Garn sehr nah an der Oberfläche abgeschnitten wurde, werden die Fäden im Gewebe des Stoffes auf der Rückseite um die kleinen Einstichlöcher herum wieder so zurechtgeschoben, daß kaum Spuren zurückbleiben. Der Stoff muß nicht einge-

Diese Satinkissen und -taschen, gefertigt unter Anwendung des italienischen Quiltens, zeigen Formen und Farben, die typisch sind für die dreißiger und vierziger Jahre. (Wiedergabe mit freundlicher Genehmigung von Marianne Grime)

schnitten werden, und die Einstichlöcher fallen kaum auf, wenn man beim Durchziehen des Garns nicht zu fest zieht. Waschen und Gebrauch des fertigen Stücks tragen ebenfalls dazu bei, die Gewebefäden wieder in die richtige Position zu bringen.

Italienisches Quilten

Bei dieser Technik werden lange Garnfäden oder weiche Wolle von der Rückseite der Stücke her durch 'Tunnel' geschoben, die von Nahtlinien gebildet werden, so daß ein erhabener oder Schnureffekt entsteht. Das italienische Quilten, das besonders in den dreißiger und vierziger Jahren populär war, ist sehr einfach und dabei effektvoll. Viele normale Quilt- und Stickmuster lassen sich sehr gut anpassen: Man verdoppelt einfach die Umrißlinien des Hauptmusters. Diese bilden dann Tunnel für die Fäden, die eingezogen werden (Abb. 44).

Abb. 44

Ein leichter, locker gewebter Stoff wird auf die Rückseite des Oberstoffes geheftet, und die Parallellinien, die den Tunnel für die Fäden bilden, werden im Vor-, Rück-, Ketten- oder Stielstich ausgeführt. Es kann kontrastierendes Garn verwendet werden, und die Nähte können entweder von der Vorder- oder der Rückseite her ausgeführt werden. Die Tunnel können auch mit der Maschine genäht werden. Dabei müssen Sie darauf achten, daß Sie nicht über den Punkt hinwegnähen, an dem Linien sich überschneiden. Eine Doppelnadel kann diesen Prozeß sehr verkürzen, aber achten Sie auf diese Überschneidungen!

Nach dem Nähen des Musters (Abb. 45) fädeln Sie weiche Wolle, Kordel oder farbiges Garn auf eine Gobelinnadel. Schieben Sie von der linken Seite her mit dem stumpfen Ende der Nadel die Fäden des Rückseitenstoffes auseinander und führen Sie die Nadel ein kleines Stück durch den genähten Tunnel (Abb. 46). Bringen Sie dann die Nadel durch den Rückseitenstoff wieder nach oben und ziehen Sie vorsichtig, um sicherzugehen, daß das Garn glatt liegt. Stechen Sie mit der Nadel an derselben Stelle wieder ein, um die Arbeit fortzusetzen, aber ziehen Sie das Garn nicht vollständig durch. Lassen Sie vielmehr jedesmal, wenn Sie die Nadel wieder einführen, eine kleine Garnschlinge stehen (Abb. 47), so daß die Schnur glatt um Kurven und Winkel herum verläuft. Wenn Sie um einen spitzen Winkel oder eine Ecke herum arbeiten müssen, bringen Sie die Nadel direkt an diesem Punkt nach oben, lassen eine Schlinge stehen, stechen mit der Nadel wieder an derselben Stelle ein und arbeiten weiter in die neue Richtung.

Wenn Sie fertig sind, arbeiten Sie ein paar kleine Kreuzstiche, um die Fadenenden zu verankern (Abb. 48).

Sie können das einfache Quiltmuster auf Seite 42 verwenden, um sowohl die Trapunto- als auch diese Schnurtechnik zu üben. Beachten Sie, daß an den Stellen, an denen Linienpaare aufeinandertreffen und sich überkreuzen, ein Tunnel offenbleiben muß.

Abb. 45

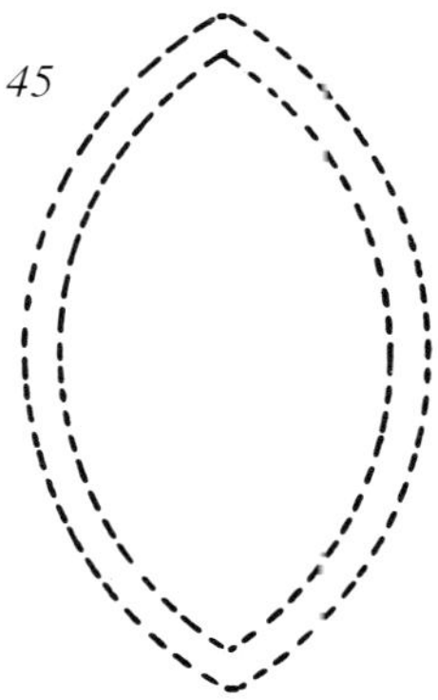

Abb. 46

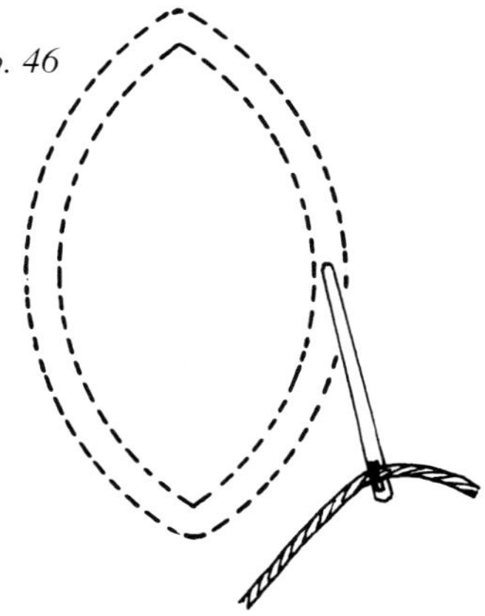

Abb. 47

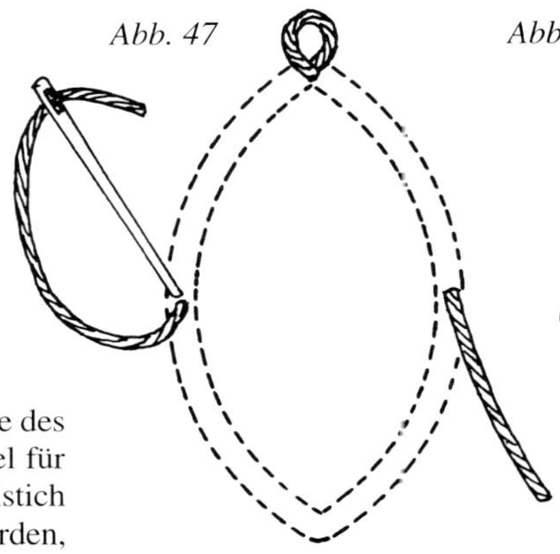

Abb. 48

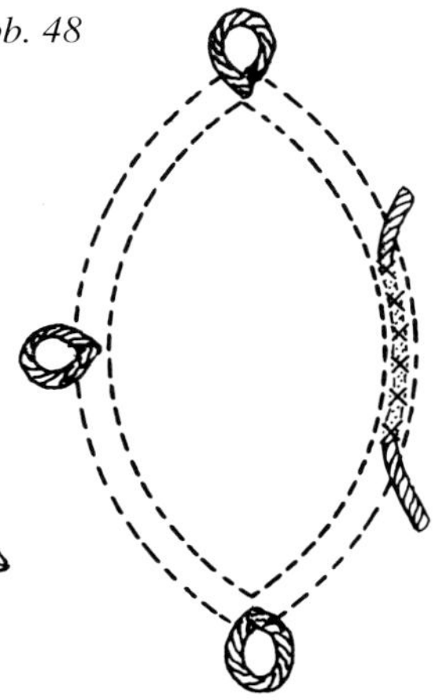

Schatten-Quilten

Beim Schatten-Quilten, das sich vom Schatten-Appliqué unterscheidet, führt man zwischen Nahtlinien farbiges Garn oder bunte Fäden, deren Durchschimmern gedämpfte Farbeffekte bewirkt.

Das Schatten-Quilten ist eine Weiterentwicklung des Trapunto, für die etwa dieselben Arbeitsschritte erforderlich sind. Kräftig buntes Nähgarn für die Umrißnähte ist hier von Vorteil, und es kann jeder dünne Oberstoff, Organza, Batist oder leichter Baumwollstoff, verwendet werden. Die Enden der Fäden müssen umgefaltet und festgenäht werden, damit sie von rechts nicht sichtbar sind. Wählen Sie leuchtend bunte Fäden und Garn, da das Endresultat, abhängig von der Stärke des Oberstoffes, viel gedämpfter sein wird.

Flaches Quilten

Quilten ohne Wattierung wird, wie nicht anders zu erwarten ist, als flaches Quilten bezeichnet. Es wurde oft für Sommerdecken angewendet, bei denen Wärme nicht wichtig war.

Gequiltete 'Landschaften'

Die angewandte Technik ist Quilten in seiner einfachsten und grundlegendsten Form. Zwei Stoffschichten werden (normalerweise mit Vorstich) zusammengenäht, manchmal auch mit Rück- oder Kettenstich. Zwischen den beiden Stoffen liegt keine Wattierung. Diese Quiltmethode wurde oft eingesetzt, um Patchworkarbeiten, die sich aus vielen kleinen Stücken wie Sechsecken oder Rauten zusammensetzen, abschließend zu bearbeiten, da die große Zahl der Nahtzugaben wattiertes Quilten sehr erschwert hätte.

Sashiko

Die traditionelle japanische flache Quilttechnik, die unter dem Namen Sashiko bekannt ist, wurde in letzter Zeit immer populärer und bietet den heutigen Freunden des Quiltens ein großes Beschäftigungsfeld in bezug auf Entwurf und Durchführung. Ursprünglich wurden bei dieser Technik Vorstiche mit grobem Garn auf Arbeitskleidung genäht. Die zusätzlichen Nahtlinien verliehen der Kleidung längere Haltbarkeit, ähnlich wie Ellbogenflicken aus Leder oder Wildleder das Leben von Pullovern und Jacken verlängern.

Viele Linienmuster wurden anschließend zur Zierde für die Sashiko-Technik angepaßt. Sashiko hilft dabei, gleichmäßige Stiche zu entwickeln, und viele der traditionellen Muster können erfolgreich für Hintergrundmuster bei wattierten Quiltarbeiten angepaßt werden.

Echtes Sashiko besteht aus Vorstichen, die durch zwei Stoffschichten gearbeitet werden, die traditionell mit Indigo gefärbt sind, wobei ein grobes Garn in einer Kontrastfarbe, meistens Weiß, verwendet wird. Für zeitgenössische Sashiko-Arbeiten ist nur ein starker Farbkontrast nötig. Geeignetes Garn sind Stickgarn oder Perlgarn Nr. 5 oder 8. Verwenden Sie eine spitze Nadel mit einem Öhr, das groß genug ist, um das stärkere Garn aufzunehmen.

Es ist besser, die beiden Stofflagen zusammenzuheften statt zusammenzustecken. Dann beginnen Sie mit einem Knoten, der entweder zwischen den beiden Stoffschichten versteckt wird oder auf der Rückseite der Arbeit sichtbar ist. Sichern Sie fertige Nähte, indem Sie auf der Rückseite mit der Nadel an drei oder vier Stichen entlang zurückweben, oder schieben Sie die Nadel zwischen die Stofflagen, so daß das Fadenende unsichtbar ist. Die Anfangs- und Endfäden können alternativ an den Kanten der Arbeit auch einfach hängen gelassen und verknotet werden, so daß nachgemachte Troddeln entstehen, wenn alle Nähte fertiggestellt sind.

Quilten mit der Maschine

Seit ein paar Jahren erhält das Quilten mit der Nähmaschine unverdienterweise eine schlechte Presse, und schon allzu lange wird es als dem 'echten' – d.h. Handquilten – unterlegen betrachtet. Der Grund bleibt ein Geheimnis, da sich mit der Nähmaschine wunderbare Effekte erzielen lassen. Vielleicht hat die relative Geschwindigkeit der Technik die engagierten Handquilterinnen verärgert, oder möglicherweise haben einige der ersten maschinengequilteten Stücke in Ausstellungen nicht die so sehr gesuchte weiche Struktur der Handarbeit gezeigt. Arbeiten mit der Maschine wirken jedoch, wenn sie sorgfältig ausgeführt werden, wunderbar und genauso gut wie Arbeiten von Hand. Auch diese sehen nur dann gut aus, wenn sie überlegt ausgeführt wurden – sie sind einfach anders. Eine mit der Maschine gequiltete Linie ist gut betont und weist eine deutliche Furche auf, die durch die Nahtlinie hervorgerufen wird. Beim Quilten von Hand entsteht eine durchbrochene Linie und somit eine weichere Furche. Das Quilten mit der Maschine wird immer raffinierter, und einige Ergebnisse sind wirklich wunderschön. Wenn Sie gerne einmal an der Maschine arbeiten würden, aber irgendwie das Gefühl haben, daß sich das 'eigentlich nicht gehört' ist, sollten Sie sich daran erinnern, daß Nähmaschinen bereits seit den sechziger Jahren des 19. Jahrhunderts in Gebrauch sind. Maschinenquilten (oft sehr ordentlich ausgeführt) findet man bei vielen Quilts aus den Folgejahren. Eine der prägnantesten Würdigungen des Maschinenquiltens stammt von Harriet Hargrave, einer amerikanischen Quilterin und Lehrerin, die der Meinung ist, daß diese Technik als 'Handquilten mit einer elektrischen Nadel' verstanden werden sollte.

Vorbereitungen für das Quilten mit der Maschine

Für gutes Maschinenquilten sind ähnliche Einstellungen und Praktiken wie beim Handquilten erforderlich. Anders ausgedrückt: Beginnen Sie mit bescheidenen, realistischen Erwartungen, und seien Sie bereit, durch die Arbeit zu lernen.

Zusammenstecken Um einen Quilt für das Quilten auf der Maschine vorzubereiten, ist dasselbe sorgfältige Zentrieren der drei Lagen wie beim Quilten von Hand erforderlich (siehe Seite 28). Heftstiche werden durch Sicherheitsnadeln ersetzt, die gleichmäßig von der Mitte ausgehend befestigt werden. Dicke Wattierung muß alle 5 bis 7,5 cm festgesteckt werden, dünnere Wattierung alle 7,5 bis 10 cm. Verwenden Sie lieber Sicherheitsnadeln anstelle von Heftstichen oder Stecknadeln. Sie verschieben sich nicht, wenn der Quilt beim Quilten verschoben wird. Stecknadeln können zudem stechen, und Heftstiche haben die unangenehme Angewohnheit, daß sie sich um den Nähmaschinenfuß herum verwirren.

Falten Sorgfältiges Zusammenstecken und Glätten sowie planvolles Falten der Quiltlagen kann das Quilten mit der Maschine sehr erleichtern. Die Faltung ist nötig, damit nicht endlose Lagen von Hand in die richtige Position gebracht werden müssen, nachdem man mit dem Nähen begonnen hat.

Eine Auswahl von Sashiko-Quiltarbeiten, die von Schülerinnen in traditionellen Farben gearbeitet wurden.

Das Quilten eines leuchtend bunten Quilts für ein Kinderzimmer mit der Maschine. Beachten Sie den bequemen Stuhl mit Rückenlehne. Der Quilt ist aufgerollt, so daß er sich bei der Arbeit leichter handhaben läßt.

Harriet Hargrave empfiehlt, die linke Quiltseite zur Mitte zu falten und die rechte Quiltseite eng aufzurollen, und zwar ebenfalls zur Mitte hin. Der aufgerollte Teil kann mit mehreren Fahrradklammern gesichert werden – ein weiteres großartiges Beispiel für den Erfindungsreichtum von Quilterinnen! Wird diese Technik richtig ausgeführt, bleiben etwa 10 bis 15 cm des Quilts frei und können unter die Nadel geschoben werden. Der gerollte und gefaltete Quilt kann nun wie ein Akkordeon von einer Seite gefaltet werden, wobei wiederum zur Mitte hin gearbeitet wird und dann weiter bis zur anderen Kante.

Die Einrichtung des Arbeitsplatzes Nach dem Falten der Quiltlagen müssen die Nähmaschine und Ihr Arbeitsplatz vorbereitet werden. Die Handhabung der Quiltlagen ist viel einfacher, wenn hinter der Nähmaschine und links von ihr genug Platz vorhanden ist. Es ist sogar noch besser, wenn sich diese Oberflächen mit der Platte der Maschine auf einer Ebene befinden, doch dafür ist etwas Erfindungsreichtum und handwerkliches Geschick nötig. Harriet Hargrave, maßgebliche Kapazität fürs Maschinenquilten, liefert in ihrem Buch *Heirloom Machine Quilting* dafür einige Ideen für jene, die sich hierfür besonders interessieren.

Beim Maschinenquilten kann man nicht einfach mit der Arbeit beginnen und sie dann wieder weglegen. Es ist intensivere Konzentration erforderlich, und meistens arbeitet man länger an einem Stück. Setzen Sie sich auf einen Stuhl mit Rückenlehne, der eine bequeme Arbeitshöhe hat, und holen Sie sich so viele Lampen wie nötig heran, um den Arbeitsbereich direkt auszuleuchten.

Die Vorbereitung der Maschine Überprüfen Sie, ob die Maschine sauber, geölt und betriebsbereit ist, und entfernen Sie Fusseln, die sich unter jedem Spulengehäuse ansammeln. Schauen Sie in der Betriebsanleitung nach, und überprüfen Sie die obere und untere Fadenspannung. Arbeiten Sie mehrere Nähte auf zwei Lagen Stoffresten und einer Lage Wattierung, um zu sehen, ob die Fadenspannung verändert werden muß.

Weiteres Maschinenzubehör Für die meisten Maschinen kann man einen Oberstofftransport kaufen. Wenn er gut paßt, erleichtert er das Maschinenquilten, das auf geraden Linien beruht, sehr, da die Quiltlagen gleichmäßig genäht und bewegt werden können, ohne daß zu viele Kräuselungen und Falten auf der Rückseite erscheinen.

Wenn Sie kompliziertere Entwürfe für das Maschinenquilten planen, brauchen Sie einen Stopffuß, um 'kunstvolle' Quiltmuster zu üben. Ein Quiltfuß ist normalerweise ein Stickfuß mit einer hinten befestigten Meßstange, die hilft, Linien mit gleichmäßigem Abstand zu arbeiten.

Garne Ein feines, unsichtbares Nylongarn guter Qualität läßt, zusammen mit einem feinen Baumwollgarn verwendet, fast eine Wirkung wie beim Handquilten entstehen. Die Transparenz und Feinheit des Nylongarns lassen es auf der Quiltoberfläche fast unsichtbar erscheinen, so daß die Quiltstruktur vor den eigentlichen, mit der Maschine genähten Linien sichtbar wird. Es gibt auch eine ausgezeichnete Auswahl an Stickgarnen für die Maschine, die ständig erweitert wird, einschließlich Metallic- und schattierten Garnen, mit denen Sie experimentieren können.

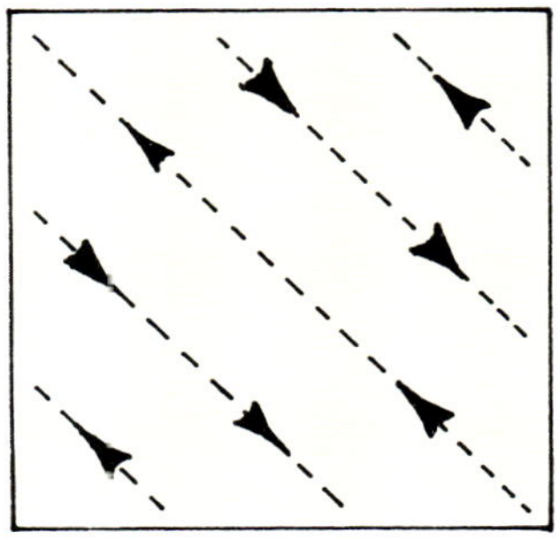

Abb. 49

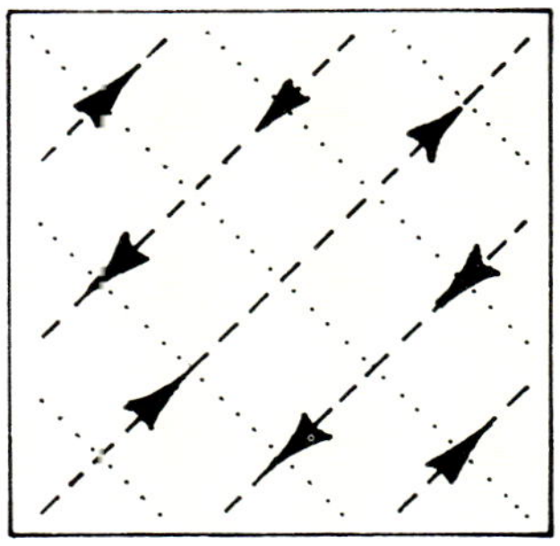

Abb. 50

Auftakt zum Quilten

In oder nahe der Naht quilten Für eine Anfängerin ist dies eine der einfachsten Techniken an der Nähmaschine. Natürlich müssen auf der Oberfläche Nahtlinien vorhanden sein, neben denen Sie entlangquilten können – am besten beginnen Sie Ihre Quilterkarriere an der Maschine mit einem übriggebliebenen Patchworkblock. (Wenn Sie kein Patchworkstück haben, versuchen Sie, wie unten beschrieben, Gitter- oder schraffierte Linien auf einen einfarbigen Stoff zu quilten.)

Probieren Sie mehrere Nahtlinien zuerst auf einem Probestück aus. Legen Sie denselben Oberstoff, dieselbe Wattierung und dieselbe Stoffrückseite, die dem Stück, das Sie quilten wollen, entsprechen, aufeinander. Führen Sie einen Probelauf aus, um zu sehen, ob noch abschließende Einstellungen der Spannung oder der Stichlänge nötig sind. Ein solcher Test ist eine gute Angewohnheit, genau wie das Testen von Stoffmarkern, um zu überprüfen, ob sie sich leicht entfernen lassen.

Sie können entweder direkt in der Nahtlinie quilten oder gleich daneben. Es ist leicht, neben der Naht zu arbeiten, wenn Sie wissen, daß die Nahtzugaben zu einer Seite gebügelt wurden. Quilten Sie auf der Seite, unter der sich keine Nahtzugabe befindet, und zwar so nah am Saum wie möglich. Genau in der Naht zu quilten, klappt am besten, wenn die Nahtzugaben aufgebügelt wurden.

Durchgehende Gitter können über große Bereiche hinweg gearbeitet werden und entsprechen einer Schraffierung im großen Maßstab. Nähen Sie eine der Mittellinien zuerst, und arbeiten Sie sich dann in der abgebildeten Reihenfolge in Richtung der Ränder vor (Abb. 49). Kehren Sie zu der mittleren Diagonallinie zurück und vervollständigen Sie die zweite Hälfte. Wiederholen Sie diese Arbeitsfolge, um die sich kreuzenden Linien fertigzustellen (Abb. 50).

Das Quilten kurviger und schwieriger Muster Benutzen Sie für Ihre ersten Versuche ein Probestück. Verwenden Sie einen Stopffuß, und versenken Sie den Transport oder decken Sie ihn ab. In Ihrer Betriebsanleitung steht, wie man dabei vorgeht. So können Sie die Stichlänge kontrollieren, die davon abhängt, welche Geschwindigkeit die Maschine hat und wie schnell Sie den Stoff unter dem Stopffuß herschieben.

Bringen Sie zuerst den Spulenfaden nach oben auf die Oberfläche des Quilts – dies verhindert, daß er sich unten verklemmt. Halten Sie beide Fäden hinter dem Fuß oder seitlich von ihm fest, bis die ersten Stiche sichtbar sind. Dann sollten Sie kurz innehalten und beide Fäden abschneiden. Versuchen Sie, die Geschwindigkeit so gleichmäßig und konstant wie möglich zu halten, während Sie die Lagen unter dem Stopffuß herbewegen. Ziehen und schieben Sie nicht dabei, sondern bewegen Sie das 'Sandwich' so gleichmäßig wie möglich. Wenn Sie sich an dieses Verfahren gewöhnt haben, versuchen Sie, kurvige Formen zu 'zeichnen'. Mit einiger Übung sollten Sie bald genug Selbstbewußtsein haben, um größere Stücke als diese Probestücke zu bearbeiten.

Wenn Sie mit einem Faden anfangen und aufhören, sollten Sie keinen Rückstich machen, denn dabei werden die Fäden und der Stoff nur zu einem häßlichen Durcheinander verklemmt. Beginnen Sie mit der kürzestmöglichen Stichlinie, und erhöhen Sie die Einstellung dann bis zur gewünschten Länge. Zum Schluß verringern Sie die Stichlänge wieder auf die kleinstmögliche Einstellung. Winzige Stiche, die man kaum auftrennen kann, werden sich mit einiger Sicherheit nicht auflösen. Wenn Ihnen diese Methode nicht zusagt, beginnen und enden Sie einfach ohne eine Anpassung der Stichlänge. Unabhängig von der gewählten Methode wird der Oberfaden auf die Rückseite geführt und dort mit dem Unterfaden verknotet. Fädeln Sie beide Enden durch eine Nadel und führen Sie Fäden und Knoten durch die Quiltrückseite, so daß sie in der Wattierung versteckt sind.

Arbeitsanleitung: Kissenbezug mit Trapunto und italienischem Quilten

Üben Sie diese Techniken mit dem 'Tudorrosen'-Muster auf Seite 42.

Material:

0,5 m Oberstoff
0,25 m Mull oder anderer, locker gewebter Stoff (als 'zweiter' Stoff)
Weiches Garn für das italienische Quilten (wird meistens als Docke verkauft)
Große Gobelinnadel
Synthetische Wattierung, in kleine Stücke zerschnitten
Garn in gleicher Farbe wie Oberstoff oder dazu passend
Stoffmarker (Entfernbarkeit prüfen, wenn er auf der Stoffoberseite verwendet werden soll)

1 Pausen Sie das Muster (Abb. 20) auf Seite 42 auf den zweiten, leichten Stoff ab und vervollständigen Sie es, oder markieren Sie das fertige Muster auf dem Oberstoff.

2 Zentrieren Sie den Oberstoff und den zweiten Stoff und heften Sie die beiden Lagen zusammen.

3 Arbeiten Sie gleichmäßige Vorstiche entlang allen markierten Linien. Die Anfangs- und Endfäden können am zweiten Stoff hängenbleiben. Wenn Sie sich dafür entschieden haben, von oben zu arbeiten, können Sie andere Stiche wie Rück-, Ketten- oder Stielstich verwenden.

4 Wenn alle Linien genäht wurden, fädeln Sie weiches Garn durch die Tunnel. Arbeiten Sie durch den zweiten Stoff auf der Rückseite und verwenden Sie eine Gobelinnadel. Lassen Sie in gewissen Abständen, speziell an Spitzen, steilen Kurven und Überschneidungen Garnösen stehen. Dieser Arbeitsschritt wird zügig vonstatten gehen – und Sie mit seinen sofortigen Ergebnissen verzaubern!

5 Anschließend beginnen Sie die Arbeit an den Trapunto-Bereichen. Entweder machen Sie jeweils einen Einschnitt in den zweiten Stoff, oder Sie schieben die Fäden auseinander, so daß winzige Stückchen Wattierung Stück für Stück hineingeschoben werden können. Schieben Sie die Wattierung möglichst nah an die Nahtlinien heran, aber stopfen Sie nicht zuviel in die einzelnen Bereiche. Überprüfen Sie die Vorderseite der Arbeit häufig, um die Wirkung zu überprüfen und zu sehen, wann sie aufhören müssen. Füllen Sie alle Trapunto-Bereiche auf diese Weise aus.

6 Nachdem alle Trapunto-Bereiche gefüllt wurden, schließen Sie möglicherweise vorhandene Schlitze in dem zweiten Stoff mit Hexenstichen, damit die Wattierung nicht herausfallen kann.

7 Nehmen Sie sich ein paar Augenblick Zeit, um Ihre Arbeit zu bewundern, bevor Sie sie entsprechend Ihrer Lieblingsmethode zu einer Kissenhülle weiterverarbeiten.

Arbeitsanleitung: Sashiko-Furushki

Traditionelles japanisches Tragetuch oder Furushki
Maße: 90 x 90 cm

Material:

2 Quadrate marineblauer Baumwollstoff von jeweils 95 x 95 cm Größe
2 Docken weißes Baumwollperlgarn Nr. 5 oder weißes Baumwollstickgarn
Kunststoff oder Karton für Schablonen
Heller Stoffmarker
Zum Garn passende Nadel (spitz, nicht stumpf)
(Nicht zu vergessen: gutes Licht zum Nähen!)

1 Markieren Sie das Muster mit Schablonen (Abb. 51a - 51c), die Sie von den Seiten 75 und 76 abgepaust haben, und richten Sie sich für die Verteilung nach der Abbildung unten. Es ist besser, die geraden Linien bereits jetzt zu markieren; Sashiko wird nicht auf einem Rahmen gearbeitet, was die Verwendung von Kreppband, wie auf Seite 27 beschrieben, erschwert.

2 Heften Sie die beiden Stoffquadrate in der üblichen Reihenfolge fürs Quilten zusammen (siehe Seite 28 und 29).

3 Beginnen Sie mit dem Nähen, und verbergen Sie sowohl den Anfangs- als auch den Endfaden zwischen den beiden Stofflagen, oder lassen Sie sie von der Rückseite herabhängen. Wenn Sie möchten, können Sie lange Anfangsfäden hinterher, wie abgebildet, zu einer vorgetäuschten Troddel verknoten. Ihre

Stiche sollten so gleichmäßig und gerade wie möglich sein. Arbeiten Sie an Überkreuzungen oder Bereichen, wo mehrere Linien aufeinanderstoßen, besonders sorgfältig; hier können sekundäre Muster aufgebaut werden, indem Sie die Stiche aufeinander abstimmen (Abb. 52).

4 Zum Schluß unversäuberte Kanten nach innen umfalten (s. Abb. 14b, Seite 37) und zum Sichern zwei Reihen Vorstiche machen.

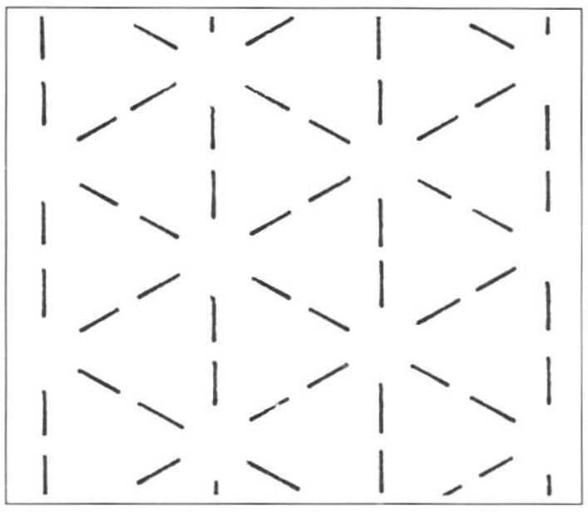

Abb. 52

Abb. 51a

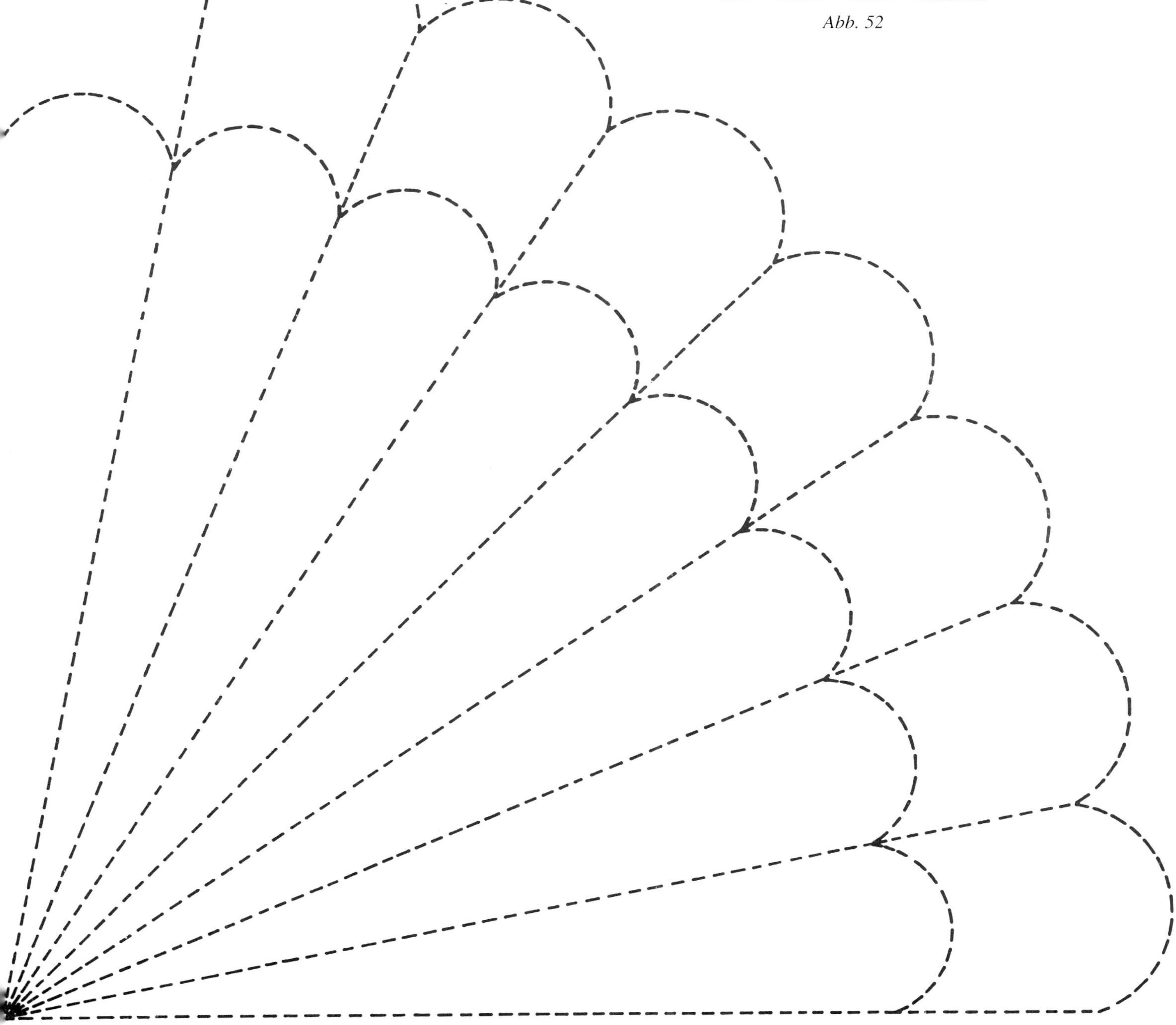

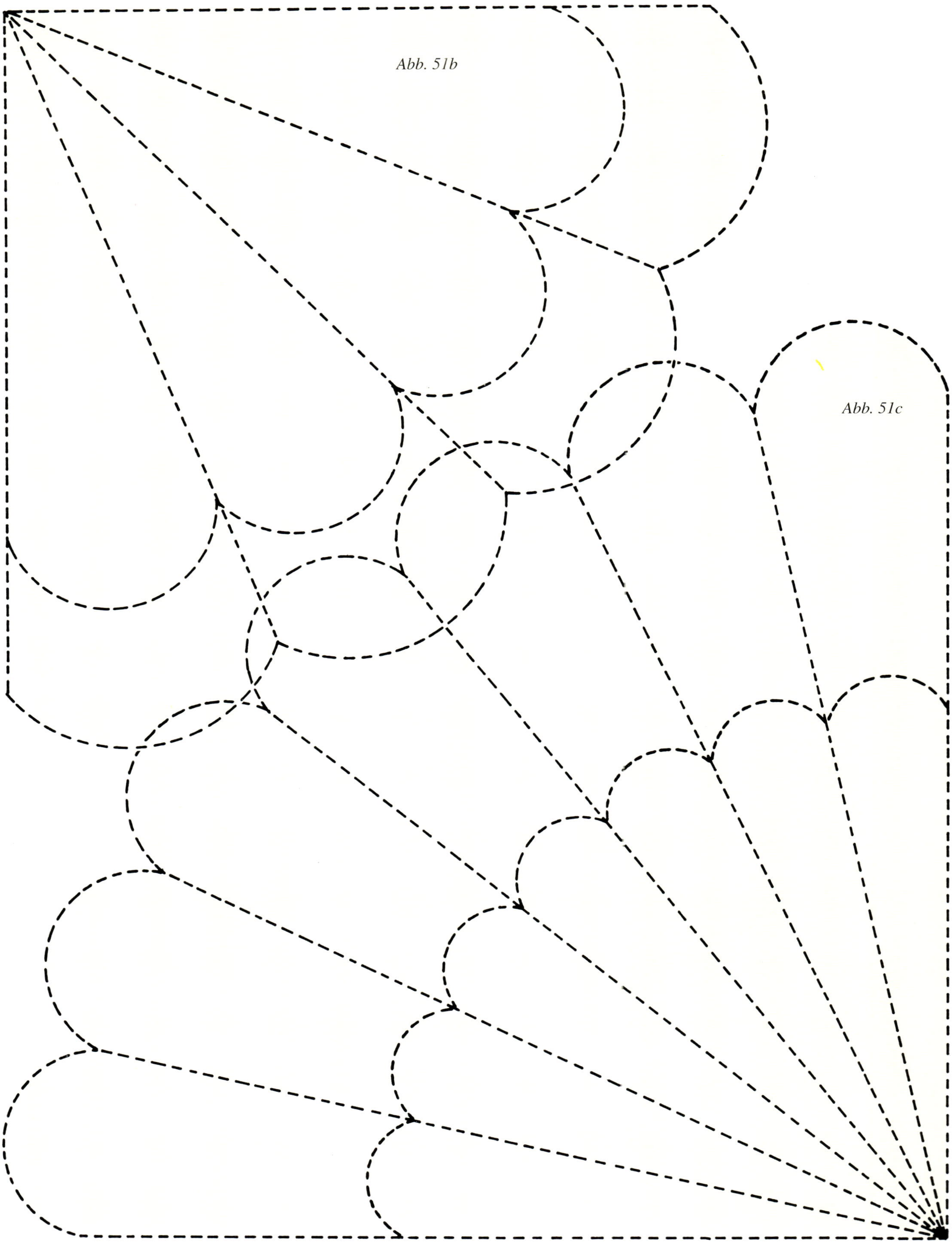

Abb. 51b

Abb. 51c

Arbeitsanleitung: Machinengequilteter Tischläufer

Maße: 127,5 x 42,5 cm

Material:

Reste für 3 Patchworkblöcke von 30 cm
1 m Stoff für die Rückseite
Gut 0,65 cm Stoff für Dreiecke zum 'Ausfüllen' oder 4 Stoffdreiecke von 31,3 x 43,8 cm Größe
Wattierung (50 g/qm) von 132,5 x 47,5 cm Größe
Feines Garn zum Maschinenquilten

1 Mit den auf Seite 63 abgedruckten Mustern, Abb. 33a und 33b, stellen Sie die Schablonen A und B für einen Ohio-Star-Block her, oder Sie verwenden andere Blockmuster Ihrer Wahl, wie sie auch das Photo unten zeigt.

2 Markieren Sie die erforderliche Anzahl Stücke auf den Stoffen, und schneiden Sie sie aus. Nähen Sie sie in der in Abb. 34–37 auf Seite 64 beschriebenen Reihenfolge zu insgesamt drei Blöcken zusammen.

3 Nähen Sie die drei Blöcke zusammen mit den Dreiecken zu einem Streifen zusammen. Sie können auch jetzt schon die Einfassung annähen.

4 Messen Sie Wattierung und Stoff für die Rückseite ab und schneiden Sie beide Teile so zu, daß sie größer sind als die fertige Oberseite.

5 Stecken Sie die drei Lagen vorsichtig mit Stecknadeln zusammen, wie auf Seite 71 beschrieben.

6 Quilten Sie mit der Maschine um die Hauptformen jedes Sterns herum, und quilten Sie auf Wunsch auch andere Bereiche.

7 Sichern Sie alle Anfangs- und Endfäden und vervollständigen Sie die Einfassung. Denken Sie daran, Ihre Arbeit mit einem Etikett zu versehen.

Sechstes Kapitel

Musterquellen und Grundsätzliches

Quiltmuster entstammen vielen Quellen, speziell den vielen Publikationen für das Quilten, die es weltweit gibt. Fachzeitschriften drucken Quiltmuster in verschiedenen Größen und Stilrichtungen; viele Sammlungen stehen in Buchform und als Packungen und Schablonen zur Verfügung, so daß es eine Vielfalt von Quiltmustern und Vorschlägen, wie sie eingesetzt und neu arrangiert werden können, gibt.

Vielleicht möchten Sie eine etwas individuellere Arbeit schaffen, sind sich aber nicht sicher, wo oder wie Sie beginnen können. Wenn Sie über Patchwork und Appliqué zum Quilten gekommen sind, sollten Sie sich durch Ihre Schablonensammlung anregen lassen. Viele Formen können eingesetzt werden, um einfache Quiltmuster zu konstruieren, wie es die Abb. 53a – 53e zeigen, und viele Applikationsmuster können ganz oder teilweise fürs Quilten angepaßt werden. Auch Stickmuster können eine Inspirationsquelle sein. Die Muster im Stil der Zeit des englischen Königs Jakob I. in Abb. 54 lassen sich, etwas vereinfacht, gut für Quiltarbeiten anpassen. Für das richtige Quiltmotiv für eine Patchwork- oder Applikationsoberseite könnten Sie die Muster anpassen oder weiterentwickeln, die Sie bereits gearbeitet haben. Die folgenden Anregungen für Mustervorlagen und deren Weiterentwicklung sind (in Verbindung mit Wiederholung, Kontrasten und wechselnden Maßstäben) nützlich für die verschiedensten Quilttechniken.

Abb. 53 a

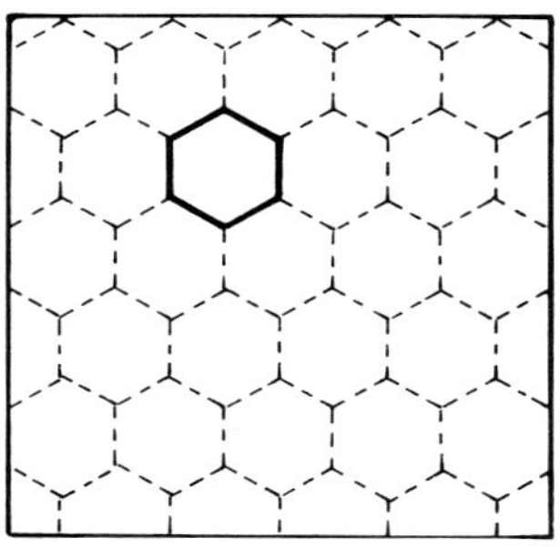

Abb. 53b

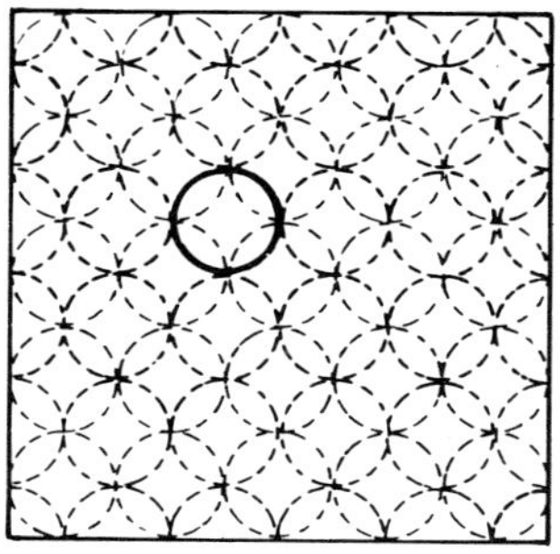

Abb. 53c

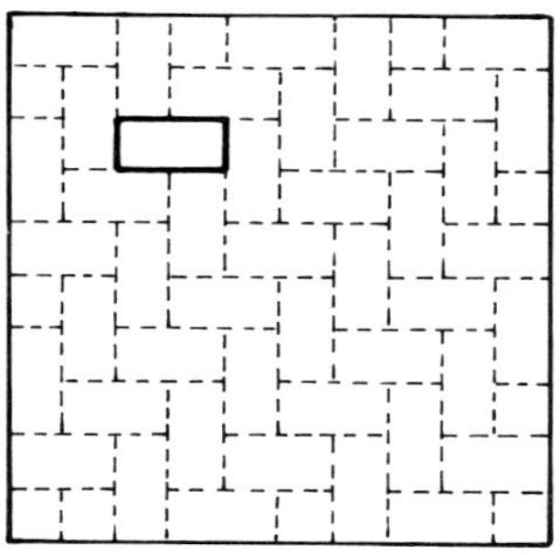

Abb. 53d

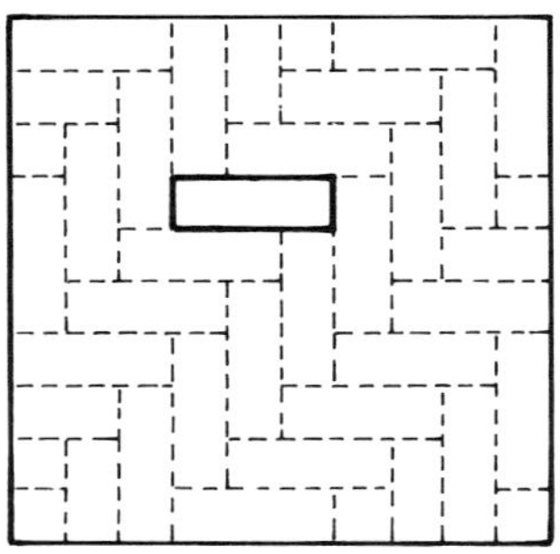

Abb. 53e

Abb. 54

Es sind die Muster und Motive von großer Anziehungskraft und Vielfalt, die innerhalb einer Quilttradition immer wieder auftauchen. Federformen und beispielsweise auf Kreisen beruhende Muster findet man häufig auf Quilts und gequilteten Kleidungsstücken aller Zeiten. Eine wunderbare Motivquelle sind alte Quilts (siehe Seite 136). Wenn Ihnen das Muster eines alten Quilts besonders gut gefällt, können Sie es verwenden, aber Sie sollten vermerken, daß es sich um eine 'Neuauflage' handelt. Sie könnten einen vorhandenen Quilt als Grundlage für ein Muster nehmen und ein paar Veränderungen vornehmen, um es individueller zu gestalten – auf diese Weise leben Traditionen weiter, und es wird sicherlich Ihre Wertschätzung der Arbeit anderer steigern.

Es gibt auch eine große Vielfalt von Motiven aus anderen Quellen. Warum schauen Sie sich nicht woanders nach Inspirationen für Entwürfe um? Vorlagen für Muster sind vielfältig; betrachten Sie Druckmotive, schmiedeeiserne Gitter, Holzschnitzereien, Keramiken, Tapeten, Textilien und architektoni-

Ein Teppichmuster war die Inspirationsquelle für diesen Quilt, der gerade in Arbeit ist.

sche Einzelheiten. Muster wie Federn, Blätter, Fächer und Muscheln, die sich über die Zeit hinweg bewährt haben (Abb. 55), zeigen saubere, einfache und fließende Linien. Quilterinnen und Quilter haben immer Muster von alltäglichen Gegenständen übernommen und angepaßt; Teller, Untertassen und Tassen wurden als Schablonen für Kreismuster verwendet, und die Motive auf ihnen konnten ebenfalls angepaßt werden.

Eine wahre Schatztruhe sind Bücher über ornamentale Kunst. Ihre Illustrationen und Linienzeichnungen aus vielen Bereichen des dekorativen Designs – Schnitzereien, Textilien, Keramiken, Metallarbeiten usw. – geben Ihnen eine ganze Welt von Ideen an die Hand.

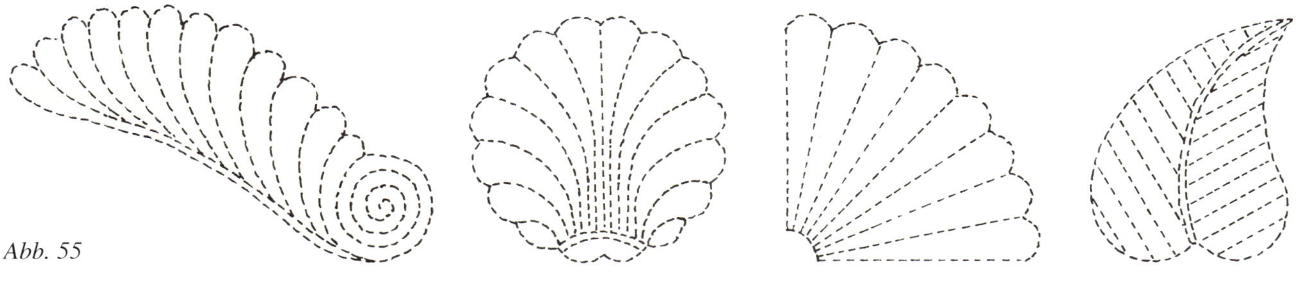

Abb. 55

Die Motive dieses gerade in Arbeit befindlichen Quilts wurden von Margaret Salt von einer alten geschnitzten Holztruhe übernommen.

Ein Design zu sehen und seine Möglichkeiten zu erkennen, ist leicht, aber wie geht es nun weiter, wenn Sie sich beispielsweise das hier abgebildete schmiedeeiserne Gitter ansehen? Wie können Sie es als Quiltmuster verwenden?

Als erstes machen Sie sich eine Skizze von den Hauptformen, indem Sie sich nur auf die Umrißlinien konzentrieren. Eine ziemlich narrensichere Methode besteht darin, Kleinbild-Dias auf ein Blatt Papier zu projizieren, das an die Wand geklebt wurde. Zeichnen Sie um die Umrisse herum, und variieren Sie die Größe des Bildes, indem Sie den Projektor näher heranschieben oder zurücknehmen. Einige Details können hinzugefügt werden, indem Sie das Original als Richtlinie zu Grunde legen, doch seien Sie wählerisch – Sie müssen nicht alle Linien reproduzieren.

Links: Die Muster von schmiedeeisernen Gittern (oben) und Keramikfliesen (unten links) können zu vielen Quiltideen anregen, und auch das geschnitzte Motiv von einem Stuhl (unten rechts) ließe sich leicht anpassen.

Bedenken Sie auch, daß Teile des Musters isoliert und neu gruppiert werden können, so daß ein neues Muster entsteht.

Motive auf Keramikfliesen wie die hier abgebildeten können vereinfacht und vielleicht in neuem Maßstab verwendet werden, sie geben attraktive Muster für gequiltete Kissen oder Blöcke in einem Patchworkquilt ab.

Die Motive von Intarsien und verwandten Arbeiten lassen sich im allgemeinen für viele Handarbeiten verwenden, und selbst die einfachsten Holzschnitzereien bieten unerwartet reiche Beute. Eine Quilterin entdeckte eine alte, geschnitzte Holztruhe und kopierte deren Motive mittels einer Abreibung. Durch das Variieren des Maßstabs nur eines Musters und das Hinzufügen eines einfachen, schraffierten Hintergrunds konnte sie den hier abgebildeten, prächtigen Quilt arbeiten.

Eine andere Quilterin skizzierte ein paar Motive von einem Stück mittelalterlicher Silberschmiedearbeit. Sie bewahrte die Skizzen eine Zeitlang in ihrem Notizbuch auf, doch drei der Motive wurden schließlich zu dem gegenüber abgebildeten Quilt weiterentwickelt. Sie wiederholte die beiden Hauptmotive mit Variationen im Maßstab und viel Gefühl für Kontrast und Gleichgewicht. Die Schraffierung wurde bei diesem Quilt sehr wirkungsvoll eingesetzt: die geraden Linien kontrastieren mit den offenen Kurven der Hauptmuster und umrahmen gleichzeitig die Musterbereiche. Die dichte Schraffierung steht in gefälligem Wechsel mit den weiter geschwungenen Linien des Hauptmusters, und die einfache Gestaltung insgesamt ist äußerst attraktiv. Betrachten Sie die Skizzen der Motive in Abb. 56a – 56c und denken Sie darüber nach, wie Sie sie wohl gruppieren würden. Sie könnten dieselben Motive zu einem Streifenmuster zusammensetzen (Abb. 57) oder sie in einem kleineren Maßstab für einen Kissenbezug neu arrangieren.

Abb. 56a

Abb. 56b

Abb. 56c

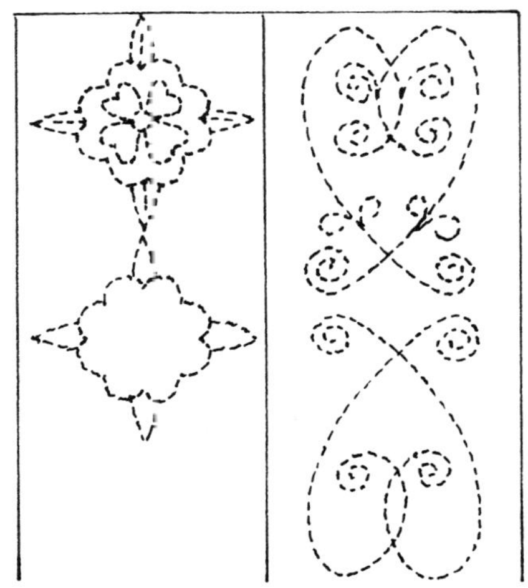

Abb. 57

Ein Besuch in einem Museum am Ort kann Ihnen viele Ideen vermitteln, die Sie gar nicht alle umsetzen können, wenn Sie mit offenen Augen und offenem Notizbuch herumgehen! Täglich benutzte Tassen und Untertassen können zu Musterideen anregen – die Tulpe etwa auf einer beliebten Susie-Cooper-Teetasse (Abb. 58) birgt ungeahnte Möglichkeiten in sich!

Abb. 58

Es läßt sich leicht eine ganze Fülle von Motiven schaffen, indem eine Tulpengrundform wie in Abb. 59, Seite 84, vereinfacht und verändert wird.

Versuchen Sie, die Motive in diesen Skizzen auf Ihre Weise miteinander zu verbinden, indem Sie Linien nach Bedarf verändern und anpassen.

Ein preisgekrönter Quilt, entworfen und gearbeitet von Ilse Oldfield. Sein Muster basiert auf einer Silberschmiedearbeit aus dem Mittelalter.

Abb. 59

Motive auf Verpackungen, Textilien und Tapeten liefern ebenfalls Stoff zum Nachdenken. Seien Sie allen Möglichkeiten gegenüber offen – Inspirationen findet man überall. Quilterinnen, die im 'mentalen Jogging' geübt sind, hat man schon dabei beobachtet, wie sie intensiv auf zersprungenes Eis auf zugefrorenen Pfützen und sogar auf die Windungen der eigenen Fingerabdrücke gestarrt haben! Bald werden auch Sie in der Lage sein, ein Quiltmuster in fast allem, was Sie sehen, zu 'finden'. (Für Sie ist das vielleicht belebend und aufregend – für andere möglicherweise nicht!) Wenn Sie sich umsehen, sollten Sie bedenken, daß kräftige, fließende Linien besser wirken als kurze, komplizierte. Die Grundlinien eines jeden Musters sind leichter auszumachen, wenn Sie die Augen halb schließen, genau wie Sie es machen würden, um dunkle, mittlere und helle Stofftöne für Patchworkarbeiten zu analysieren.

Beim Skizzieren von Musterideen, egal aus welcher Quelle sie stammen, ist es wahrscheinlich hilfreich, einen Block mit Gitterpapier zu verwenden. Skizzen und Kritzeleien auf Gitterpapier lassen sich leicht mit einem Fotokopierer oder mit der Gittermethode (Abb. 60a und 60b) vergrößern oder verkleinern, und die Linien können beim Festhalten von Mustern hilfreich sein.

Halten Sie immer ein kleines Notizbuch parat – es ist nicht so unhandlich wie eine Kamera und kann überall eingesetzt werden (in vielen Museen darf nicht fotografiert werden) – oder notieren Sie sich Ideen, wenn Sie wieder zu Hause sind. Es ist nicht schlimm, wenn Ihre Skizzen keine genauen Reproduktionen sind – Dinge auf diese Weise aufzuzeichnen, ist eine gute Angewohnheit und eine große Verbesserung der Koordination von Hand und Auge. Natürlich nehmen wir es uns vor, Dinge aufzuzeichnen, doch die wenigsten tun es tatsächlich. Lassen Sie sich nicht beirren – Sie werden feststellen, daß sich Ihre Geschwindigkeit und die Fähigkeit, Ideen zu Papier zu bringen, schnell verbessert.

Wenn Sie erst einmal begonnen haben, Quiltmotive zu 'sehen', sind Sie auf dem besten Weg, selbst Muster zu ent-

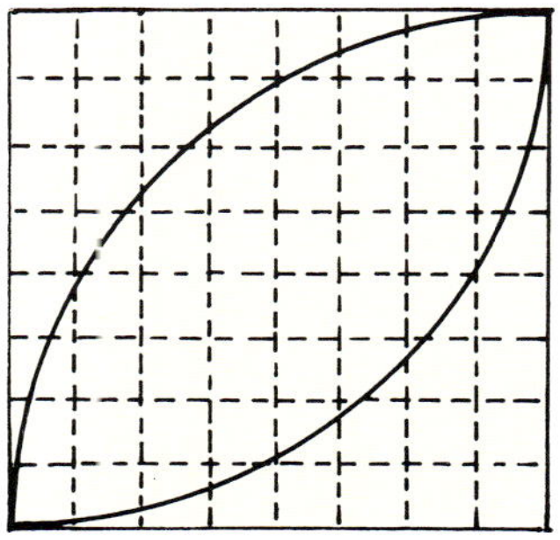

Abb. 60a

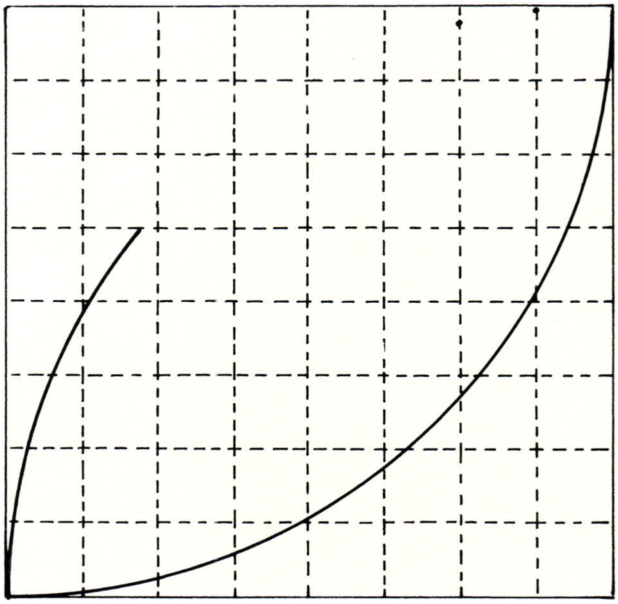

Abb. 60b

werfen. Vielen Schülern fällt es nicht weiter schwer, Motive aus den vielfältigsten Quellen aufzuzeichnen und sogar eigene Muster aus Kritzeleien zu entwerfen; doch es ist nicht so einfach, sich vorzustellen, wie diese Motive so eingesetzt werden können, daß sie ein vollständiges Quiltmuster ergeben. Bei bestimmten Motiven drängt sich die spätere Anordnung förmlich von selbst auf, bei anderen dagegen ergibt sie sich nicht wie selbstverständlich.

Als erstes muß bei einem Quiltmuster die Größe und Form des geplanten Projekts in Betracht gezogen werden; die Wahl und Anordnung des Motivs innerhalb dieses Bereichs ist der nächste Schritt. Wenn die einzelnen Muster nicht systematisch angeordnet sind, wirkt das Ergebnis verwirrt und chaotisch.

Die Hauptkategorien oder Stilrichtungen von Quiltmustern für Quilts aus mehreren Stoffbahnen, die einen Rahmen für die Musteranordnung bieten, sind das Medaillon, wo es eine Mitte, Ecken und Ränder gibt, Streifen, wo Muster in nicht ununterbrochenen Linien verlaufen, durchgehende Muster, wo die Motive die gesamte Oberfläche ohne besonderen Plan bedecken, und asymmetrische Muster, wo die Motive absichtlich so angeordnet sind, daß sie sich nicht in einem vorhersehbaren Rhythmus wiederholen. Von diesen vier Stilrichtungen sind Medaillon und Streifenmuster die bekanntesten.

Gutes Design

Was ist gutes Design? Wie wirkt es sich auf Quilts aus und warum? Kann man ein gutes Muster komponieren, ohne ein intensives Kunststudium zu betreiben? Ist Design wirklich wichtig? Die Antwort auf die beiden letzten Fragen ist ein lautes 'Ja' – gutes Design ist wichtig, und man kann gutes Design auch ohne formelle Kunstausbildung erreichen.

In ihrer zukunftsweisenden Abhandlung 'Weiß auf Weiß' schrieb Jean Dubois: 'Geschmack gehört zu gutem Design... aber es gibt Regeln, die wir nur auf eigene Gefahr ignorieren können. Eine Regel betrifft den Kontrast, die andere Regel die Wiederholung, eine dritte Regel die Ausgewogenheit.' Anders ausgedrückt: *Gutes Design zeigt ein Hauptthema und Ausgewogenheit.* Diese Grundsätze – Einfachheit, Ausgewogenheit, Kontrast, richtiger Maßstab und Wiederholung – sind auch die Grundlage für viele andere Disziplinen. Einfache Muster sind oft die wirkungsvollsten; es ist nicht wichtig, viele verschiedene Motive zu verwenden, um ausgeklügelte Muster zu schaffen.

Einfachheit ist genau das, was der Name schon sagt – es ist nicht nötig, viele verschiedene Motive zu verwenden. Statt dessen sollten Sie für den Anfang nur nach zwei oder drei Mustern suchen. *Ausgewogenheit* bezieht sich auf die Plazierung des Musters, das an keiner Stelle des Entwurfs unruhig oder gedrängt wirken sollte. *Kontrast* gestattet es, die Hauptmuster leicht zu erkennen. Kurvige Linien beispielsweise wirken oft besser vor einem Hintergrund gerader Linien. *Richtiger Maßstab* bezieht sich auf den Einsatz von Motiven der richtigen Größe und außerdem die Variation der Größe spezifischer Muster. Die *Wiederholung* eines oder mehrerer Muster innerhalb eines Entwurfs vermittelt ein Gefühl von Ordnung und Kontinuität.

Indem Sie die Dinge einfach halten und nicht alle zur Verfügung stehenden Räume ausfüllen, geben Sie den Augen Ruhepunkte. Betrachten Sie die Quilts auf Seite 83 und 93. Ein Grund dafür, daß die Hauptmuster so gut herauskommen, liegt darin, daß die schraffierten Ränder Struktur verleihen, aber nicht die Aufmerksamkeit auf sich lenken.

Gutes Quiltdesign widersetzt sich bisweilen der detaillierten Analyse. Am wichtigsten ist, daß der Entwurf gefällig und geschlossen wirken sollte. Es hat vielleicht mehr mit der sparsamen Anwendung der Linie zu tun. Was weggelassen wird, kann wichtiger sein als das, was hinzugefügt wird. Ein Entwurf, der auf zwei oder drei Motiven mit einer Variation des Maßstabs beruht, kann viel besser wirken als viele verschiedene Muster, die zusammengedrängt sind.

Für das Zeichnen und Entwerfen von Quiltmustern braucht man nur genug Selbstbewußtsein, um Papier und Bleistift einzusetzen und die Hauptbereiche zu skizzieren. 'Design' kann verwirren und einschüchtern, und der Begriff an sich löst bei vielen Schrecken aus; die instinktive Antwort lautet: 'Ich kann nicht zeichnen.' Design ist *nicht* dasselbe wie Zeichnen. Design bezieht sich auf die Planung, während es beim Zeichnen um die Ausführung auf Papier geht. Jean Dubois definierte den Prozeß des Quiltdesigns zutreffend als 'eine Reihe von einfachen Entscheidungen'.

Jeder kann ohne besonders weit entwickelte Zeichenfähigkeiten gute Entwürfe schaffen. Um dies zu beweisen, möchte ich Sie bitten, schnell eine Übung mit Papier und Bleistift zu machen. Versuchen Sie einmal, Herzen in verschiedenen Größen auf möglichst unterschiedliche Weise anzuordnen. Die Grobskizzen in Abb. 61 sollen Ihnen dabei helfen.

Abb. 61

Ein Medaillonquilt aus ganzen Stoffbahnen

Das Gruppieren von Mustern

Wenn Sie sich erst einmal für einen Gesamtentwurf entschieden haben, sollten Sie mit verschiedenen Mustergruppierungen experimentieren. Ihr Quiltentwurf muß kein Originalkunstwerk sein, bei dem jede Linie Ihren Vorstellungen entsprungen ist. Es gibt so viele, sowohl traditionelle als auch zeitgenössische Muster, daß Sie sich gar nicht werden entscheiden können. Versuchen Sie, einige der Motive in Abb. 55 auf Seite 79 anzuordnen, um festzustellen, welche Kombinationen entstehen.

Medaillon-Muster sind kombiniert, so daß ein zentrales Muster entsteht, das normalerweise den gesamten Quilt beherrscht und zwar entweder durch den Maßstab der Muster und/oder die Größe des Medaillons selbst. Ergänzende und kontrastierende Umrandungen und Ecken werden hinzugefügt, um den wichtigen zentralen Bereich einzurahmen. Werfen Sie einen schnellen Blick auf den oben abgebildeten Quilt.

Auf den ersten Blick wirkt er wie ein reichverzierter, äußerst komplizierter Medaillon-Quilt. Betrachten Sie jetzt den Entwurf dazu in Abb. 62 gegenüber.

Im Mittelpunkt steht eine Rose mit konzentrischen Kreisen, umgeben von einer Variation des Muschelmusters (manchmal auch als 'Haarbürste' bezeichnet). Dieses Muschel- oder Haarbürstenmotiv ist so um die Rose herum angeordnet, daß ein größeres Muster in Kreisform entsteht. Von hier aus erweitern durchstochene Federpaare den mittleren Medaillon-Bereich. Beachten Sie, wie diese drei Motive sich aufeinander beziehen: sie alle haben kurvige Kanten, die einen guten Kontrast zu dem großen Bereich des Waffel- oder Schraffurhintergrundes bilden. Das Rosenmotiv wird zusammen mit der Haarbürste wiederholt, so daß ein Konzentrationspunkt für das große Eckmuster entsteht. Eine kleinere Rose befindet sich jeweils über den Spitzen des Girlandenmotivs der Umrandung, und schließlich taucht die Rose in den äußeren Ecken des Quilts wieder auf.

Abb. 62

Die konzentrischen Kreise ('Echoquiltung') in der Mitte der Rosen werden in freier Variation zwischen den durchstochenen Federn wiederholt, so daß der umschlossene Raum stärker abgegrenzt und betont wird. Kurze Schnörkellinien und die Farnformen sind alle freihändig gezeichnet, um die verbliebenen Räume auszufüllen.

Hier haben wir also einen Quilt vor uns, der etwa 250 x 250 cm mißt und dessen Gesamtentwurf nur aus fünf oder sechs Motiven besteht. Zwischen den geraden Linien des Hintergrunds und den fließenden Kurven der Hauptmuster besteht ein guter Kontrast. Wir sehen Veränderungen in der Proportion oder dem Maßstab der Rosen- und Farnmuster, und es besteht durchgehend eine angenehme Ausgewogenheit zwischen den Bereichen des Hauptmusters und dem Hintergrund.

Die Anwendung grundlegender Prinzipien

Wir erkennen die grundlegenden Designprinzipien – Einfachheit, Ausgewogenheit, Kontrast, Gewichtung, Wiederholung – in dem Quilt auf Seite 88.

Das originelle Design wurde aus einer groben Skizze von sich überlappenden Kreisen entwickelt. Die Abb. 63a und 63b auf Seite 89 zeigen zwei der zentralen Motive, die sich aus der ursprünglichen Idee entwickelt haben. Sie illustrieren die fast grenzenlosen Möglichkeiten, die in einem einzigen Motiv stecken können. Das Eckmotiv wurde aus einem Detail des Mittelmotivs entwickelt, und Kontrast und Ausgewogenheit ergeben sich durch Schraffierung in unterschiedlichen Proportionen oder Maßstäben. Die Schnörkelmuster, die das Hauptmotiv ausfüllen, wurden freihändig direkt auf die Quiltoberseite gezeichnet und vervollständigen die wirkungsvoll durchdachte Umsetzung einer einfachen Grundidee. Ein Vergleich der ersten schnellen Skizze und des fertigen Quilts auf dem Photo zeigen eindrucksvoll, was zwischen den beiden Stadien liegt.

An diesem Quilt läßt sich erkennen, daß es möglich ist, ein gutes Medaillon-Design zu entwickeln, indem man eine einzige Form oder Idee in variierenden Proportionen verwendet.

Für diesen Quilt aus ganzen Stoffbahnen in kräftiger Farbe – entworfen und gearbeitet von Jane Arthur – fanden vielfältige Motive, überlegt entwickelt aus einer einfachen Grundidee, Verwendung.

Abb. 63a

Abb. 63b

Experimentieren Sie einmal mit der einfachen Blattform, die man so häufig in der walisischen Tradition findet. Die Abb. 64a – 64f zeigen die Entwicklung dieser Form im Medaillon-Stil, die Sie zu eigenen Ideen anregen kann.

Vielleicht glauben Sie, daß Entwürfe im Streifenstil, bei dem die Muster linear und nicht unterbrochen sind, leichter und weniger problematisch seien. Man muß keine Lösungen für die Ecken finden und sich nicht um mathematische Feinheiten kümmern, wie dies beim Medaillon-Stil der Fall ist. Gute Streifendesigns sind jedoch trügerisch einfach. Gerade die Einfachheit eines Streifenquilts macht es erforderlich, daß die Muster ausgewogen sind und gut miteinander kontrastieren. Traditionell wiesen Streifenquilts fünf, sieben oder neun zusammengesetzten Stoffstreifen auf, die bis zu 23 cm breit waren. Die Muster waren vom Maßstab her oft groß und vom Umriß her einfach, aber sie ergaben interessante Sekundärmuster.

Bei dem hier abgebildeten Quilt stellen wir guten Kontrast und Ausgewogenheit fest zwischen dem fließenden Federmuster, der Rose in einem Quadrat und dem Zopf. Alle drei Motive basieren auf Kurven unterschiedlichen Maßstabs, angefangen bei den schwachen Kurven des Zopfes hin zu den ausgeprägteren Kurven des Federrandes. Das Quadrat, das die Rose umgibt, sowie das Quiltmuster im Hintergrund bieten Kontrast. Beachten Sie, wie durchdacht das Quiltmuster im Hintergrund ist – zwei verschiedene Liniensätze wurden mit ausgezeichneter Wirkung abwechselnd eingesetzt.

Der Streifenquilt auf der gegenüberliegenden Seite wurde zu Beginn dieses Jahrhunderts hergestellt, der Ausschnitt oben zeigt eine Rose in einem Quadrat.

Abb. 64a

Abb. 64b

Abb. 64c

Abb. 64d

Abb. 64e

Abb. 64f

Ein Quilt 'für alle Tage' mit einem durchgehenden Quiltmuster, das einen doppelten Ring um eine Rose herum zeigt.

Durch die Verwendung der Blattform läßt sich ein einfacher Entwurf für einen Streifenquilt aufbauen. Anhand von Abb. 65 können Sie mögliche Kombinationen und Anordnungen entwickeln.

Obwohl es möglich ist, daß ein Quilt ein durchgehendes Muster hat, liegen uns nur sehr wenige Beispiele dafür vor. Der hier abgebildete, stark abgewetzte Quilt zeigt nur ein Muster, das durchgehend wiederholt wurde. Obwohl dieser Quilt die Designprinzipien von Einfachheit und Wiederholung zeigt, führt der fehlende Kontrast zu einer glanzlosen Erscheinung. Durchgehende Quiltmuster wurden häufig für Patchwork- und Appliqué-Quilts verwendet und sind auch in vielen zeitgenössischen Quilts anzutreffen. In beiden Fällen geben durchgehende Muster Struktur, ohne aufdringlich zu wirken.

Asymmetrische Muster

In einem asymmetrischen Muster sollte nicht zu viel visuelles Gewicht in einem Bereich liegen. Ausgewogenheit ist das Schlüsselwort für Erfolg.

Einige ausgezeichnete Pionierarbeiten in diesem Stil haben unser Bewußtsein für seine Möglichkeiten gesteigert, und viele japanische Quilterinnen und Quilter zeigen eine natürliche Neigung für ausgewogene Asymmetrie in ihrer Arbeit. Versuchen Sie wieder, das mittlerweile vertraute Blattmotiv zu verwenden, damit Sie ein Gefühl für diesen Designstil erhalten. Wenn Ihnen dieser Stil gefällt, finden Sie in Büchern über dekorative Kunst aus dem Fernen Osten mehr Ideen, als Sie anwenden können!

Bei dem auf der gegenüberliegenden Seite abgebildeten Quilt spielt ein Muster, das normalerweise den Hintergrund füllt, hier die Hauptrolle. Einfache Linien lassen aus sich über-

Abb. 65

Quilt aus goldfarbener Schantung-Seide mit einfachem Muster

lappenden Kreisformen stilisierte Blätter entstehen. Ausgewogenheit und Kontrast werden durch einen schraffierten Rand erreicht, der vom mittleren Bereich durch eine doppelte Quiltlinie getrennt ist. Die nächste Umrandung bietet guten Kontrast, basiert jedoch immer noch auf dem zentralen Motiv – vier Blattformen sind zu einer Einheit geworden, die von einem Quadrat sauber umschlossen wird (Abb. 66a). Sowohl die Mitte (Abb. 66b) als auch eine Umrandung (Abb. 66c) zeigen dasselbe Muster (mit leichter Abweichung), und der zarte äußere Rand mit seinen kleinen Girlanden und Fächern bietet einen wunderbaren Kontrast zum Abschluß (Abb. 66d).

Abb. 66a

Abb. 66b

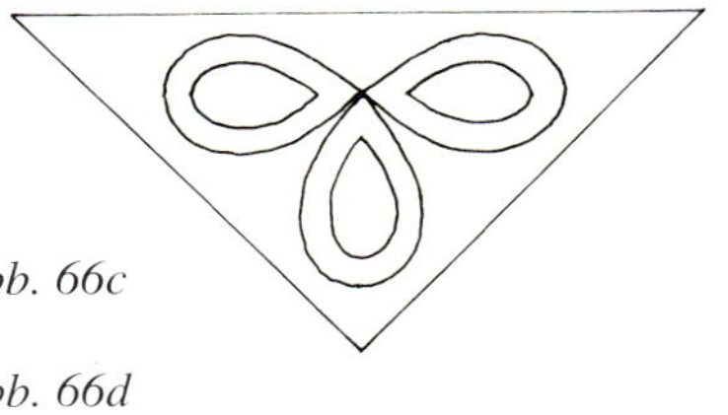

Abb. 66c

Abb. 66d

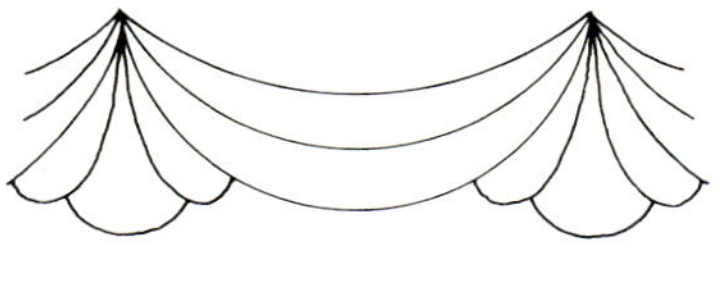

Die durchgehende Schlichtheit dieses Quilts regte eine Schülerin an, einen Quilt mit nur einem Motiv zu entwerfen. Die schwierige Frage dabei war, welches Motiv sie verwenden sollte. Keines der traditionellen Muster schien zu passen, aber nach einer Weile schwieriger und verzweifelter Zeichenarbeiten kam endlich die Inspiration: eine kleeblättrige Form (Abb. 67), die grob auf ein Stück Papier gezeichnet wurde, entwickelte sich zu dem prächtigen, aber einfachen Entwurf, der auf dem obigen Photo abgebildet ist.

Die Kleeblattform wurde stark vergrößert, so daß vier quadratische Einheiten für die Mitte entstanden. Ein trennender Rand mit eng gearbeiteter Schraffur bietet Ausgewogenheit und Kontrast zu den größeren Kurven, und das Kleeblatt wurde schließlich, stark verkleinert, im äußeren Rand wiederholt. Das Grundmotiv würde mit ein wenig Quilten auf dem Hintergrund auch ein hübsches Kissenmuster abgeben.

Die Prinzipien von Einfachheit, Ausgewogenheit, Kontrast, vom Verhältnis von Licht und Schatten und von Wiederholung bieten nützliche Richtlinien, wenn Sie eigene Entwürfe planen. Sie tragen dazu bei, Ihr 'Quilt-Auge' zu entwickeln, wenn Sie den Reichtum von vorhandenen Quiltmustern betrachten.

Ein cremefarbener Quilt, entworfen und gearbeitet von Margaret Salt, die sich von einer einzelnen Kleeblattform in unterschiedlichen Größen anregen ließ.

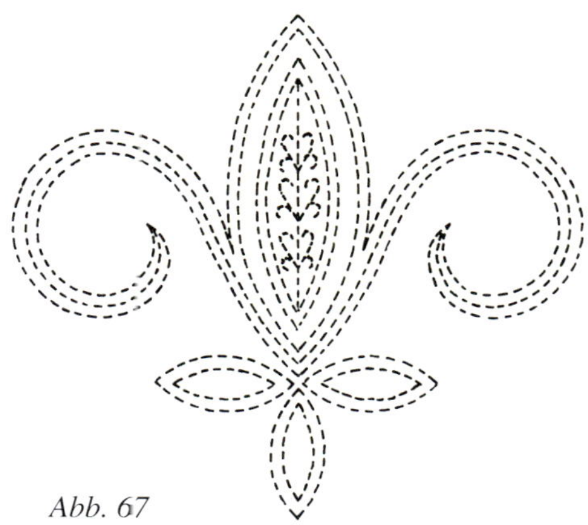

Abb. 67

Siebtes Kapitel

Feder- und Zopfmuster

Federmuster

Wann und wo sind Federmuster für Quilts ursprünglich entstanden? Möglicherweise wurden diese Motive mit ihrer beständigen Anziehungskraft von Vorlagen für Holzschnitzereien übernommen; viele Federmuster für Quilts, die in Amerika und England überliefert wurden, zeigen eine bemerkenswerte Ähnlichkeit mit geschnitzten Dekorationen. Unabhängig von ihrem Ursprung waren und sind Federmuster für Quilts äußerst beliebt. Die überreiche Schönheit großer Federformen auf frühen einfarbigen Quilts aus der Kolonialzeit kontrastiert mit den komplizierten und eleganten Federkränzen und Girlanden, die oft neben komplizierten Applikationsmustern auf späteren Quilts zu sehen sind. Federn in allen möglichen Größen und Formen findet man überall in der Tradition des Nordosten Englands. Sie reichen vom verschnörkelten Phantasiereichtum eines George Gardiner (Abb. 68) bis hin zu den strengeren Formen der Federzweige in Abb. 77 auf Seite 98.

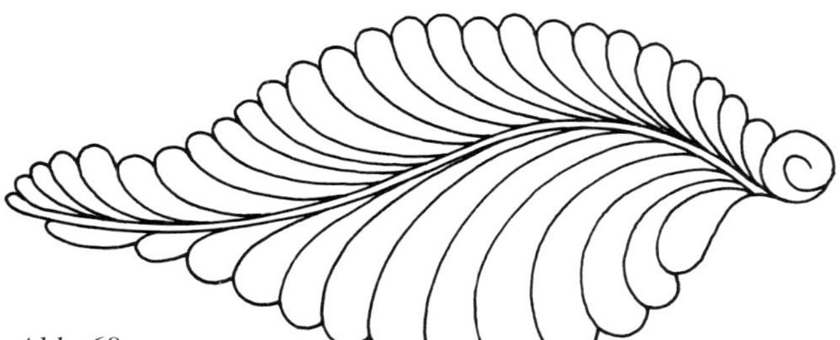

Abb. 68

Schnörkelhafte Federränder findet man bei vielen Amish-Quilts, wo sie innerhalb des starren Rahmens aus dunklen Farben und starken geometrischen Linien vorteilhaft zur Geltung kommen. Die Prinzeßfeder, ein beliebtes Applikationsmuster in den vierziger Jahren des 19. Jahrhunderts, führte wahrscheinlich zu einem noch größeren Einsatz von Federmustern für Quilts. Die häufige Verwendung von Federmustern auf Meisterstücken führte zu einem tiefverwurzelten Quilt-Mythos. Federn, so hört man, seien nur etwas für Erfahrene und schrecklich kompliziert auszuführen. Nichts ist weiter von der Wahrheit entfernt, und es ist viel einfacher, als Sie vielleicht denken, Federn für eigene Projekte zu zeichnen.

Alle Federn bestehen im wesentlichen aus einer Linie, die das Rückgrat bildet, und aus einer oder zwei äußeren Parallellinien, die bogenförmig verlaufen, wobei die Bögen mit der Mittellinie durch kurze kurvige Linien verbunden sind. Wenn man Federmuster auf diese Weise betrachtet, ist der ganze Zeichenprozeß viel leichter zu verstehen.

Das Zeichnen von Federmustern

Beginnen Sie, indem Sie Federmotive wie in Abb. 95a auf Seite 105 abpausen, um ein Gefühl für die Kurven zu bekommen, aus denen die Federschlaufen bestehen. Pausen Sie zuerst die Mittellinie ab und arbeiten Sie sich dann zu den Schlaufen zu beiden Seiten vor. Arbeiten Sie nicht zu schnell; versuchen Sie, jede Schlaufe in einer einzelnen, glatten Bewegung zu zeichnen, ohne den Bleistift vom Papier abzuheben. Beginnen Sie die Schlaufen entweder an der Mittellinie oder an der Außenkante, wenn Sie dies bevorzugen – es hängt davon ab, welche Richtung Ihnen natürlicher scheint. Machen Sie so viele Pausen, wie Sie möchten – bald werden Sie die Schlaufen mit Leichtigkeit zeichnen können. Verbessern Sie Ihre Fähigkeiten, indem Sie Federn bei jeder Gelegenheit zeichnen.

Eine der einfachsten Möglichkeiten, Federn zu zeichnen,

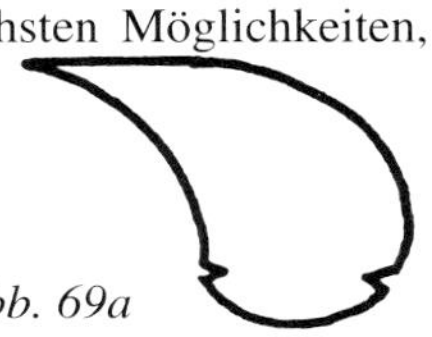

Abb. 69a

besteht darin, eine Schablone in Form einer eingekerbten Träne herzustellen (Abb. 69a). Wenn Sie Federmuster näher betrachten, werden Sie feststellen, daß jede Federschlaufe an eine Träne erinnert. Wenn man die Schablone wiederholt an eine

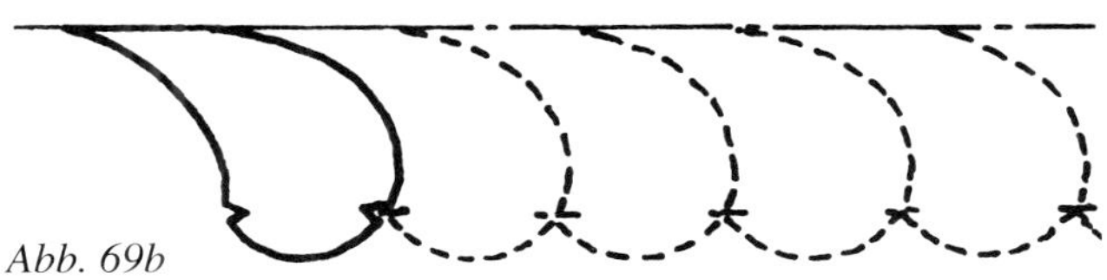

Abb. 69b

Mittellinie legt und um sie herum zeichnet, kann man eine Federlinie aufbauen (Abb. 69b).

Diese Methode nimmt zwar einige Zeit in Anspruch, aber Sie baut Ihr Selbstvertrauen auf, wenn Sie meinen, nicht zeichnen zu können. Etwas mutigere können Federmuster so anfertigen. Verwenden Sie ein flexibles Lineal um die Mittellinie der Feder zu zeichnen, oder zeichnen Sie sie freihändig. Dann zeichnen Sie Punktelinien zu beiden Seiten der Mittellinie. Die äußeren Kurven der Federschlaufen zeichnen Sie mit einem kleinen runden Objekt, etwa einer Münze, als Führung (Abb. 70).

Abb. 70

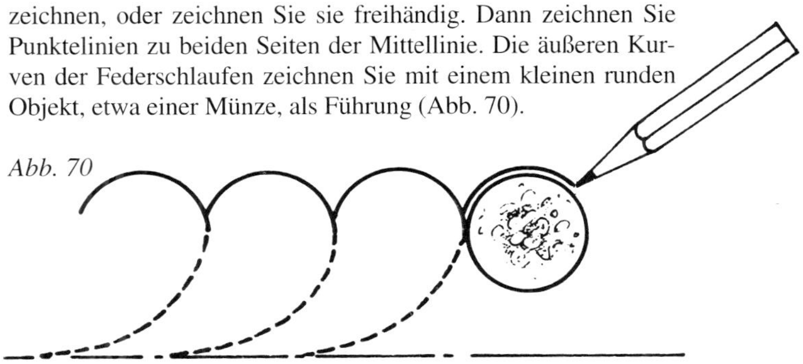

Achten Sie nicht zu sehr auf Präzision und Genauigkeit – die Linien können verändert und hinterher richtig gemacht werden.

Es macht nichts, wenn nicht alle Kurven dieselbe Größe haben oder unterschiedlich weit von der Mittellinie entfernt sind. Unregelmäßige Federschlaufen wirken oft lebhafter und ansprechender als völlig regelmäßige. Vervollständigen Sie die Schlaufen freihändig, wobei Sie entweder von der Mittellinie nach außen arbeiten oder von den Kurven nach innen, um sie mit der Mittellinie zu verbinden. Experimentieren Sie, indem Sie einige der Schlaufen kleiner und dünner als die anderen zeichnen. Wenn die Verbindungslinien zu kurz sind, wirkt die Feder zu gedrungen und nicht elegant und fließend (Abb. 71).

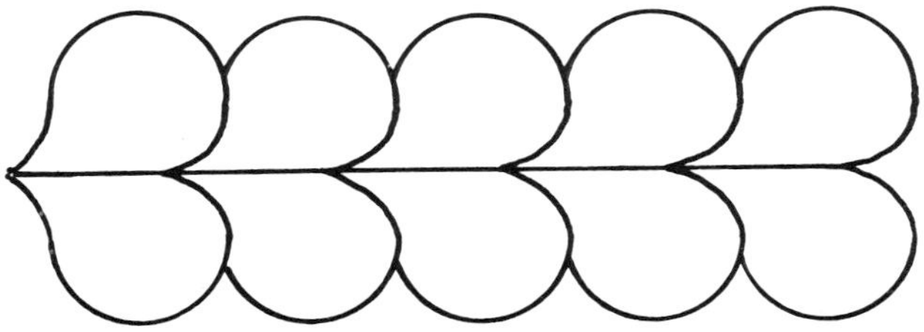

Abb. 71

Wenn Sie entspannt sind und Ihre Hand von Ihrem Auge lenken lassen, werden Sie überrascht sein, wie leicht und anpassungsfähig diese Methode sein kann. Verwenden Sie einen weichen Bleistift (2B) und legen Sie die Bleistiftspitze so weit wie möglich auf das Papier auf – auf diese Weise können Sie viel selbstbewußtere und fließendere Linien zeichnen. Individuelle und bestimmten Bereichen angepaßte Federn beherrschen Sie jetzt. Mit ein wenig Übung können Sie Federn jetzt ohne Hilfe von 'Werkzeugen' zeichnen oder indem Sie um Ihren Daumen herumzeichnen (Abb. 72).

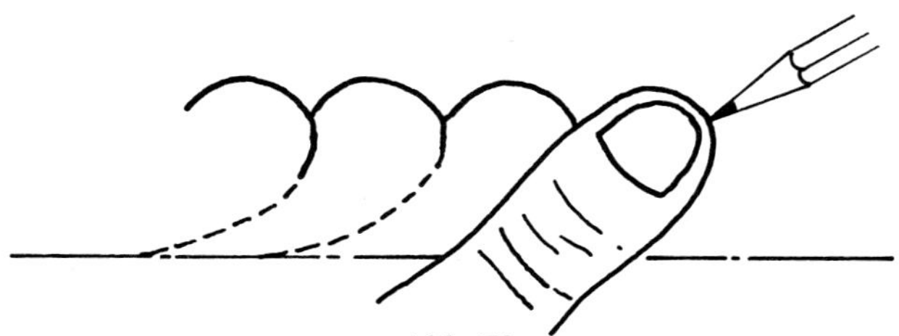

Abb. 72

Anschließend sollten Sie sich nicht scheuen, Linien zu glätten oder zu verändern, aber denken Sie daran, daß es durchaus akzeptabel ist, Federn mit nicht-identischen Rundungen zu haben... Federart und Konstruktion sind Ihnen überlassen. Üben Sie die oben vorgestellten Methoden und erfinden Sie eigene Muster. Versuchen Sie, Federn mit Schlaufen zu zeichnen, die von rechts nach links sowie von links nach rechts verlaufen, oder Federn mit getrennten oder einzelnen Schlaufen (Abb. 73).

Wenn Sie Schablonen für Federn in Ihrer Mustersammlung haben, sollten Sie sie anpassen. Im Handel erhältliche Schablonen bestehen oft aus identischen, sehr formellen Federschlaufen – machen Sie das Motiv etwas individueller, indem Sie die Mittellinie und die äußeren Kurven mit Hilfe der Schablone zeichnen und die Verbindungslinien dann freihändig einfügen.

Abb. 73

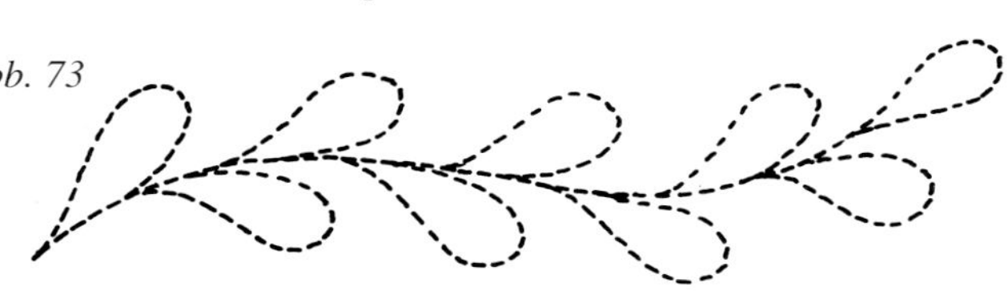

Federkränze

Formelle Federkränze bereiten etwas mehr Mühe, sind aber nicht schwierig. Stellen Sie sich den Kranz als aus drei konzentrischen Kreisen bestehend vor: der mittlere Kreis bildet die Mittellinie, und sowohl der innere als auch der äußere Kreis sind in Bogenformen unterteilt. Es ist offensichtlich, daß der äußere Kreis mehr Bogenformen enthalten muß, weil er einen größeren Umfang hat. Alle Bogen sind mit der Mittellinie durch eine wiederholte Kurve oder Kurvenlinie verbunden.

Man kann Federkränze jeder Größe ohne Zirkel und Winkelmesser zeichnen, indem man Papier faltet. Dazu brauchen Sie ein leichtes Papier wie Backofen- oder Schreibmaschinenpapier. Zeichnen Sie um einen Teller oder ein anderes kreisförmiges Objekt herum, das in etwa die gewünschte Größe hat. Falten Sie das Papier in Viertel, dann in Achtel und eventuell noch in Sechzehntel, wie es die Abb. 74a und 74b zeigen.

Schneiden Sie eine symmetrische Kurve am breiten Ende des gefalteten Keils und eine zweite Kurve am schmalen Ende. Machen Sie an beiden Seiten des Keils, etwa auf halber Höhe zwischen den beiden kurvigen Kanten, einen kleinen, geraden Einschnitt, wie es Abb. 74c zeigt.

Abb. 74a

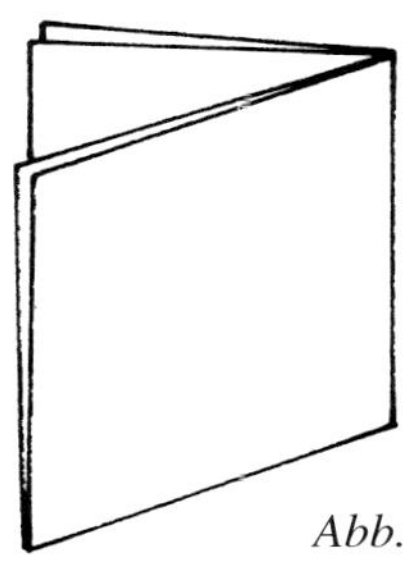

Abb. 74 b

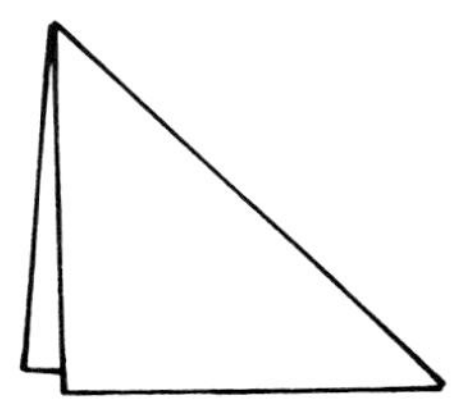

Abb. 74c

Falten Sie das Papier vorsichtig auf. Sie haben jetzt den Umriß eines Federkranzes mit Richtpunkten für die Mittellinie vor sich. Verbinden Sie die bogenförmigen Kanten freihändig mit der Mittellinie und denken Sie daran, daß all diese Linien um den Kranz herum in dieselbe Richtung verlaufen müssen (Abb. 74d).

Abb. 74d

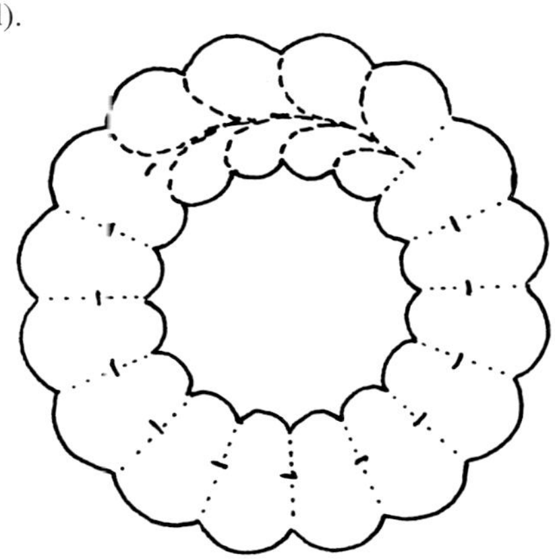

Eine zweite, nicht-geometrische Möglichkeit zum Zeichnen eines Federkranzes besteht darin, einen Kreis auf leichtes Papier zu zeichnen. Schneiden Sie den Kreis aus, falten Sie ihn vorsichtig in Viertel und falten Sie ihn dann wieder auf. Schneiden Sie einen schmalen Streifen Karton aus (Packungen von Frühstücksflocken sind gut geeignet); dies ist der Radius des Kreises.

Legen Sie den Kartonstreifen auf den Kreis, wie es Abb. 75 zeigt, und markieren Sie die Mittellinie und die innere Linie des Kranzes am Rand des Streifens. Jetzt bewegen Sie den Streifen vorsichtig um den Kreis herum; halten Sie ihn gut in der Mitte fest, und markieren Sie beim Verschieben Richtlinien auf dem Papier. Schließlich sollten Sie einen Papierkreis mit Punktelinien für die Mittellinie und die Innenkante vor sich haben. Zeichnen Sie Bogen und Kurvenlinien, um die Mittellinie zu verbinden, wobei die Schlaufen um den Kreis herum wieder in dieselbe Richtung verlaufen müssen.

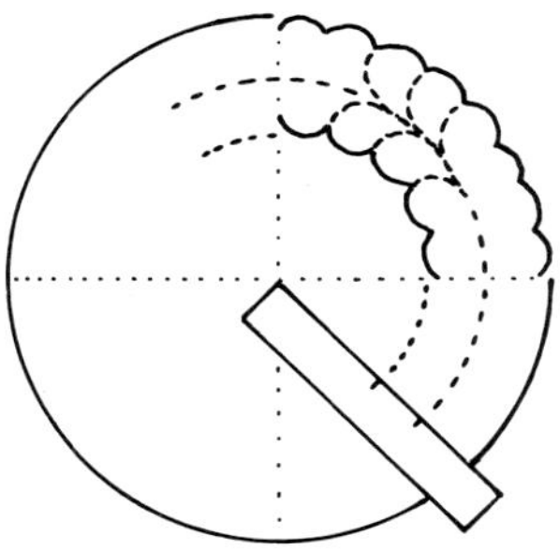

Abb. 75

Federn können ein- oder zweiseitig sein. Versuchen Sie, die Verbindungslinien gegeneinander abzusetzen, so daß sie nicht wie in Abb. 71 an der Mittellinie aneinander stoßen. So wirkt die Feder fließender und attraktiver. Achten Sie auch darauf, daß Sie die Richtung der Verbindungslinien nicht in eine 'S'-Form umkehren, wie es in Abb. 76 der Fall ist; stellen Sie sich

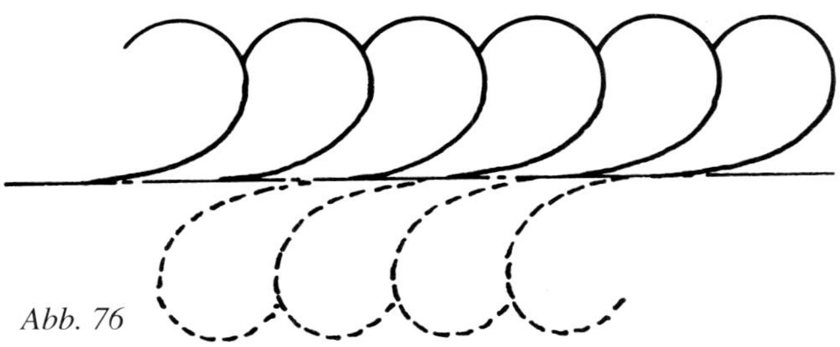

Abb. 76

statt dessen ein unregelmäßig geformtes 'm' vor. Es kann leichter sein, die Federlinien in dieselbe Richtung zu zeichnen, wie die ursprüngliche Mittellinie gezeichnet wurde: Wenn Sie die Linie von links nach rechts gezogen haben, beginnen Sie, indem Sie die Federn links verbinden. Wenn Sie schmaler zulaufende Federn planen, beginnen Sie mit dem Zeichnen der Federn dort, wo die Schlaufen am kleinsten sind und arbeiten entlang der Linie in Rückwärtsrichtung.

Fortlaufende Feder

Fortlaufende Federränder sind am befriedigendsten zu zeichnen. Messen Sie zwei Stücke Auslegpapier oder ähnliches entsprechend der Länge und Breite des Quilts ab. Verwenden Sie ein flexibles Lineal, um die sich wiederholende Kurve zu zeichnen, oder falten Sie das Papier halb um, dann in Viertel und möglicherweise in Achtel, und zeichnen Sie die Kurve für die Mittellinie der Feder dann freihändig auf das gefaltete Papier. Die Feder kann dann mit einer der bereits beschriebenen Methoden ausgefüllt werden.

Wenn Sie das erste Federmuster gezeichnet haben, nehmen Sie sich ein paar Augenblicke Zeit, um mit der Spiegeltechnik, die im achten Kapitel beschrieben wird, zu experimentieren. Vielleicht entdecken Sie zusätzliche Federmuster, die sich harmonisch mit den bereits gezeichneten verbinden. Überprüfen Sie, ob Sie eine Einheit für die Ecke, ein kleines Motiv und vielleicht die Anfänge eines Medaillon-Musters entwickeln können.

Fortlaufende Federn können sich in einer Richtung um den Rand ranken, oder sie können an jeder Ecke und in der Mitte der Seiten umgekehrt werden. Zusätzliche Motive können Verbindungslinien betonen oder verbergen. Wenn Sie das Motiv lieber umkehren wollen, müssen Sie nur ein vollständiges Viertel auf Ihrer Vorlage zeichnen.

Um Schablonen von Federmustern herzustellen, stechen Sie in bestimmten Abständen entlang der Mittellinie Löcher als Markierungen für das Übertragen des Musters auf den Stoff ein. Wenn Sie ein Loch in all Ihre Quiltschablonen machen, können Sie sie zusammen an einem Schlüsselring oder an einem Haken aufbewahren, so daß sie nicht so leicht verlorengehen.

Ecken

Man kann ein Federmuster leicht um Ecken herumführen, wenn man einen Spiegel in einem Winkel von 45° zum Muster aufsetzt. So können Sie sich die endgültige Wirkung vorstellen und Änderungen vornehmen, die möglicherweise für die Musterkurven nötig sind. Denken Sie daran, daß der Spiegel das wiedergegebene Muster umkehrt, so daß sich die Federn von der Ecke wegzubewegen scheinen. Sie können die Spiegelung verwenden, um zu sehen, wie die Kurven um die Ecke verlaufen, oder um das Muster einigermaßen akkurat zu planen. (Im achten Kapitel wird die Verwendung von Spiegeln zu diesem Zweck eingehend behandelt.)

Umkehrungen

Wenn Sie beschließen, die Richtung eines Federmusters beispielsweise an den Ecken und vielleicht außerdem in der Mitte aller Seiten umzukehren, möchten Sie vielleicht ein zusätzliches Motiv einsetzen, um diese Punkte zu einem besonderen Merkmal zu machen – Herzen lassen sich gut anpassen, aber es gibt auch viele andere Möglichkeiten. Wenn Sie herausgefunden haben, wo und wie das Muster umgekehrt werden kann, ist es Ihnen immer noch freigestellt, das ursprüngliche Muster anzupassen, indem Sie einige der Linien nahe dem Umkehrpunkt auslassen oder ändern, statt zu viele Linien zu dicht nebeneinander zu haben.

Gedrehte Feder

Diese Kombination aus Feder und Zopf ergibt ein äußerst attraktives Muster, das immer befriedigend und komplex wirkt!

Die Grundlage des Musters ist eine Zopfschablone von entsprechender Größe – auf Seite 100 finden Sie Einzelheiten zum Zeichnen von Zöpfen. Mit dieser Schablone beginnend, markieren Sie leicht das 'Auge' des Zopfes. Füllen Sie eine Seite des Zopfes mit Linien im gleichmäßigen Abstand aus, bevor Sie die zweite Seite 'federn', indem Sie von einer Mittellinie ausgehen (Abb. 77).

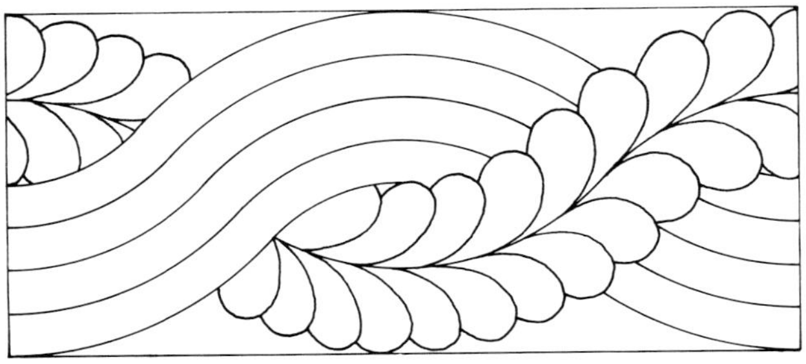

Abb. 77

Achten Sie darauf, daß die Musterlinien korrekt miteinander verschlungen sind, und schenken Sie den Ecken besondere Beachtung. Sowohl die Feder als auch die Linien sollten um die Ecke verlaufen, aber teilweise oder unvollständige Schlaufen sind gestattet. Auch hier ist es möglich, ein Motiv an jedem Punkt zu verwenden, wo das Muster umgekehrt wird, etwa an Ecken oder Mittelpunkten.

Federherzen und andere Formen

Zeichnen Sie ein halbes Herz auf gefaltetes Pauspapier. Versehen Sie diese Linie mit einer Federung und pausen Sie sie dann auf das umgefaltete Papier durch. Herzen und andere Formen lassen sich durch eine doppelte Mittellinie raffiniert betonen.

Für symmetrische Formen zeichnen Sie eine Hälfte der Form auf Pauspapier und falten es um (Abb. 78a).

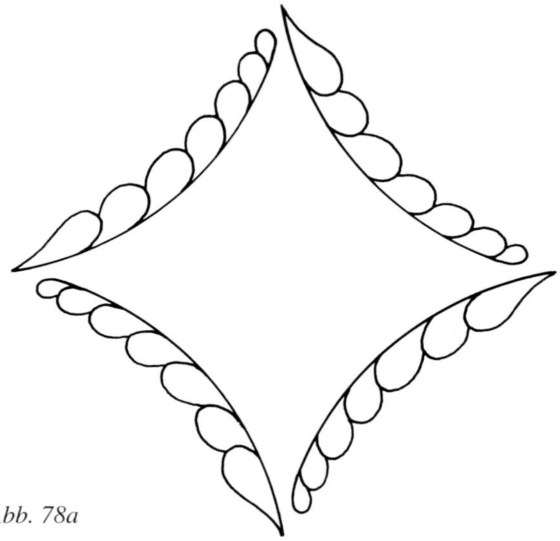

Abb. 78a

Wenn Sie möchten, zeichnen Sie die ganze Form und lassen die Federung um sie herum in eine Richtung verlaufen (Abb. 78b). Dies wirkt am besten bei einer asymmetrischen Form (Abb. 78c).

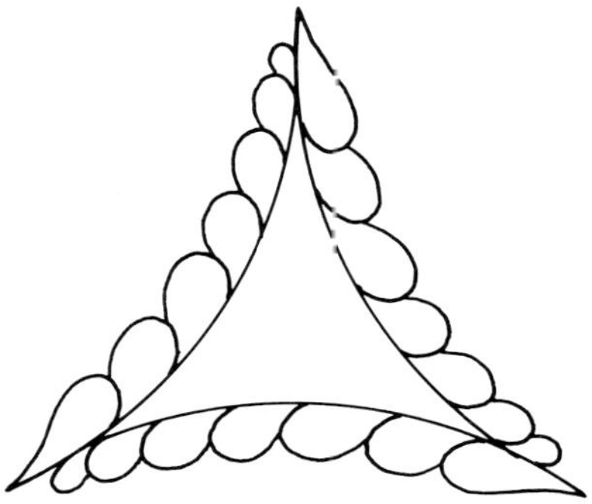

Abb. 78b

Abb. 78c

Federmuster bieten sehr gute Möglichkeiten, um die im fünften Kapitel erläuterten Trapunto- und Schnurtechniken miteinander zu verbinden. Die Mittellinie kann verdoppelt werden, so daß sie einen Tunnel für die Schnur bildet, und einzelne Federbögen können durch Ausstopfen weiter betont werden.

Bereiche, die durch Federlinien umschlossen sind, können mit einer Schraffur in kleinem Maßstab ausgefüllt werden (Abb. 79). Das Photo gegenüber zeigt die reiche Struktur und den guten Kontrast, der die Kurven der Federn betont.

Abb. 79

Das Quilten von Federn

Federmuster sind besonders schön zu quilten. Sie lassen sich jedoch nicht so schnell arbeiten wie gerade Linienmuster, da häufig die Richtung geändert werden muß. Es gibt keine verbindlich 'richtige' Reihenfolge beim Quilten von Federn, aber die Vorschläge unten sind möglicherweise hilfreich, wenn Sie beginnen. Quilten Sie zuerst entlang der Mittellinie und nähen Sie dann die Bogenformen in Pfeilrichtung, wobei Sie die Nadel von der einen zur nächsten Form im Inneren des Quilts schieben (siehe Seite 33). Arbeiten Sie in einer Richtung, die mit der Richtung der gefiederten Linie übereinstimmt (Abb. 80).

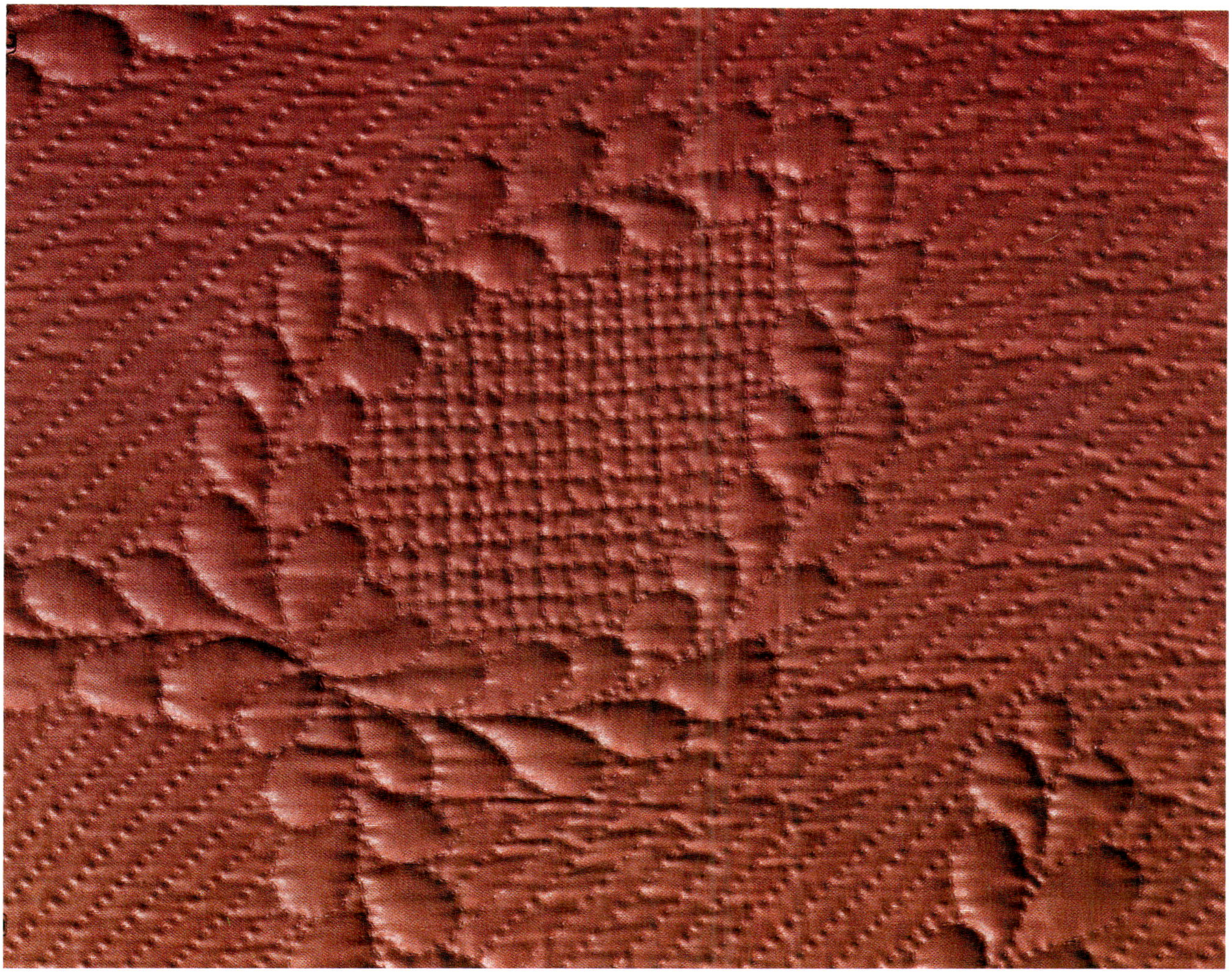

Dichte Quiltstiche wie diese Schraffierung (Gitter), die den Raum zwischen den beiden Federn auf diesem pinkfarbenen Quilt ausfüllt, ergeben eine kräftige Struktur.

Abb. 80

Statt zuerst eine Seite und dann die andere zu arbeiten, könnten Sie versuchen, einen Bogen zu quilten und dann den gegenüberliegenden, wie es Abb. 81 zeigt.

Bei großformatigen Federn kann man zuerst die Mittellinie und anschließend die äußeren Bogenlinien arbeiten. Die Bogen können dann mit kurvigen 'm'-Linien vervollständigt werden, wie es Abb. 82 zeigt.

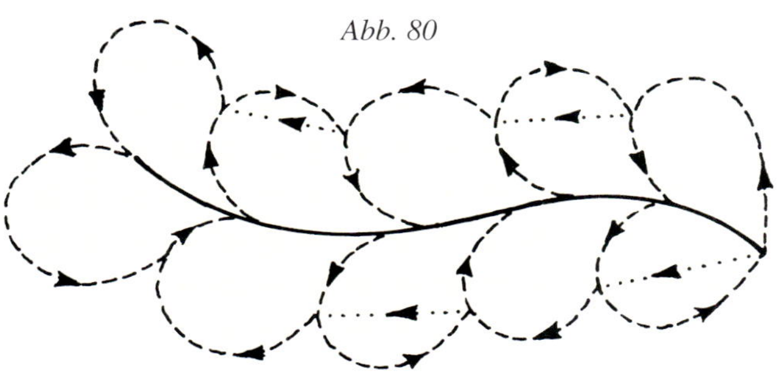

Abb. 81

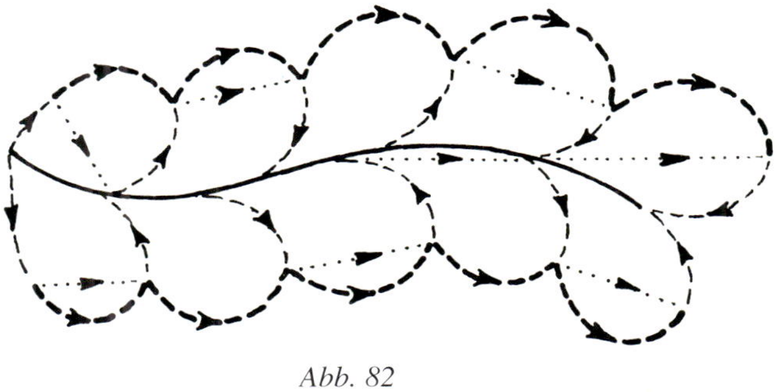

Abb. 82

Zöpfe

Miteinander verschlungene Zöpfe sind wellenförmige Muster von großer Anziehungskraft. Zopfmuster wirken besonders schön, wenn Sie für Ränder und Einfassungen verwendet werden, und ihre hübschen Kurven bilden einen guten Kontrast zu den geraden Nähten eines Streifenquilts. Das Zopfgrundmuster ist nicht nur leicht und angenehm zu nähen – es ist auch eins der am leichtesten zu zeichnenden Muster, das sich jeder Breite und Länge anpaßt.

Die Grundeinheit ist ein spitz zulaufendes Oval (Abb. 83).

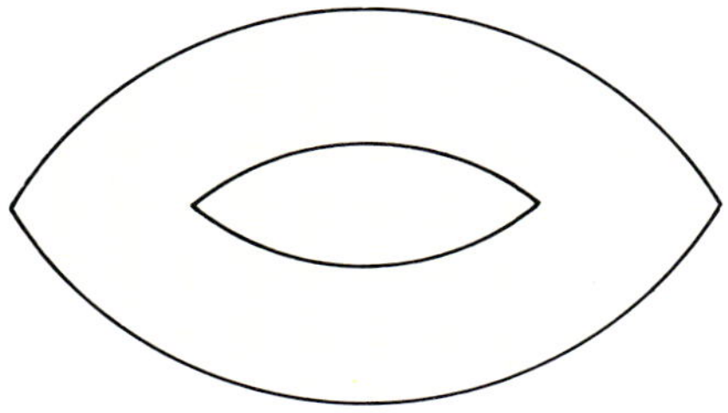

Abb. 83

Nehmen Sie ein Blatt Papier, das etwas breiter ist als der fertige Zopf, und falten Sie es in Viertel. Zeichnen Sie vor dem Schneiden eine Kurvenlinie auf, die so verläuft, wie es Abb. 84 zeigt. Bevor Sie das Papier auseinanderfalten, zeichnen oder schneiden Sie eine zweite Linie, die, wie die Abbildung es zeigt, annähernd der Außenlinie folgt und das 'Auge' des Zopfes bildet. Dieses

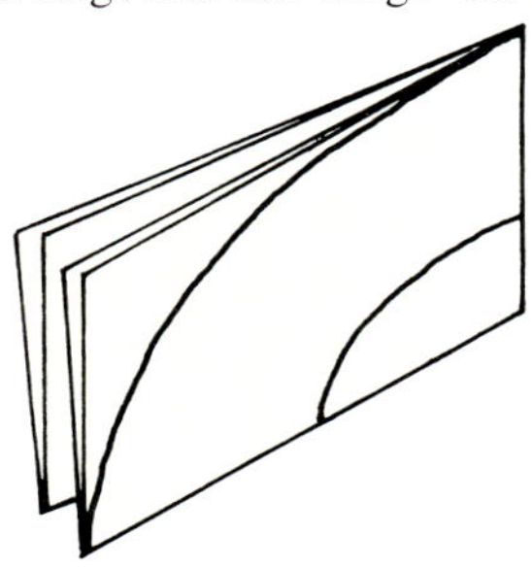

Abb. 84

'Auge' kann hinterher, falls nötig, vergrößert werden, daher sollten Sie zu Anfang mit der Größe lieber etwas vorsichtig sein. Die endgültige Breite der Zopfschablone sollte fast den gesamten zur Verfügung stehenden Raum ausfüllen, so daß zu beiden Seiten gerade noch so viel Platz vorhanden ist, daß nicht durch Nahtzugaben genäht werden muß. Wenn Sie mit dem Oval zufrieden sind, schneiden Sie Kerben ein, wie Abb. 85 es zeigt.

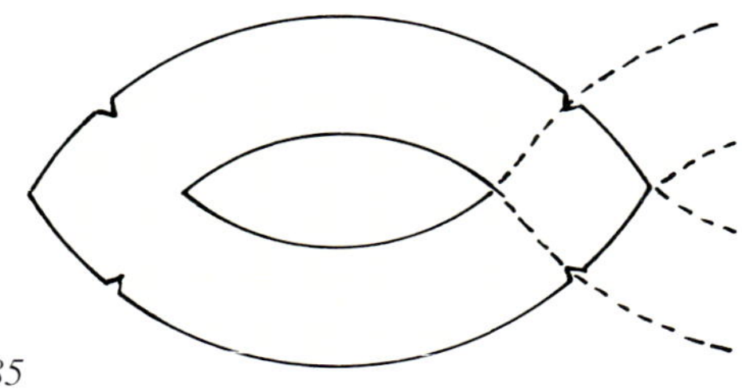

Abb. 85

Sie brauchen diese Kerben möglicherweise nicht, aber es ist einfacher, sie in diesem Stadium zu markieren und später, je nach Bedarf, zu ignorieren oder zu verwenden. Um die Papierform zu einer dauerhaften Schablone weiterzuverarbeiten, kleben Sie sie auf Karton und schneiden sie aus, oder Sie übertragen sie auf Schablonenkunststoff und schneiden sie aus. Um eine dauerhafte und traditionelle Schablone zu erhalten, lassen Sie sich die Form mit einer Stichsäge aus Holz ausschneiden. Versuchen Sie, Ovale verschiedener Größe zuzuschneiden, und bewahren Sie die besten Ergebnisse auf – sie könnten irgendwann einmal nützlich sein. Die Abb. 86a - 86 e zeigen eine der Möglichkeiten, wie das Grundoval weiter zu verschlungenen Zöpfen unterschiedlicher Komplexität entwickelt werden kann.

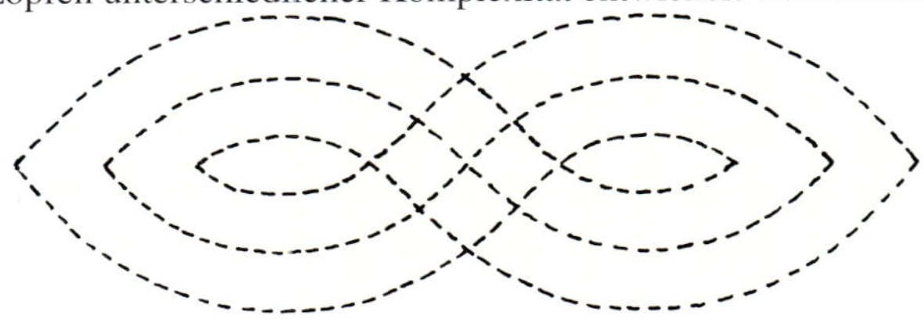

Abb. 86a

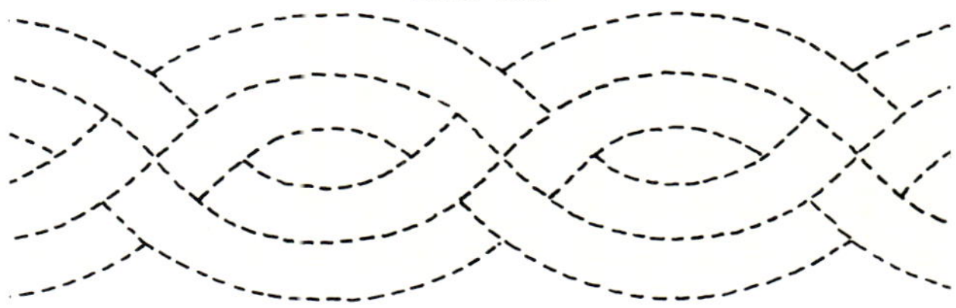

Abb. 86b

Abb. 86c

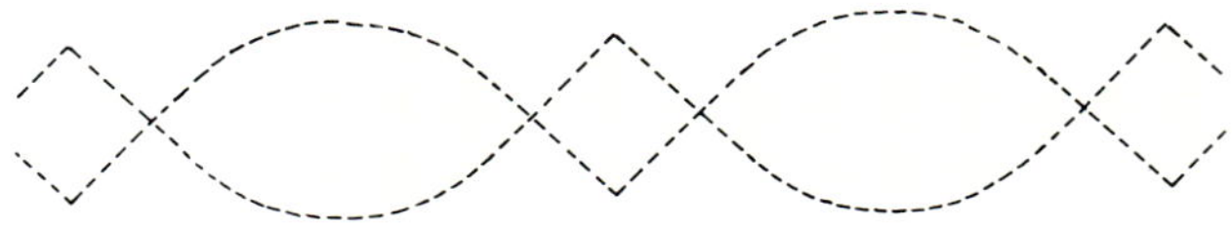

Abb. 86d

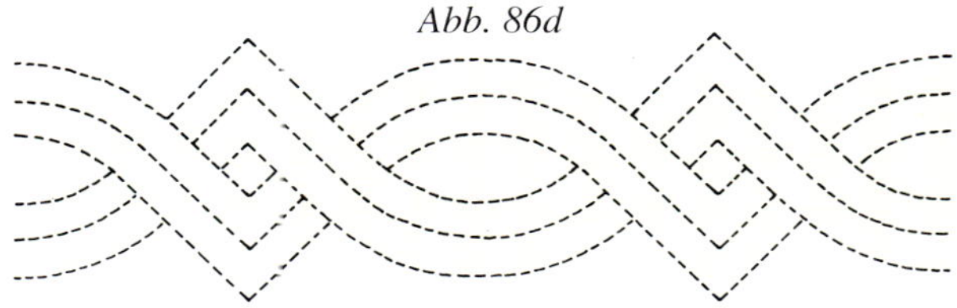

Abb.86e

Die Fähigkeit, ein Zopfmuster anmutig um eine Ecke herumzuführen, galt einst (und gilt wahrscheinlich immer noch) als das Markenzeichnen einer geschickten Quilterin. Ein unterbrochener oder unvollständiger Zopf wurde als unglückliches Omen angesehen – ein Mythos, der möglicherweise von Quilterinnen stammt, die eben Zöpfe um Ecken führen *konnten!* Dennoch zeigen viele alte Quilts, daß man bei ihrer Herstellung derartigen Aberglauben ignorierte und zwei Zöpfe einfach aneinanderstoßen ließ, wie es Abb. 87 zeigt, oder Motive in den Ecken plazierte, um die Zöpfe zu beenden (Abb. 88).

Manche Quilter sind mit derartigen Lösungen nicht zufrieden und arbeiten lieber elegante Ecken mit ihren Zopfmustern.

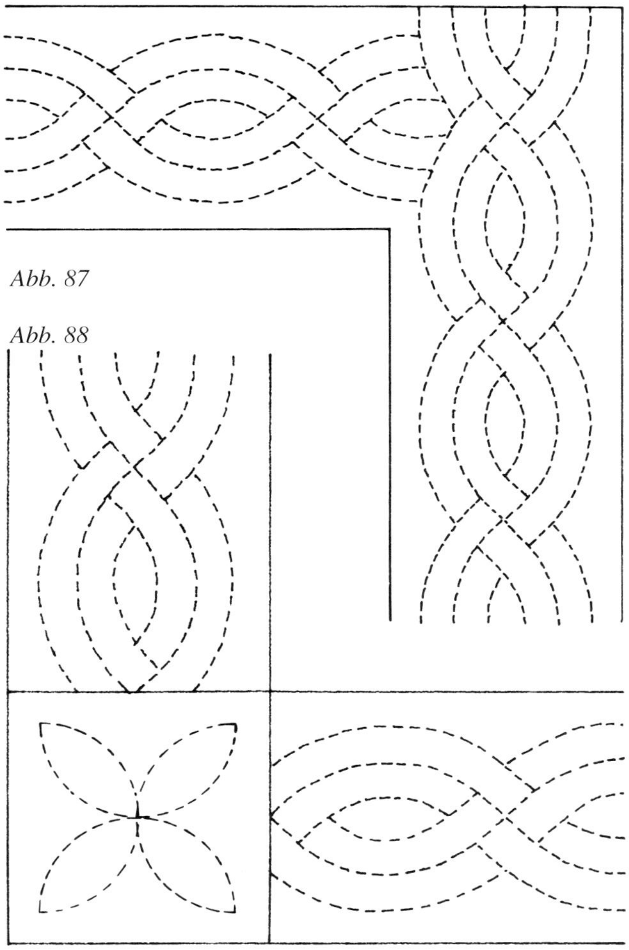

Abb. 87

Abb. 88

Abb. 89 zeigt eine Möglichkeit, einen Zopf um eine Ecke von 90° zu lenken. Es mag leichter sein, die Ecken zuerst zu planen und dann von jeder Seite in Richtung Mitte zu arbeiten, wobei am Rand dann entsprechende Anpassungen vorgenommen werden. Alternativ zentriert man die Schablone auf halber Strecke an einer Seite des Quilts und arbeitet sich bis zu einer Ecke und dann zu der gegenüberliegenden vor, um auf eine Linie zu stoßen, die einen Winkel von 45° markiert. Wiederholen Sie diesen Prozeß für die drei übrigen Seiten und passen Sie dann die Ecke an, indem Sie je nach Bedarf die Kurvenlinien verkürzen oder verlängern. Wenn Sie eine Linie im Winkel von 45° markieren, können Sie sehen, wo und wie Sie um die Ecken gehen müssen, und ein Spiegel zeigt Ihnen, wie das fertige Ergebnis aussehen wird. (Im achten Kapitel wird die Verwendung von Spiegeln ausführlich behandelt.)

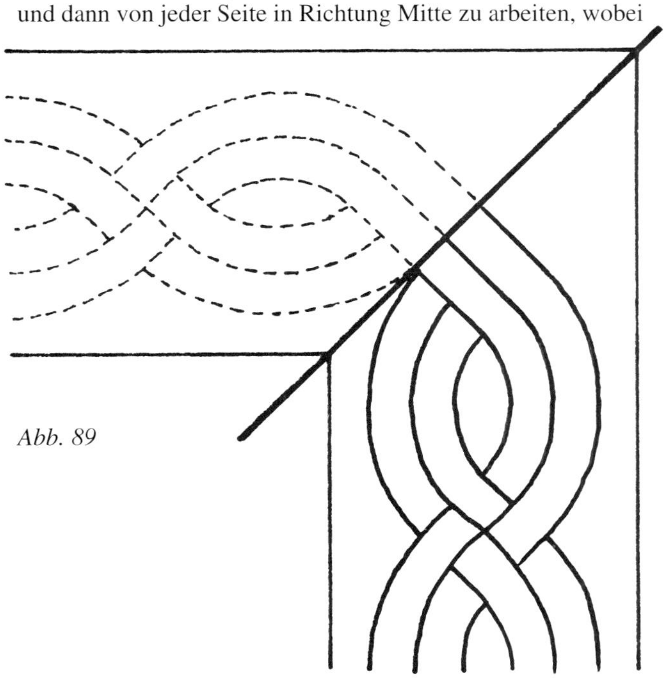

Abb. 89

Vielleicht hilft es Ihnen, sich die Komponente des Zopfes als 'S'-Form anstelle des spitz zulaufenden Ovals vorzustellen (Abb. 90). Abb. 91 zeigt, wie dies funktioniert – probieren Sie es, um zu sehen, welche Methode Ihnen am besten liegt.

Abb. 90

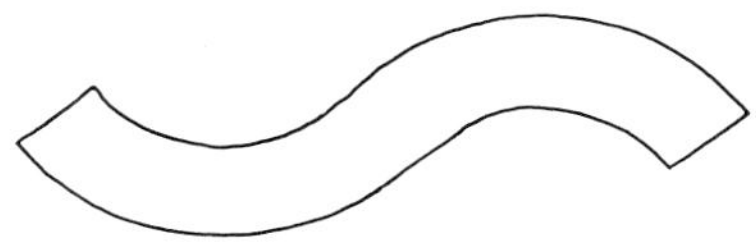

Abb. 91

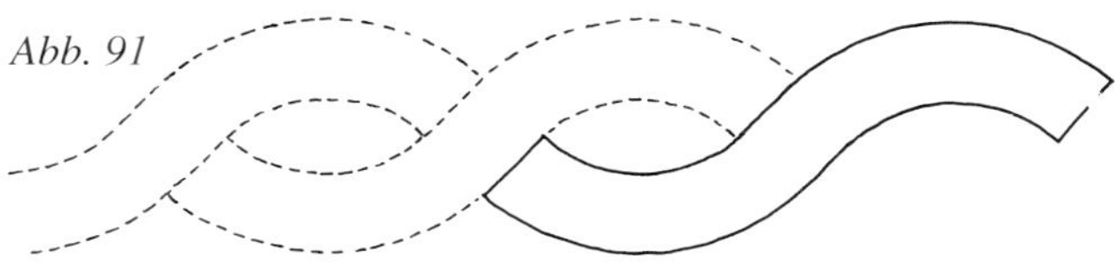

Das einfachste Zopfmuster entsteht, wenn Sie um die Außenkanten der Grundschablone herum zeichnen und sie so verschieben, daß die Spitze die gerade gezeichnete Spitze berührt (siehe Abb. 26, Seite 55). Für einen verschlungenen Zopf zeichnen Sie um die Außenkante herum und dann um die Kanten des 'Auges'. Verschieben Sie die Schablone, so daß die Spitze gerade noch die Spitze des Auges berührt, und dann zeichnen Sie wieder um die Außenkante und um das Auge herum (siehe Abb. 85, Seite 100). Verschieben Sie die Schablone auf diese Weise weiter, bis die Linie vollendet ist. Wenn Sie einige Linien ausradieren, entsteht ein verschlungener Zopf, der mit parallel verlaufenden Kurvenlinien ausgefüllt werden kann. Wenn Sie eine Mittellinie auf dem Papier oder dem Stoff markieren, bleibt das Muster korrekt ausgerichtet. Sich überkreuzende Zöpfe (Abb. 86a, Seite 100) lassen sich einfach zeichnen: Nachdem die Spitzen der Schablone und das Auge des Zopfes aneinander ausgerichtet wurden, werden alle nachfolgenden Linien ganz durchgezogen und nicht radiert.

Die komplexen, verdrehten Muster bei keltischen Verzierungen sind mit dem Zopf eng verwandt. Sie sind nicht so leicht zu zeichnen, ergeben aber attraktive Quiltmuster.

Weitere Zopfmuster

Seilmuster lassen sich entwickeln, indem Sie die steileren Kurven einer Zopfschablone verwenden, oder indem Sie zwei Halbkreise, die zu einer umgekehrten 'S'-Form geformt sind, verwenden. Der Grundzopf kann auch verwendet werden, um Girlanden zu entwickeln, indem Sie nur mit einer Seite der Grundschablone arbeiten und die Kurvenlinien verschieben.

Die Reihenfolge beim Quilten von Zopfmustern

Genau wie bei den Federn gibt es keine allein richtige Reihenfolge beim Quilten von Zöpfen. Es ist jedoch ratsam, dabei methodisch vorzugehen. Einen einfachen Zopf können Sie entsprechend einer der zwei Möglichkeiten, die in den Abb. 92a und 92b gezeigt werden, quilten.

Abb. 92a

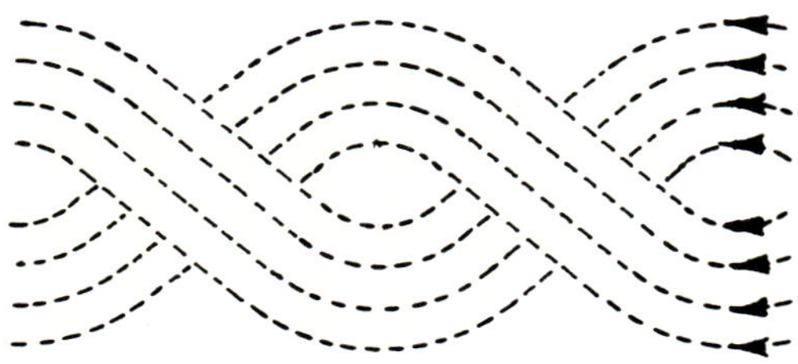

Abb. 92b

Verschlungene Zöpfe, die aus mehreren Linien bestehen, können Linie für Linie mit einer einzelnen Nadel gequiltet werden, oder Sie nehmen je eine Nadel für jede Linie, und arbeiten jeweils ein paar Stiche entlang einer Linie, so daß das ganze Muster fertiggestellt ist, bevor Sie an anderer Stelle weitermachen. Die Methode, jeweils eine Linie fertigzustellen, ist für den Quiltrhythmus wahrscheinlich weniger störend, aber bei der Methode mit mehreren Nadeln kann das ganze Muster fortlaufend gearbeitet werden, was möglicherweise schneller ist.

Arbeitsanleitung: Erstes Federkissen

Fertiges Kissen: 37,5 cm im Quadrat

Angewandte Techniken:
Vorlage
Heften
Markieren des Quiltmusters
Quilten

Material:
Oberstoff, 45 cm im Quadrat
Wattierung (50 g/qm), 50 cm im Quadrat
Stoff für Rückseite des Vorderteils, 50 cm im Quadrat
Stoff für die Kissenrückseite, 45 cm im Quadrat
Pauspapier oder Schrankpapier
Lineal, Bleistift, schwarzer Filzstift, Radiergummi
Stoffmarker (auf Entfernbarkeit testen)
Heftgarn
Garn, das zum Oberstoff paßt

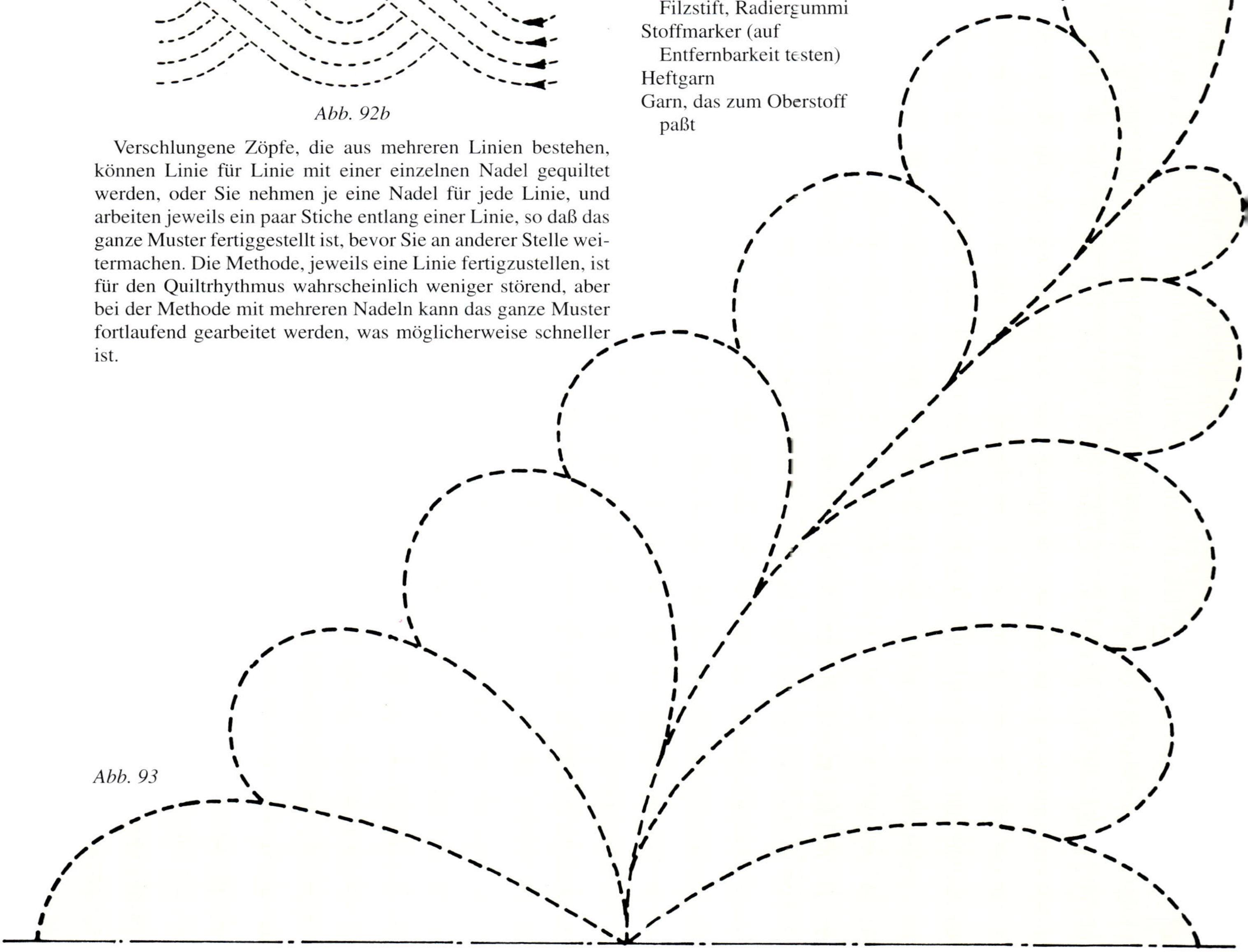

Abb. 93

Halblange Nadeln Ihrer Wahl
Stickrahmen, Röhrenrahmen oder kleiner traditioneller Rahmen

1 Pausen Sie das Muster in Abb. 93 auf Seite 102 ab und erstellen Sie eine Vorlage, auf der die Mittellinien und Ecken mit einer deutlichen Strichlinie markiert werden.

2 Bügeln Sie den Stoff für die Vorder- und Rückseite, bevor Sie die waagrechten und senkrechten Mittellinien sowie die Diagonalen und die Außenkanten des Musterbereichs auf der Stofoberseite abmessen und leicht markieren.

3 Befestigen Sie die Vorlage mit Kreppband auf einer glatten Oberfläche und bringen Sie den Oberstoff darüber mit Kreppband in Position, indem Sie die Richtlinien aufeinander abstimmen.

4 Übertragen Sie das Muster mit dem Stoffmarker auf den Oberstoff. Überprüfen Sie, ob alle Linien übertragen wurden, bevor Sie das Kreppband vom Stoff und von derVorlage entfernen.

5 Zentrieren Sie den Oberstoff über dem Stoff für die Rückseite und über der Wattierung, und heften Sie alle drei Lagen in der üblichen Reihenfolge zusammen (siehe Seite 28 und 29).

6 Quilten Sie die Arbeit mit passendem Garn, und gehen Sie dabei systematisch vor.

7 Messen Sie das gequiltete Quadrat ab und schneiden Sie es entsprechend zurück, bevor Sie mit Ihrer bevorzugten Methode einen Kissenbezug nähen.

Arbeitsanleitung: Streifenquilt mit Zopf- und fortlaufendem Federmuster

Bei diesem großen Projekt werden sowohl Federn als auch Zöpfe gequiltet. Nach der Fertigstellung mißt der Quilt etwa 185 x 217,5 cm.

Angewandte Techniken:

Herstellung von Zopfschablonen
Abmessen und harmonisches Gestalten von Wiederholungen für die Feder
Abpausen von Mustern
Direktes Markieren mit der Schablone
Heften
Quilten
Einfassen der Kanten oder Umschlagen der Vorderkanten zur Rückseite

Material:

Je 2,25 m zweier kontrastierender, einfarbiger Stoffe in 112,5 cm Breite – Kleiderstoff aus 100 % Baumwolle ist ideal
Wattierung (50 g/qm), 192,5 x 225 cm (mindestens)
4 m Stoff für die Rückseite
Lineal, Bleistift, schwarzer Filzstift, Radiergummi
Kunststoff oder Karton für die Herstellung der Schablone
Pauspapier
Stoffmarker (auf Entfernbarkeit testen)
Heftgarn
Garn, das zum Oberstoff paßt
Halblange Nadeln Ihrer Wahl
Stickrahmen, Röhrenrahmen oder traditioneller Rahmen

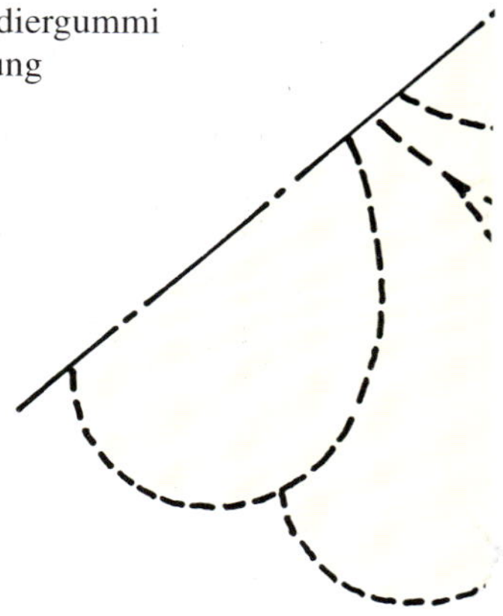

1 Schneiden Sie die beiden Oberstoffe folgendermaßen in Streifen: 4 Streifen eines Stoffes von 27,5 x 220 cm Größe, 2 Streifen des kontrastierenden Stoffes in derselben Größe und 1 Streifen des kontrastierenden Stoffes von 37,5 x 220 cm. Nähen Sie die Streifen zusammen, wobei sich der breiteste Streifen in der Mitte befindet. Bügeln Sie die Streifen auf; anschließend bügeln Sie die ganze Vorderseite. Legen Sie den Oberstoff zur Seite.

2 Falls nötig, nähen Sie den Stoff für die Rückseite zusammen, so daß sich mindestens eine Fläche von 192,5 x 225 cm ergibt

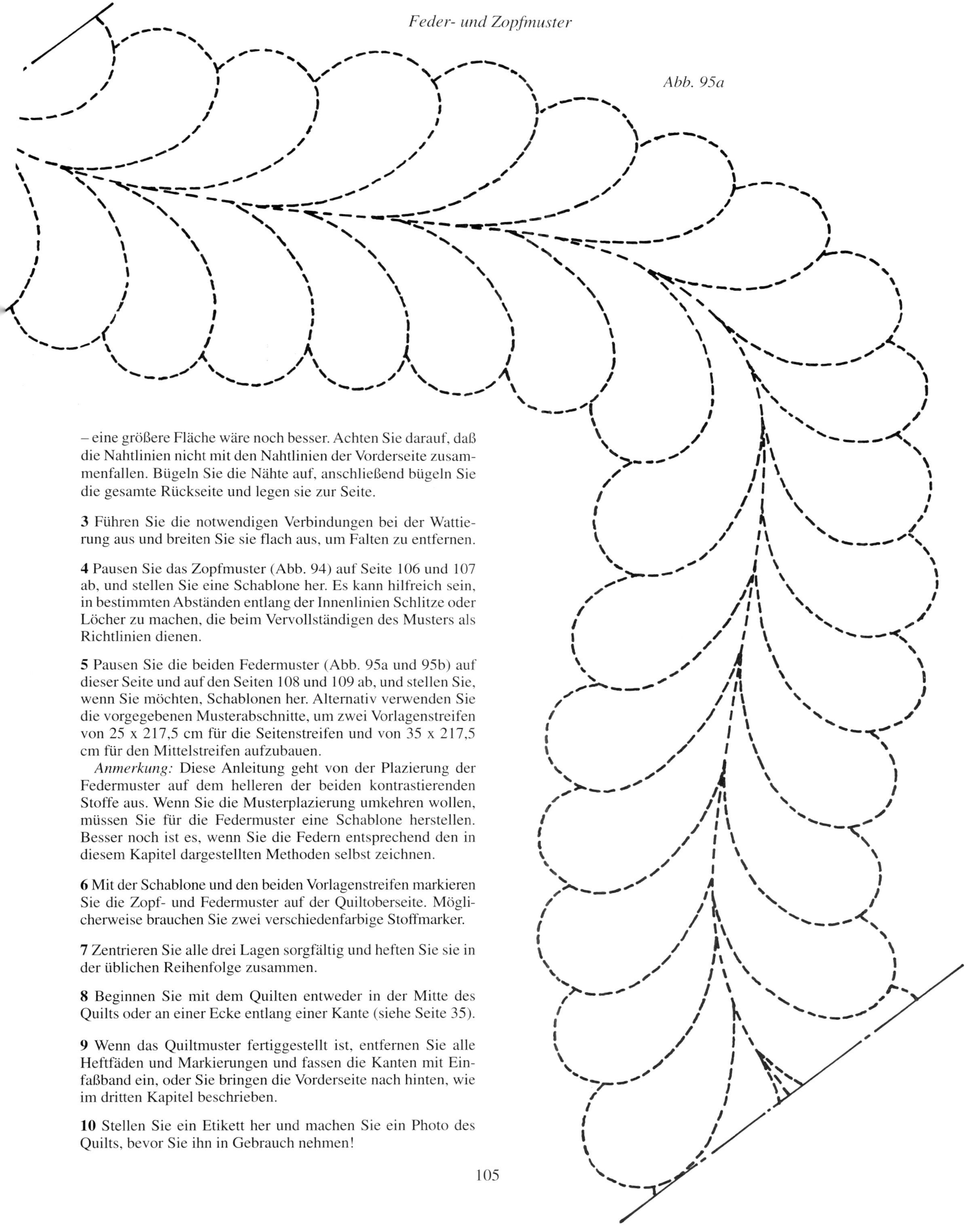

Abb. 95a

– eine größere Fläche wäre noch besser. Achten Sie darauf, daß die Nahtlinien nicht mit den Nahtlinien der Vorderseite zusammenfallen. Bügeln Sie die Nähte auf, anschließend bügeln Sie die gesamte Rückseite und legen sie zur Seite.

3 Führen Sie die notwendigen Verbindungen bei der Wattierung aus und breiten Sie sie flach aus, um Falten zu entfernen.

4 Pausen Sie das Zopfmuster (Abb. 94) auf Seite 106 und 107 ab, und stellen Sie eine Schablone her. Es kann hilfreich sein, in bestimmten Abständen entlang der Innenlinien Schlitze oder Löcher zu machen, die beim Vervollständigen des Musters als Richtlinien dienen.

5 Pausen Sie die beiden Federmuster (Abb. 95a und 95b) auf dieser Seite und auf den Seiten 108 und 109 ab, und stellen Sie, wenn Sie möchten, Schablonen her. Alternativ verwenden Sie die vorgegebenen Musterabschnitte, um zwei Vorlagenstreifen von 25 x 217,5 cm für die Seitenstreifen und von 35 x 217,5 cm für den Mittelstreifen aufzubauen.

Anmerkung: Diese Anleitung geht von der Plazierung der Federmuster auf dem helleren der beiden kontrastierenden Stoffe aus. Wenn Sie die Musterplazierung umkehren wollen, müssen Sie für die Federmuster eine Schablone herstellen. Besser noch ist es, wenn Sie die Federn entsprechend den in diesem Kapitel dargestellten Methoden selbst zeichnen.

6 Mit der Schablone und den beiden Vorlagenstreifen markieren Sie die Zopf- und Federmuster auf der Quiltoberseite. Möglicherweise brauchen Sie zwei verschiedenfarbige Stoffmarker.

7 Zentrieren Sie alle drei Lagen sorgfältig und heften Sie sie in der üblichen Reihenfolge zusammen.

8 Beginnen Sie mit dem Quilten entweder in der Mitte des Quilts oder an einer Ecke entlang einer Kante (siehe Seite 35).

9 Wenn das Quiltmuster fertiggestellt ist, entfernen Sie alle Heftfäden und Markierungen und fassen die Kanten mit Einfaßband ein, oder Sie bringen die Vorderseite nach hinten, wie im dritten Kapitel beschrieben.

10 Stellen Sie ein Etikett her und machen Sie ein Photo des Quilts, bevor Sie ihn in Gebrauch nehmen!

Abb. 94

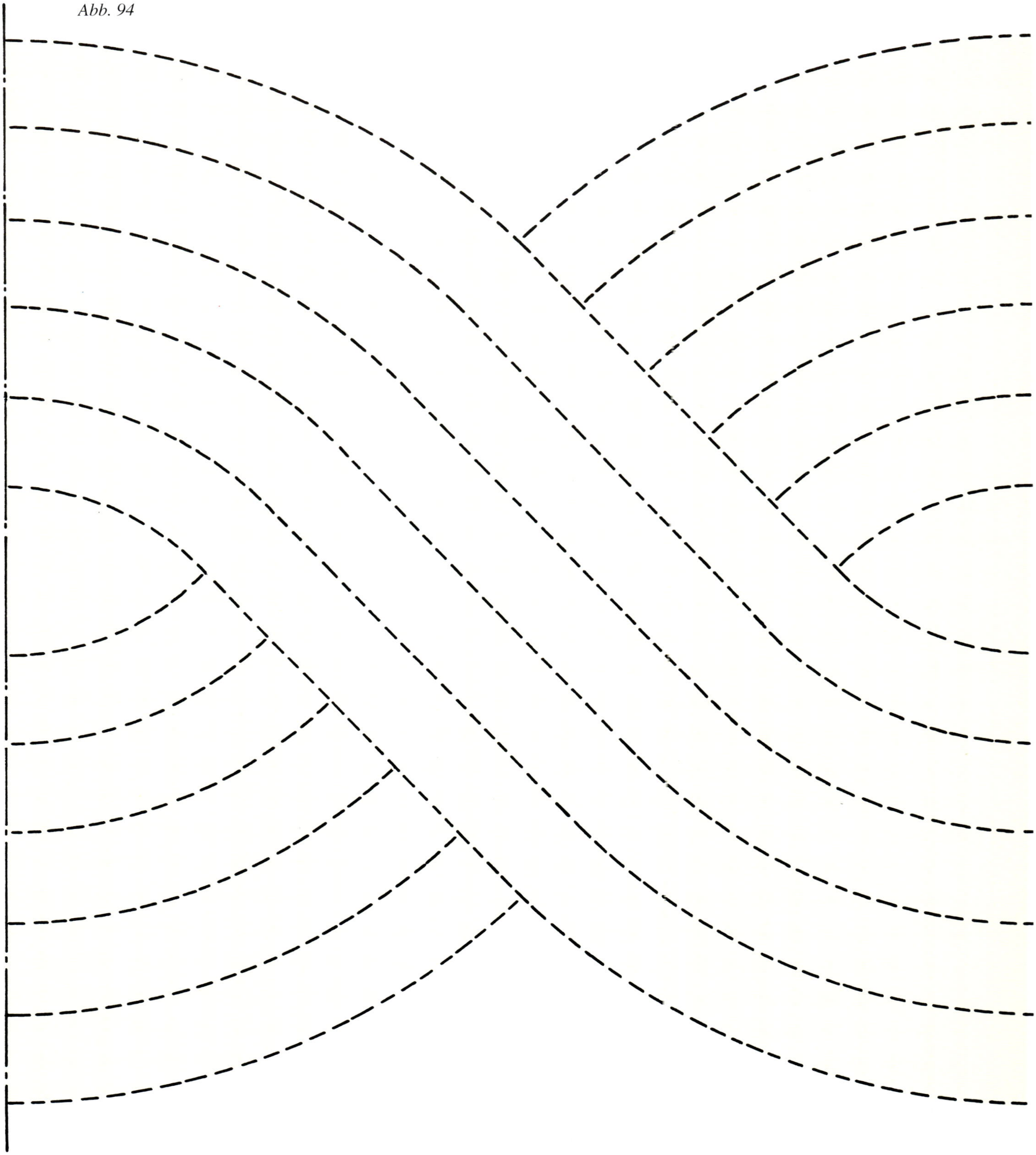

Abb. 95b
Nach dem Abpausen beider Abschnitte von Abb. 95b verbinden Sie Punkt A mit Punkt B und Punkt C mit Punkt D mit Hilfe von Klebeband. Dann übertragen Sie ein neues Muster in Gesamtgröße auf einen großen Bogen Papier, wenn Sie möchten.

Punkt D
Punkt B

Achtes Kapitel

Eigene Entwürfe

'Für das Entwerfen von Quilts tut sich bei der Entwicklung neuer Motive und Muster oder bei der Anpassung alter Entwürfe ein fast endloses Feld auf...'

(Elizabeth Hake, *English Quilting Old and New*, Batsford, Reprint 1988)

In unserer Begeisterung, neue Fertigkeiten und Quilttechniken zu erlernen, übersehen wir häufig eines der grundlegendsten Merkmale dieser Kunst – wir alle können eigene Entwürfe erarbeiten, wenn wir sie zu Anfang einfach halten. Die traditionellen Quilterinnen und Quilter entwarfen Muster für sich selbst auf eine freie und selbstbewußte Weise, die wir nur schwer begreifen können. Wenn wir Quilts in Museen und Ausstellungen betrachten, können wir von der Vielfalt so überwältigt werden, daß wir am liebsten alles gleich auf einmal verwenden würden. Wir verwechseln gutes Design mit Mustervielfalt. In den letzten Jahren haben viele sich in eine Reihe bestimmter Quiltmuster verliebt, und statt nur eines oder zwei davon für ihre Arbeit auszuwählen, haben sie nach dem Motto 'je mehr, desto besser' alle zugleich verwendet. Die Quilts mögen von der Ausführung her lobenswert gewesen sein, aber optisch unattraktiv, da eine Überfülle von Quiltmotiven vorhanden war, wo einfache Muster besser gewirkt hätten.

Früher entstanden viele eigene Entwürfe einfach dadurch, daß unzählige Quilts für den Alltag hergestellt wurden. Heute hat die wachsende Zahl von Quiltausstellungen, Zeitschriften und Büchern uns alle theoretisch zu Experten gemacht. Wir entwickeln unsere Vorlieben stärker dadurch, daß wir uns umschauen, statt Arbeiten selbst auszuführen, und wollen gleich von Anfang an ohne jede Praxis erstklassige Ergebnisse erzielen. Dieses unrealistische Ziel verschreckt viele, so daß sie sich von dieser Kunst wieder abwenden. Wir erlauben uns nicht den Luxus, unsere Nähkünste und Designfähigkeiten ein Leben lang beim Quilten zu entwickeln und zu verbessern. Unsere Quiltprojekte müssen bereits beim erstenmal 'richtig' sein. Wir sollten nicht gleich beim ersten Versuch Perfektion erwarten, ja selbst beim zehnten Mal nicht. Statt dessen sollten wir all unsere Projekte als Übungen betrachten, jeweils unser Bestes geben und weitermachen, bis Geschick und Erfahrung langsam wachsen. Die alten Quilts, die wir so bewundern, sagen uns nicht, wieviel Quilterfahrung ihre Hersteller vorher gesammelt haben. Nur sehr wenige von uns haben so viele Stunden mit allgemeinen Näharbeiten verbracht, bevor wir uns daran begeben, Quilts herzustellen; dennoch erwarten wir, daß wir mit unseren ersten Bemühungen gleich hochgesteckte Ziele erreichen. In der Vergangenheit wurden riesige Mengen von Quilts für den Alltag hergestellt, die schlechte Nähte, ungeschickte Entwürfe und wacklige Linien aufwiesen und schließlich abgenutzt waren. Da sie nicht mehr vorhanden sind, können sie uns nicht mehr Zeugnis geben von Fehlern und Unzulänglichkeiten; und dennoch wurden diese Quilts zweifellos verwendet und geliebt. Ein Quilt ist noch immer eine begehrenswerte, nützliche Textilie, die uns Wärme und Behaglichkeit schenkt, selbst wenn die Stichlinien nicht perfekt sind.

Erste Versuche

Nachdem wir Quilts betrachtet und analysiert haben, ist es nur noch ein kurzer Schritt, um die Angst davor, selbst etwas zu entwerfen, zu überwinden. Die wichtigste Frage beim Quiltdesign lautet: 'Was wäre, wenn...?' Diese Fragestellung, die die amerikanische Lehrerin Sharyn Craig mit großem Erfolg auf Patchwork angewendet hat, ist der einfachste Ausgangspunkt. Betrachten Sie irgendeinen Quilt und stellen Sie sich eine oder alle der folgenden Fragen: Was wäre, wenn ich ein oder zwei derselben Elemente benutzen, sie aber anders anordnen würde? Was wäre, wenn ich einem vorhandenen Muster ein oder zwei Linien hinzufügen würde? Was geschieht, wenn ich bei einem Teil eines der Muster die Spiegeltechnik anwende? Wie sähe das Ergebnis aus, wenn der Hintergrund verändert würde?

Im Unterricht ist es für die meisten Schüler am einfachsten, bei ersten Designübungen die Motive symmetrisch anzuordnen. Denken Sie bei der Fläche, die Sie quilten wollen – sei es ein Kissenbezug, ein Wandbehang oder ein Bettüberwurf –, daran, daß sie aus einem Mittelteil, einem Rand und vier Ecken besteht. Betrachten Sie einige der traditionellen Motive auf Seite 79 und wählen Sie höchstens drei aus. Oft erweist es sich als nützlich, diese Wahl auf ein allgemeines Thema oder 'Gefühl' auszurichten. Federn und Muscheln ergänzen einander gut, was auch für Blätter und Zöpfe zutrifft. Motive im mittleren Bereich können größer sein als auf den Rändern. Betonen Sie Ihre erste Wahl mit einem zweiten Motiv und wählen Sie dementsprechend das Quiltdesign für den Hintergrund.

Eine Reihe von kleinen Entscheidungen

Wenn der Gedanke, Entscheidungen zu treffen, Sie erschreckt, betrachten Sie erneut den Quilt auf Seite 93.

Die Quilterin hat nur wenige Entscheidungen getroffen. Fast die gesamte Oberfläche ist von Mustern bedeckt, die aus sich überlappenden Kreisen entwickelt wurden, dennoch ist der Gesamtentwurf attraktiv.

Denken Sie daran, daß es beim Design nur auf eine Reihe von kleinen Entscheidungen ankommt. Es wird hilfreich für Sie sein, sich die folgenden Fragen zu stellen:

Welche Größe soll der Quilt haben?

Ist er für mich oder jemand anderen bestimmt?

Aus welchem Stoff wird die Vorderseite bestehen und welche Farbe wird sie haben?

Soll der Quilt traditionell oder modern sein?
Soll der Entwurf symmetrisch oder asymmetrisch sein?
Soll ich den Medaillon-, den Streifen- oder einen asymmetrischen Stil wählen?
Möchte ich ein flaches, traditionelles Aussehen mit viel Quiltung oder lieber einen bauschigeren Look mit weniger Quiltung?
Bevorzuge ich einfache oder reichverzierte Muster?
Möchte ich irgendeine bestimmte Musterart wie Federn, Herzen, Blumen, geometrische Formen verwenden?

Herstellung einer Vorlage

Eine Vorlage ist sowohl für die Planung als auch das Markieren des Entwurfs und als Entscheidungshilfe äußerst nützlich. Kleben Sie mehrere Papierbögen zusammen (Pauspapier ist am besten geeignet, aber Auslegpapier tut es auch), bis Sie einen Bogen haben, dessen Größe dem geplanten Quilt entspricht (oder einer Hälfte oder einem Viertel im Fall eines großen Entwurfs, der völlig symmetrisch ist). Zuerst müssen der Mittelpunkt, die Diagonalen und Randlinien markiert werden, so daß die Vorlage den Abb. 96a und 96b entspricht.

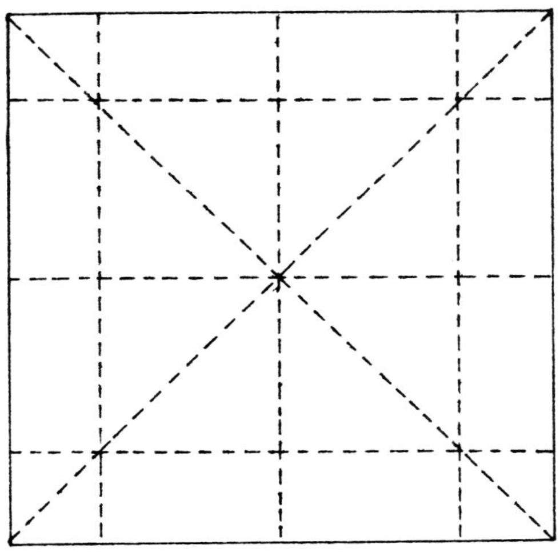

Abb. 96a

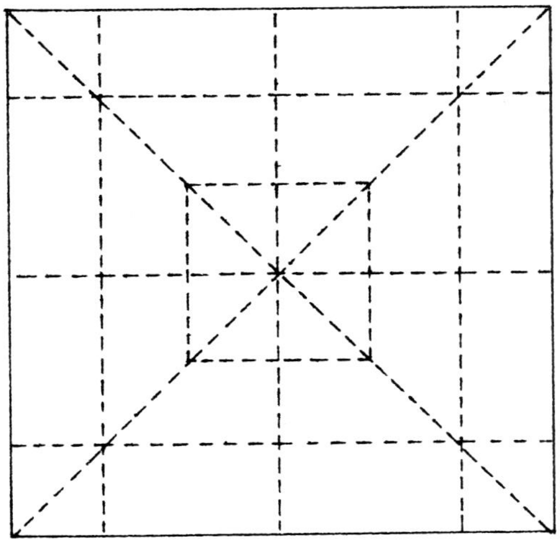

Abb. 96b

Wenn diese Linien markiert wurden, können Sie mit Mustern und ihrer Plazierung experimentieren. Manchen Schülern fällt es leichter, auf einer Vorlage in der tatsächlichen Größe zu planen, während andere lieber auf einem kleinen Plan zuerst eine Grobskizze zeichnen. Versuchen Sie es mit beiden Methoden, um zu sehen, was Ihnen besser liegt. Verwenden Sie zu Anfang einen Bleistift, da unerwünschte Markierungen sich dann leicht ausradieren lassen. Wenn Sie mit dem Entwurf zufrieden sind, gehen Sie mit einem schwarzen Filzstift über die Linien. Radieren Sie die Vorlage gründlich, damit möglicherweise vorhandene Graphitmarkierungen die Quiltoberseite während des Markierens nicht verschmutzen.

Eine Vorlage zeigt, wie der endgültige Entwurf aussieht, und ermöglicht es Ihnen, es sich vor dem Markieren der Quiltvorderseite noch anders zu überlegen. Wenn die Quiltvorderseite zusammengesetzt oder appliziert ist, sollten die Bereiche des Hauptmusters und freie Bereiche dennoch skizziert, und es sollte mit verschiedenen Möglichkeiten experimentiert werden. Lassen Sie sich für das Zeichnen der Vorlage Zeit; Zeit, die mit Überlegungen verbracht wird, ist keine verlorene Zeit, und Sie können die Arbeit jederzeit unterbrechen und sich einem anderen Projekt zuwenden.

Wenn Sie Ihren Quilt markiert haben, datieren und signieren Sie die Vorlage, rollen sie auf und verwahren sie als ein weiteres kleines Stück Quiltgeschichte!

Einfachheit

Wenn Sie nur ein einziges Muster zur Entwicklung eines vollständigen Designs verwenden, muß dies nicht zu einem langweiligen Endergebnis führen. Variation beim Maßstab und guter Kontrast zur Hintergrundquiltung kann optische Langeweile verhindern. Ungequiltete oder negative Bereiche spielen ebenfalls eine wichtige Rolle; gehen Sie der Versuchung aus dem Weg, alle vorhandenen Bereiche auszufüllen.

Vielleicht sind Sie der Meinung, daß der Einsatz sehr weniger Muster zum Entwickeln eines Entwurfs nichts für Sie ist. Natürlich ist dies nicht das einzige Designverfahren, aber es ist ein kluger Ausgangspunkt, um zu verstehen, wie Quiltdesign funktioniert. Es gibt nicht nur ästhetische Gründe, ein Design einfach zu halten. Es ist leichter, mehrere einfache, ausgewogene Entwürfe herzustellen, statt einen komplexen Entwurf zu konstruieren. Der Prozeß, ein paar Motive ausgewogen zu gruppieren und Maßstab und Hintergründe zu variieren, muß Ihnen vertraut sein. Wenn Sie mehr Zutrauen in Ihr Können gewinnen, wird Sie die Herausforderung komplexer Entwürfe weniger erschrecken.

Der richtige Maßstab von Mustern und Entwürfen

Die tatsächliche Größe und der richtige Maßstab der Muster für eine Quiltarbeit ist die erste und wahrscheinlich schwierigste Entscheidung, die getroffen werden muß. Was ist 'groß genug'? Was ist 'die richtige Größe'? Richtiger Maßstab oder auch richtiges Verhältnis bedeutet, daß Abmessungen und Einteilung des Entwurfs zu der Größe der geplanten Arbeit passen. Die Hauptelemente des Entwurfs sollten klar und beherrschend, und seine Einteilung muß insgesamt klar erkennbar sein. So sollte sich das Motiv für den mittleren Bereich eines Bettüberwurfs für ein Doppelbett nicht über die Bettkante hinweg fortsetzen, da es dort nicht mehr im Blickfeld ist. Das Mittelmotiv sollte bequem in ein etwa 120 cm großes Quadrat passen, wobei Hintergrund und Umrandungen den übrigen Raum ausfüllen. Die Ränder für einen solchen Quilt sollten mindestens 15 cm breit sein. Ist der Rand schmaler, wirkt er wie ein hastiger nachträglicher Einfall und paßt nicht zum übrigen Entwurf. Umrandungen von 25 bis 30 cm Breite passen am besten zu einem Projekt dieser Größe. Für den Maßstab gibt es keine festen Vorschriften. Vielleicht fällt es Ihnen leichter, wenn Sie zunächst ein Gefühl dafür entwickeln, was 'zu klein' ist. Es kann ein ziemlicher Schock sein, plötzlich mit den Musterausmaßen für Bettüberwürfe konfrontiert zu werden, wenn Sie vorher nur Entwürfe für Kissen und Babydecken betrachtet haben.

Vergrößern und verkleinern

Heutzutage erleichtern Photokopierer, die vergrößern und verkleinern, das Zeichnen von Entwürfen in verschiedenen Maßstäben beträchtlich. Dennoch sollten Sie die Endergebnisse auf ihre Genauigkeit hin überprüfen; zu Verzerrungen kann es bei beiden Verfahren kommen. Es ist nützlich, wenn man weiß, wie Muster mit dem Gittersystem vergrößert und verkleinert werden (siehe Abb. 60, Seite 84). Vielleicht haben Sie das Gefühl, daß Sie ohne Gitter besser zurechtkommen – und Sie können damit durchaus recht haben. Experimentieren Sie mit einem Pantographen (Storchschnabel, Abb. 97), der in Läden für Künstler- oder Bürobedarf erhältlich ist. Wenn Sie es sich schließlich zutrauen, völlig freihändig zu arbeiten, werden die Ergebnisse mehr Persönlichkeit verraten als ein genau kopiertes und maßstabsgetreues Muster.

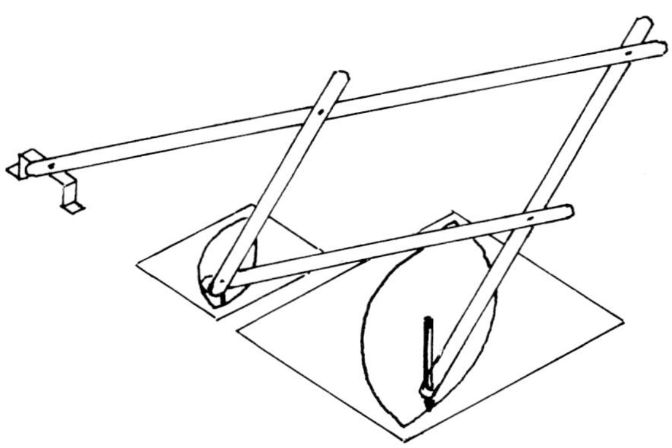

Abb. 97

Ausgeschnittene Papiermuster

Früher stellten Quilterinnen und Quilter Muster ganz selbstverständlich her und paßten sie an. Die Redewendung 'sich mit Schere und Packpapier Gedanken machen' beschreibt eine leichte und empfehlenswerte Methode, um verschiedene Probleme beim Maßstab zu lösen. Vielen, die sich mit der Entscheidung herumplagen, wie groß oder klein Quiltmuster sein sollten, hilft es sicherlich, wenn sie ausgeschnittene Papiermuster auf dem Bett oder Boden auslegen und betrachten. Schneiden Sie sich eine Reihe verschiedener Musterformen aus, und verschieben Sie sie, um sich den Gesamtentwurf besser vorstellen zu können.

Nicht alle Entscheidungen in bezug auf den Entwurf müssen bereits getroffen werden, bevor Sie mit dem Quilten beginnen. Viele Quilts diktieren ihre eigenen Bedingungen, daher sollten Sie bereit sein, Entwürfe während der Arbeit anzupassen und neu zu überdenken. Diese flexible Methode wurde speziell von walisischen Quilterinnen und Quiltern eingesetzt, von denen viele einfach den Rahmen aufbauten und mit dem Quilten begannen, ohne genau zu wissen, welche Muster sie verwenden würden.

So vorzugehen, ist wahrscheinlich einfacher, wenn Sie mit einem großen, traditionellen Rahmen arbeiten und genug Selbstvertrauen haben, Risiken einzugehen. Plazieren Sie zu Anfang ein einzelnes oder kombiniertes Motiv in eine Ecke und passen Sie die anderen Ecken entsprechend an. Fügen Sie Füllmuster und Ränder hinzu. Entscheiden Sie sich für ein Mittelstück und wiederholen Sie das Ganze dann für die andere Hälfte. Klingt doch ganz einfach, nicht wahr?

Gequiltete und ungequiltete Bereiche

Während Sie beim Zeichnen von Mustern und Linien selbstbewußter werden, sollten Sie bedenken, daß es schließlich die Bereiche zwischen den Stichlinien sind, die einem Entwurf einen großen Teil seiner Wirkung verleihen. Wenn Sie nach und nach die Entscheidungen treffen, die zum Entwurf eines Quilts beitragen, sollten Sie hin und wieder innehalten und die Räume betrachten, die zwischen den gezeichneten Linien entstehen. Scheinen sie alle gleich zu sein? Ist das der Fall, dann sollten Sie Maßstab und Proportionen ändern. Sind die Räume innerhalb des Hauptmusters genauso groß wie jene zwischen den Linien des Hintergrunds? Der Hintergrund zeigt möglicherweise mehr Wirkung, wenn die Abstände zwischen den Linien geringer sind, so daß ein Kontrast zu den nicht gequilteten Bereichen des Hauptmusters entsteht.

Entwurfsübung

Nehmen Sie ein Blatt mit einer interessanten Form zur Hand und zeichnen Sie den Umriß nach. Schneiden Sie so viele Papierformen wie möglich in unterschiedlicher Größe aus und versuchen Sie, sie zu einem Randmuster oder einem zentralen Medaillon anzuordnen.

Wenn Sie Eichenblätter verwenden, können Sie vielleicht auch ein paar Eicheln in Ihre Zeichnungen miteinbeziehen. Das Quiltmuster für den Hintergrund könnte eine Schraffur sein, oder Sie könnten die Holzmaserung oder Jahresringe imitieren. Versuchen Sie, dieselben Papierausschnitte asymmetrisch anzuordnen. Können Sie ein lineares Muster aus denselben Formen herstellen, das für einen Streifenquilt geeignet wäre? Versuchen Sie es einmal. Sie müssen nicht in einem großen Maßstab arbeiten – ein Quadrat von 30 bis 40 cm reicht aus.

Abb. 98 zeigt einige der Schritte bei der Entwicklung einer einzelnen Federlinie zu einem vollständigen Quiltmuster. Gestrichelte Linien zeigen mögliche Ergänzungen und Erweiterungen des Federmotivs. In Abb. 99 sind die Federformen vereinfachend als gekrümmte Linien angedeutet; sie zeigt die einfachen logischen Schritte beim Aufbau eines vollständigen Entwurfs mit nur einem Motiv.

Wenn der Maßstab der Feder dann noch variiert wird, indem sie in der Mitte auf das Zwei- bis Dreifache ihrer ursprünglichen Größe vergrößert wird, wird der endgültige Entwurf noch interessanter.

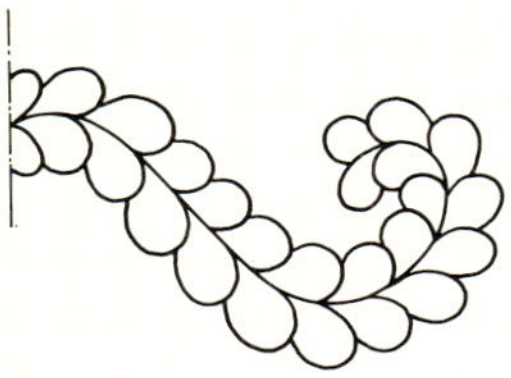

Abb. 98a

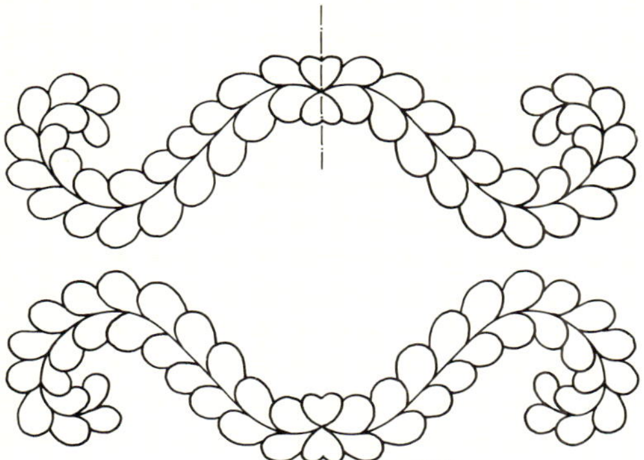

Abb. 98b

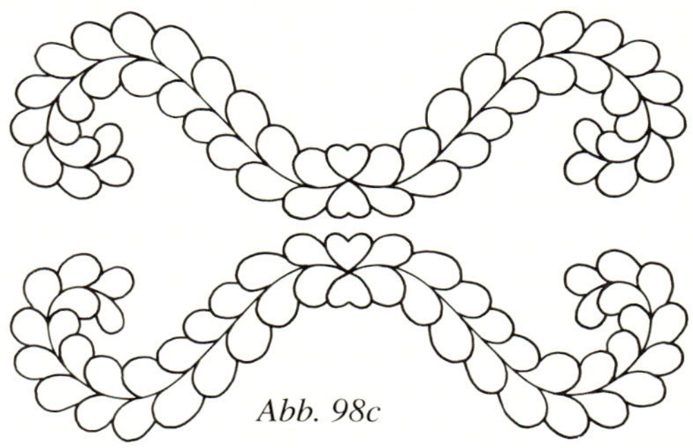

Abb. 98c

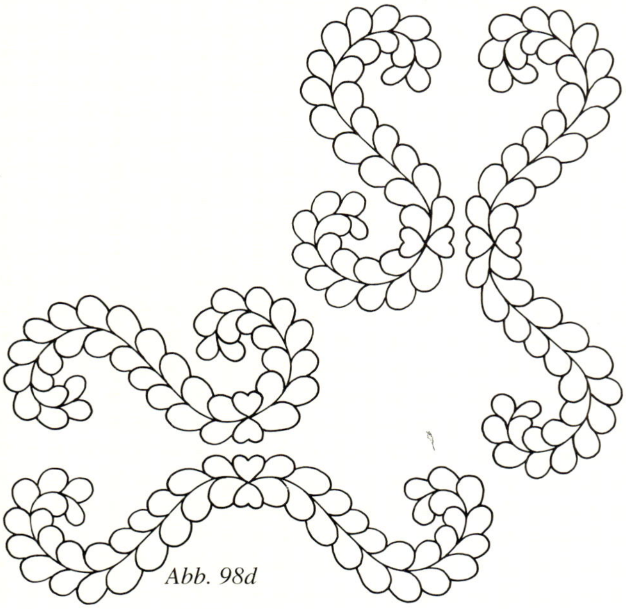

Abb. 98d

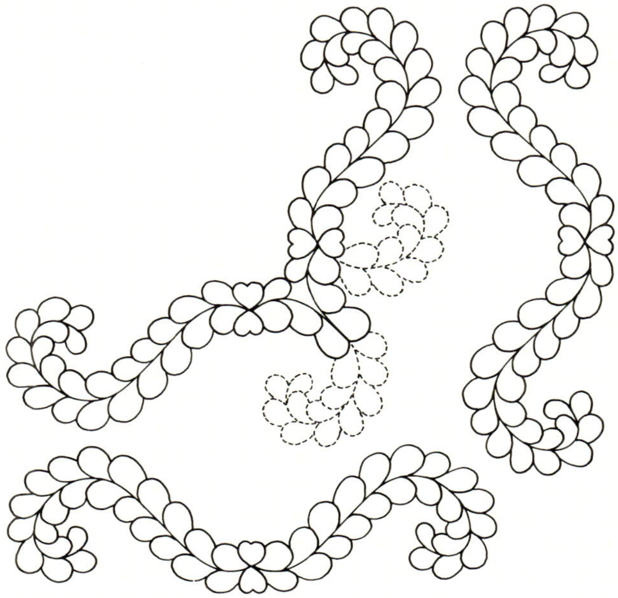

Abb. 98e

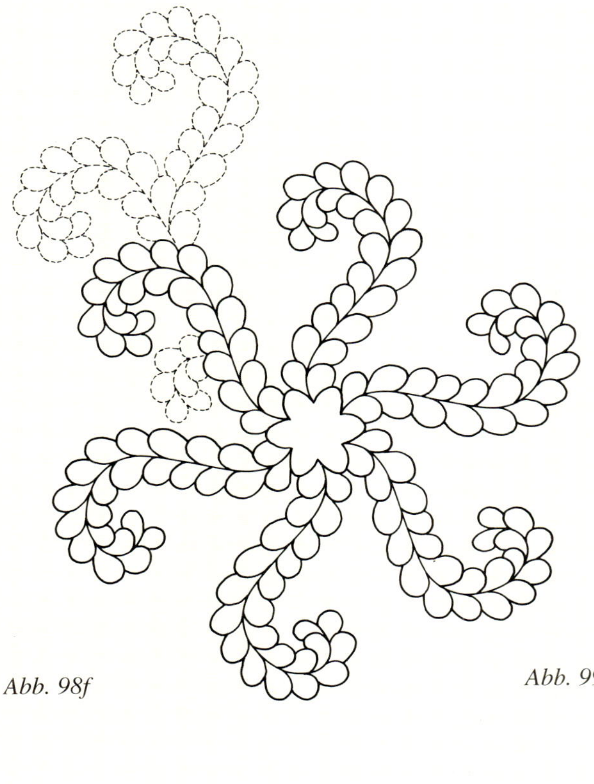

Abb. 98f

Abb. 99

Entwürfe für Streifenquilts

Die traditionelle Verwendung von Stoffstreifen für eine Quiltvorderseite ergibt einen sehr gleichmäßigen, schlichten und trügerisch einfachen Gesamtrahmen für Ihren Entwurf. Einfache, kraftvolle Musterlinien sind hier oft am besten geeignet.

Der links abgebildete Streifenquilt wirkt durch den starken Kontrast zwischen den glänzenden Baumwollstreifen; die Quiltmuster zeigen in der Wahl des Maßstabs eine ähnliche Kühnheit. Ein einfacher Zopf wurde verdoppelt, um die Breite der äußeren dunklen Streifen auszufüllen, und der schwungvolle Verlauf der Federn im Mittelstreifen bildet einen guten Kontrast sowohl zu den Zöpfen als auch zu den in ein Quadrat gestellten Rosen der Außenstreifen. Ein sehr schlichter Streifenquilt ist auf Seite 104 abgebildet. Der Kontrast zwischen

Die drei auf diesen beiden Seiten abgebildeten Quilts sind Beispiele für Streifenquilts. Der traditionelle blau-gelbe Quilt links wurde von Gladys Pate gearbeitet. Das Muster auf dem rot-weißen Quilt unten wurde mit grobem, cremefarbenem Garn und großen, ungleichmäßigen Stichen gearbeitet; trotz dieser angeblichen Fehler ist es ein hübscher Quilt. Der stark abgenutzte Streifenquilt rechts, der aus den dreißiger Jahren stammt, weist einfache Muster und einfache Hintergrund-Quiltung auf – nichts Kompliziertes, aber viel attraktive Struktur.

Marineblau und Weiß schien nach einem einfachen Muster zu verlangen. Der Mittelstreifen mit zwei fortlaufenden Federn ist die einzige Hervorhebung gegenüber der fortlaufenden Feder im größeren Maßstab und dem kräftigen gedrehten Zopf.

Es gibt keine Vorschriften, denen zufolge alle Streifen dieselbe Breite haben müßten, obwohl man diese Anordnung häufig bei alten Quilts sieht. Der rosafarbene Streifenquilt zeigt traditionelle Muster, während die Streifen nicht ganz traditionell angeordnet sind. Der Farbkontrast zwischen den Streifen ist gering, so daß die Streifenbreite gut variiert werden konnte. Obwohl hier zwar das Rad nicht neu erfunden wurde, zeigt dieser Quilt doch andere Möglichkeiten für die Anordnung von Streifen und Mustern. Es gibt keinen Grund, warum der Quiltentwurf auf die lineare Struktur eines Streifenquilts beschränkt sein sollte. Der rot-weiße Quilt auf Seite 115 zeigt ein kühnes Medaillon-Design, das die zusammengesetzten Streifen völlig außer acht läßt.

Dieser zeitgenössische, pastellfarbene Quilt wurde mit verschieden breiten Streifen gearbeitet; die breiteren wurden mit einfachen Mustern gequiltet, während die schmalen ungequiltet blieben.

Ein Quilt in Arbeit. Er wurde von Janet Heaney mit Spiegeln und einem gekrümmten Federmotiv entworfen.

Mit Spiegeln zaubern

Der Einsatz von Spiegeln zur Anfertigung sich wiederholender Muster ist für Patchworkarbeiten eine eingeführte Technik. Es geht viel schneller und leichter, einen Block zu nähen oder zu zeichnen und ihn mit zwei Spiegeln zu betrachten, um sich vorzustellen, wie mehrere Blöcke in der Wiederholung aussehen werden. Für einen symmetrischen Entwurf muß nur ein Viertel oder die Hälfte gezeichnet und dann mit einem Spiegel überprüft werden.

Diese einfache Entwurfstechnik mit Hilfe von Spiegeln oder Spiegelkacheln ist auch für traditionelle und moderne Quiltmuster faszinierend und anregender als ein Kaleidoskop. Wahrscheinlich verschaffen Sie sich auf diese Weise mehr an Spaß und Inspiration, als Sie für möglich gehalten hätten. In Abb. 100 auf den Seiten 118 und 119 können Sie sehen, was geschieht, wenn eine einfache Federlinie widergespiegelt wird.

Abb. 100 zeigt, wie Spiegel neue Musteranordnungen ergeben. Versuchen Sie es einmal selbst, indem Sie ein Lieblingsmotiv durchpausen und dann einen weißen Papierbogen unter die Pause schieben, um den Kontrast der Linien hervorzuheben. Jetzt setzen Sie die Spiegel an beliebiger Stelle irgendwo auf dem Motiv auf. Verändern Sie den Winkel, indem Sie die Spiegel öffnen und schließen; verschieben Sie sie über das gesamte Motiv nach hinten und vorn, und schauen Sie, was geschieht.

Die Spiegeltechnik kennt man bereits seit 1880. Wenn ich Ihnen diese Methode zum Entwickeln von Entwürfen em-

Mit zwei Spiegeln kann man aus einem einfachen Federmotiv eine Reihe von Variationen zaubern.

pfehle, muß ich Sie gleich darauf hinweisen, daß sie Sie um den Verstand bringen kann! Dies werden Sie verstehen, wenn Sie sich vorstellen, wie alles um Sie herum als Spiegelbild wirkt, und wenn Sie vor einer ganzen Masse neuer Mustermöglichkeiten stehen.

Eine Schülerin begann mit einer Stickvorlage, nahm zwei Spiegel zur Hand und erhielt eine solche Unzahl von Möglichkeiten, daß sie nicht mehr wußte, wo sie beginnen sollte.

Wenn Sie noch immer das Gefühl haben, daß 'Design' über Ihre Fähigkeiten hinausgeht, kann die Spiegeltechnik sehr nützlich sein. Mittelstücke, Ränder, Ecken und betonende Muster können aus nur einer oder zwei Vorlagen entwickelt werden. Sie werden alle miteinander verwandt sein, und durch die Veränderung des Maßstabs werden Sie mit ziemlicher Sicherheit eine attraktive Wirkung erzielen. Versuchen Sie, Spiegel bei einigen Mustern in diesem Buch einzusetzen.

Der hier abgebildete Quilt wurde zum Teil mit der Hilfe von Spiegeln entworfen. Als Vorlage diente ein gekrümmtes Federmotiv, bei dem der Maßstab wenig verändert werden mußte. Die Federn wurden so gruppiert, daß ein großes, kreisförmiges Medaillon entstand, und anschließend mit Hilfe von Spiegeln zu einem Eckdesign neu angeordnet. In diesem Stadium bedurfte es nur noch eines kontrastierenden, schraffierten Hintergrunds, um einen ausgewogenen Entwurf zu erhalten.

Die Entwicklung von Spiegelmustern

Es gibt keine festen Vorschriften beim Einsatz von Spiegeln als Designhilfe, aber es gibt bestimmte Reihenfolgen bei der Plazierung der Spiegel, mit denen Sie es vielleicht zunächst versuchen sollten. Als erstes pausen Sie ein Muster ab, das Ihnen gefällt. Es muß nicht symmetrisch sein – mit asymmetrischen Motiven kann man sehr interessante Ergebnisse erzielen. Beginnen Sie mit einem Spiegel, um das gesamte Motiv widerzuspiegeln, indem Sie mit der Spiegelkante die Außenlinie des Musters gerade noch berühren. Jetzt halten Sie den zweiten Spiegel gegenüber dem ersten an die andere Kante des Musters. So erhalten Sie eine Vorstellung davon, wie ein lineares Design für einen Rand entwickelt werden kann. Wenn Ihnen dieses Muster gefällt, halten Sie den zweiten Spiegel fest, während Sie den ersten verschieben, bis der Winkel zwischen beiden etwa 45° beträgt. Jetzt sehen Sie, wie eine Ecke aussehen könnte. Mit einem dritten Spiegel können Sie sich ein vollständiges Quadrat oder einen Rahmen darstellen, aber es ist einfach, das Eckmuster nachzuzeichnen und dies dann zu reflektieren. Stellen Sie den Winkel zwischen den beiden Spiegeln auf etwa 30° ein. Diese Spiegelung zeigt Ihnen, wie das Motiv als ganz neue Einheit aussehen kann. Diese könnte dann als Ausgangspunkt für den Spiegelungsprozeß dienen.

Wenn Ihnen eine bestimmte Spiegelung gefällt, zeichnen Sie eine Bleistiftlinie auf den Musterbogen entlang der Unterkante jedes Spiegels. Legen Sie die Spiegel zur Seite und pausen Sie nur dieses Segment und seine Grenzlinien auf ein anderes Stück Pauspapier ab. Falten Sie dieses zweite Papier genau an den Grenzlinien und zeichnen Sie das Segment vorsichtig erneut nach. Fahren Sie auf diese Weise mit dem Falten und Nachzeichnen fort, bis Sie einen vollständigen Entwurf erhalten.

Abb. 100

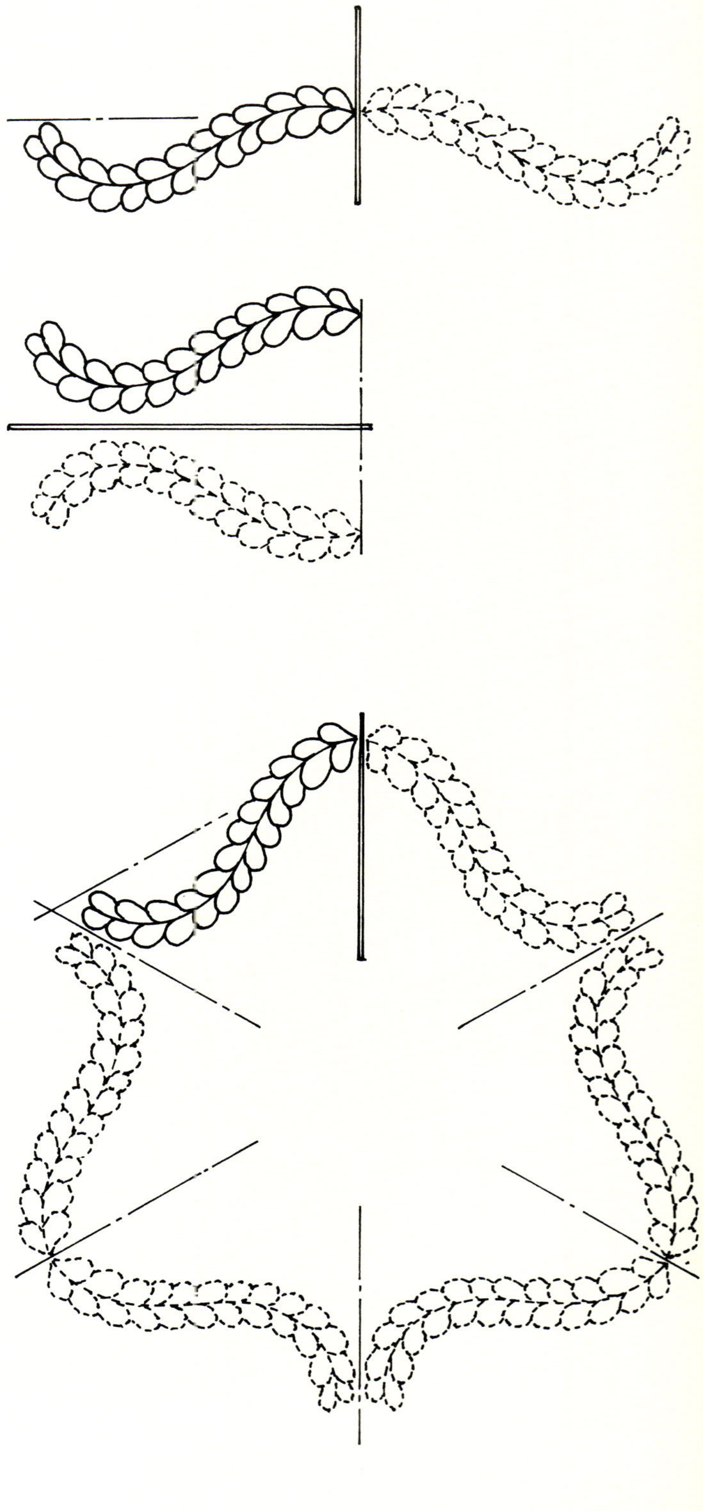

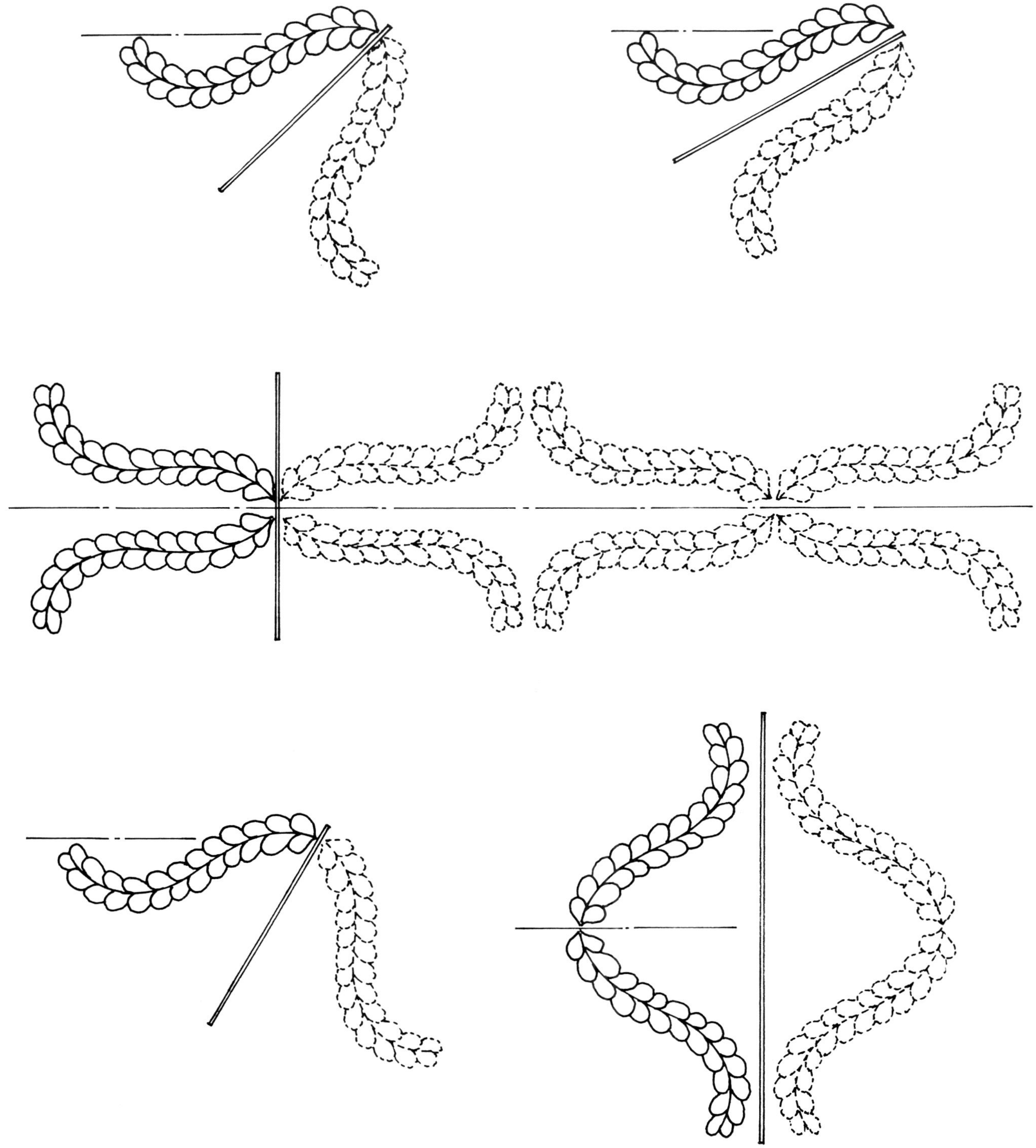

Abb. 101

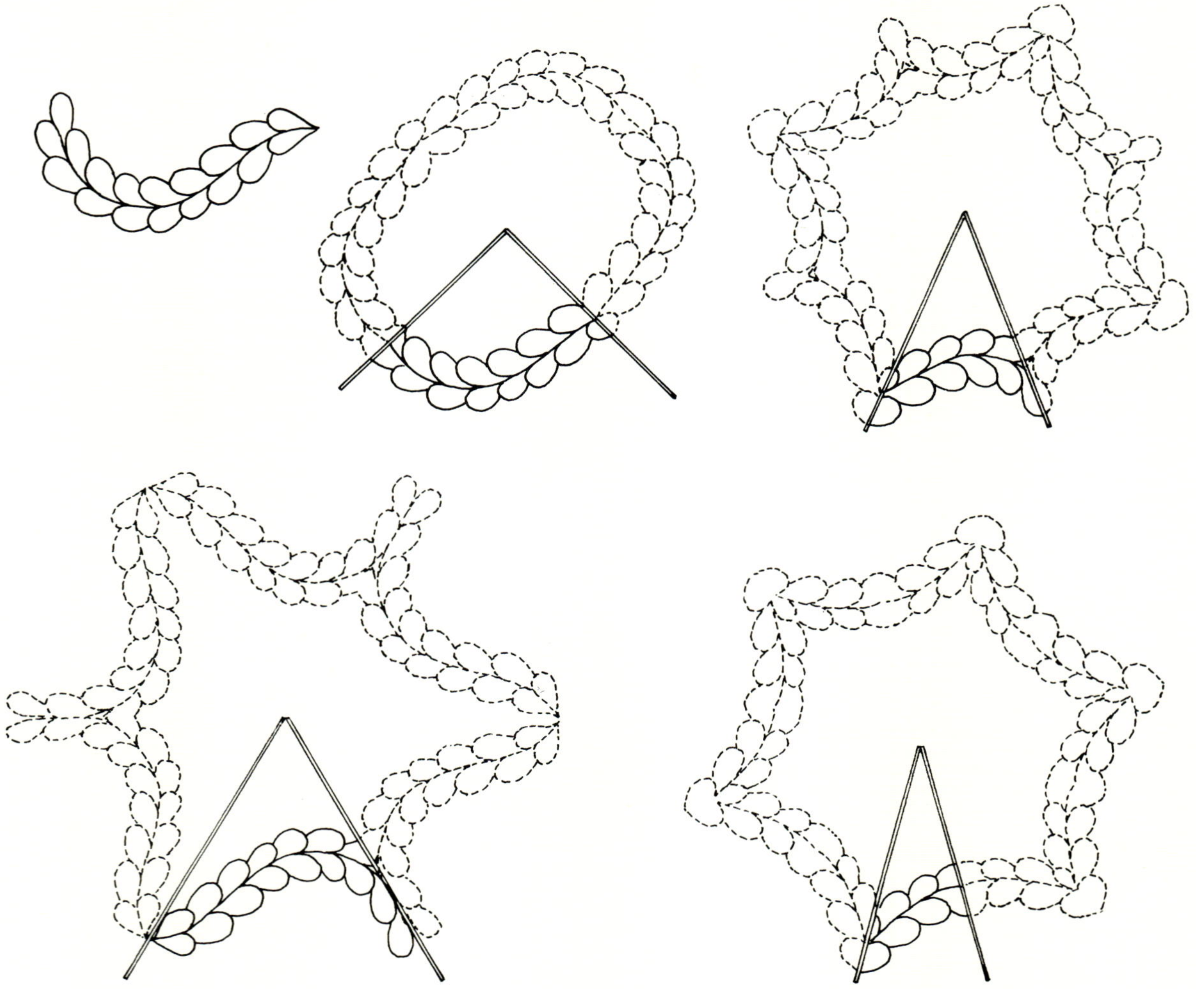

Ihre ursprüngliche Pause ist möglicherweise jetzt mit Bleistiftstrichen übersät, während Sie immer mehr attraktive Spiegelungen entdecken. Sie können Sie alle festhalten, indem Sie innehalten und jedes Segment zusammen mit seinen Grenzlinien nachzeichnen, sobald es auftaucht. Vertrauen Sie nicht auf Ihr Gedächtnis, sondern zeichnen Sie alles gleich auf!

Gespiegelte Ecken

Diese Technik hilft zumindest beim Entwurf eines ansprechendenen Eckmotivs. Halten Sie einen Spiegel in einem Winkel von 45° an eine Pause Ihres Randentwurfs und verschieben Sie ihn, bis Sie die beste Möglichkeit finden, den Entwurf an der Ecke zu wenden. Markieren Sie diese Breite leicht mit dem Bleistift entlang der Unterkante des Spiegels, und falten Sie die Pause sorgfältig entlang dieser markierten Linie. Jetzt pausen Sie den Entwurf erneut ab und falten das Papier auf; Ihr Entwurf ist fertig.

Wenn Sie mit ausgeschnittenen Papierformen arbeiten, können Spiegel helfen, Musterwiederholungen zu zeigen und andere Formen und Kombinationen zu entwickeln.

Scheuen Sie sich nicht, Spiegel bei 'ungewöhnlichen' Segmenten eines Musters zu verwenden (Abb. 101). Oft erhält man auf diese Weise die besten Ergebnisse. Verschieben Sie die Spiegel entlang zufälligen Abschnitten Ihres Musters in jedem beliebigen Winkel. Es macht nichts, wenn der Winkel des Spiegels keine perfekten 90°, 45° oder 30° beträgt. Wahrscheinlich werden Sie nicht jede einzelne Linie der Spiegelung verwenden wollen; manchmal ist eine Gesamtform hübsch anzusehen, aber einige der Linien müssen ausradiert oder angepaßt werden.

Je mehr Sie mit dieser Methode beim Anpassen und Entwickeln von Mustern spielen, desto leichter wird es, neue Möglichkeiten zu sehen. Schon bald werden Sie Muster mit Geschick und Selbstvertrauen manipulieren und kombinieren. Wenn Sie eine neue Mustereinheit finden, sollten Sie sie nicht einfach nur aufzeichnen und abheften – verwenden Sie die Spiegel bei dieser neuen Einheit insgesamt und an zufällig gewählten Segmenten. Wahrscheinlich finden Sie weitere Juwelen unter Mustern, die nur darauf warten, entdeckt zu werden!

Ein gelber Quilt in Arbeit und eine Reihe der dafür von seiner Schöpferin Margaret Philbin entwickelten Motive

Arbeitsanleitung: Großer Quilt aus Stoffbahnen

Durch das Nacharbeiten des hier abgebildeten großen Quilts könnnen Sie Ihr Geschick beim Markieren und Quilten unter Beweis stellen; er mißt fertig etwa 205 x 237,5 cm.

Angewandte Techniken:

Stoffe und Wattierung vorbereiten
Heften
Verwendung einer Vorlage und/oder von Schablonen
Hintergrund-Quilten
Freihändiges Markieren
Einschlagen der Kanten nach innen als Abschlußarbeit

Material:

Oberseite: 5 m Stoff in 112,5 cm Breite – satinierte Baumwolle wirkt hier sehr schön
Wattierung (50 g/qm) – entweder in der entsprechenden Größe fertig gekauft oder Bahnen, die zu einer Fläche von mindestens 210 x 242,5 cm miteinander verbunden sind
Rückseite: 5 m Stoff in 112,5 cm Breite – einfarbig, nicht bedruckt
Langes Lineal/Maßstab
Kreppband
Stoffmarker (auf Entfernbarkeit testen)
Kunststoff oder Karton für Schablonen
Pauspapier
Schwarzer Filzstift, Bleistift, Radiergummi
Garn, das zur Stoffoberseite paßt
Halblange Nadeln Ihrer Wahl
Stickrahmen, Röhrenrahmen oder traditioneller Quiltrahmen

Vorgehen:

1 Nähen Sie den Stoff für die Oberseite zu einer Fläche von 210 x 242,5 cm zusammen.

Verwenden Sie die volle Stoffbreite für das Mittelstück und jeweils eine halbe oder volle Breite an den Seiten.

Bedenken Sie, daß die Oberseite größer als der vollständige Musterbereich des Quilts sein sollte, damit genug Stoff für die Abschlußkanten usw. vorhanden ist.

Bügeln Sie die Säume auf, bevor Sie die ganze Oberseite bügeln und zur Seite legen.

2 Nähen Sie die Stoffrückseite zu einer Fläche von mindestens 210 x 242,5 cm zusammen, und verwenden Sie möglichst zwei volle Stoffbreiten. So wird verhindert, daß Nähte von Vorder- und Rückseite aufeinander liegen, was das Quilten erschweren könnte.

Bügeln Sie die Säume auf, bevor Sie die ganze Rückseite bügeln und zur Seite legen.

3 Wenn Sie keine fertige Einlage verwenden, legen Sie mehrere Bahnen Wattierung zu der gewünschten Fläche aneinander und verbinden sie miteinander.

Anmerkung: Es ist wichtig, daß alle drei Lagen des Quilts größer sind als die Abmessungen des fertigen Quilts. Insbesondere Rückseite und Wattierung sollten an allen vier Seiten mindestens 5 cm größer sein als die Vorderseite.

4 Markieren Sie auf der Oberseite Mittellinien. Anschließend messen und markieren Sie leicht die Diagonalen. Markieren Sie außerdem Linien für die Abschlußkanten des Quilts und einen Winkel von 45° an allen Ecken.

5 Pausen Sie alle Muster ab (Abb. 102a - 102h), und stellen Sie Schablonen aus Kunststoff oder Karton her.

6 Direkte Markierungsmethode

a Bringen Sie ein Viertel der Oberseite auf einer sauberen Oberfläche in Position und befestigen Sie sie mit Kreppband.

b Überprüfen Sie anhand von Abb. 62 auf Seite 87 die Plazierung, bringen Sie die Schablonen in Position und fahren Sie die Umrisse nach, um die Hauptmuster festzuhalten. Füllen Sie die Einzelheiten der umrissenen Formen freihändig aus, wobei Sie ganz leichten Druck ausüben. Sie können jetzt noch Muster auswechseln oder ersetzen, um eine persönliche Note in die Arbeit zu bringen.

c Beim Original sind die Farnformen und Girlanden freihändig gezeichnet – üben Sie das Zeichnen beider Formen auf Papierresten, bis Sie so weit sind, sie direkt auf die Quiltvorderseite zu zeichnen.

d In diesem Stadium kann bereits die Schraffur für den Hintergrund gezeichnet werden – verwenden Sie dazu ein langes Lineal oder ein Metermaß. Alternativ können Sie einfach ein paar Linien als Richtlinie aufzeichnen. Hier wird dann das Kreppband aufgeklebt, wenn Sie mit dem Quilten begonnen haben.

7 Pausmethode

Wenn Ihnen der Gedanke, den Stoff direkt zu markieren, nicht gefällt, können Sie statt dessen eine Vorlage herstellen und das Design abpausen, wenn der Stoff dazu geeignet ist.

a Kleben Sie Auslegpapier oder Pauspapier zusammen, so daß es etwas größer als ein Viertel des fertigen Quilts ist.

b Markieren Sie waagrechte, senkrechte und diagonale Linien in einer Ecke des Papiers mit einer starken Strichellinie. Diese Linien stellen ein Viertel der Mittellinien dar. Ähnlich markieren Sie Linien, die zeigen, wo die Abschlußkanten verlaufen werden. Schließlich messen Sie einen Winkel von 45° diagonal gegenüber den Mittellinien ab und markieren ihn.

c Verwenden Sie wieder die Abb. 62 von Seite 87 als Vorlage. Positionieren Sie die Schablonen und zeichnen Sie mit dem Bleistift die Umrißlinien, wobei Sie die Einzelheiten freihändig ausfüllen.

d Wenn alle Hauptmuster zu Ihrer Zufriedenheit fertiggestellt sind, zeichnen Sie mit einem schwarzen Filzstift über die endgültigen Linien. Mit dem Radiergummi entfernen Sie anschließend noch vorhandene Bleistiftlinien.

e Wenn Sie möchten, können Sie alle Hintergrundlinien in dieser Phase mit dem Lineal auf die Vorlage zeichnen, so daß sie zusammen mit den Hauptmustern abgepaust werden können. Sie können jedoch statt dessen auch Kreppband benutzen, wenn Sie mit dem Quilten beginnen.

f Kleben Sie die Vorlage auf eine glatte Oberfläche. Bringen Sie ein Viertel des Oberstoffes darüber in Position, wobei Sie sorgfältig alle Richtlinien auf Stoff und Vorlage aneinander ausrichten.

g Mit dem Stoffmarker übertragen Sie die Musterlinien auf den Stoff. Arbeiten Sie systematisch und überprüfen

Anno Domi

Abb. 102b

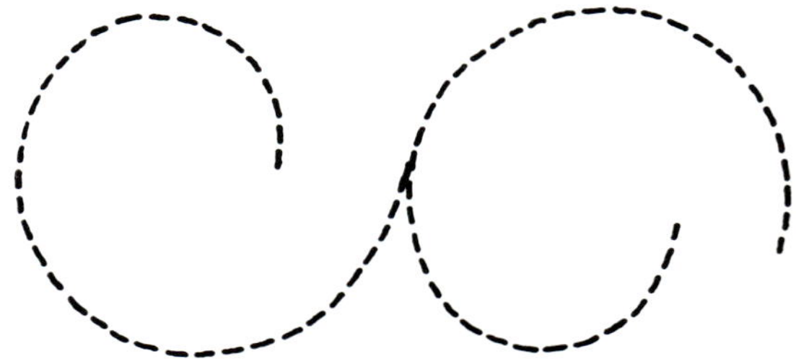

Abb. 102a

Sie, ob Sie alle Linien übertragen haben, bevor Sie den Stoff verschieben, um die nachfolgenden Muster abzupausen.

8 Zentrieren und glätten Sie die drei Quiltschichten, und heften Sie sie in der üblichen Reihenfolge (siehe Seite 28 und 29). Verwenden Sie ein Garn in neutraler Farbe dazu. Wahrscheinlich werden Sie dies als sehr langwierigen Prozeß empfinden und sich die Frage stellen, ob es nötig ist, ein Gitter mit 7,5 cm Abstand zu heften!

9 Wenn die Quiltlagen gründlich geheftet wurden, können Sie mit dem Quilten beginnen. Wie immer arbeiten Sie systematisch entweder von der Mitte oder einer Ecke aus, wobei Sie gleichzeitig die Hintergrundlinien quilten.

10 Wenn der Quilt regelmäßig auf einem tragbaren Rahmen befestigt und wieder abgenommen wird, läßt es sich nicht vermeiden, daß einige markierte Linien verschwinden. Markieren Sie sie leicht mit Ihren Schablonen neu.

11 Die Kanten des Quilts können fertiggestellt werden, indem Sie die Seiten, wie im dritten Kapitel beschrieben, zur Mitte umfalten und zwei Reihen Vorstiche entlang der eingeschlagenen Kanten arbeiten.

12 Ein Quilt dieser Größe sollte ein angemessenes Etikett erhalten. Im neunten Kapitel finden Sie dazu Vorschläge. Vergessen Sie nicht, ein Photo Ihres Meisterstücks zu machen!

Abb. 102c

Abb. 102d

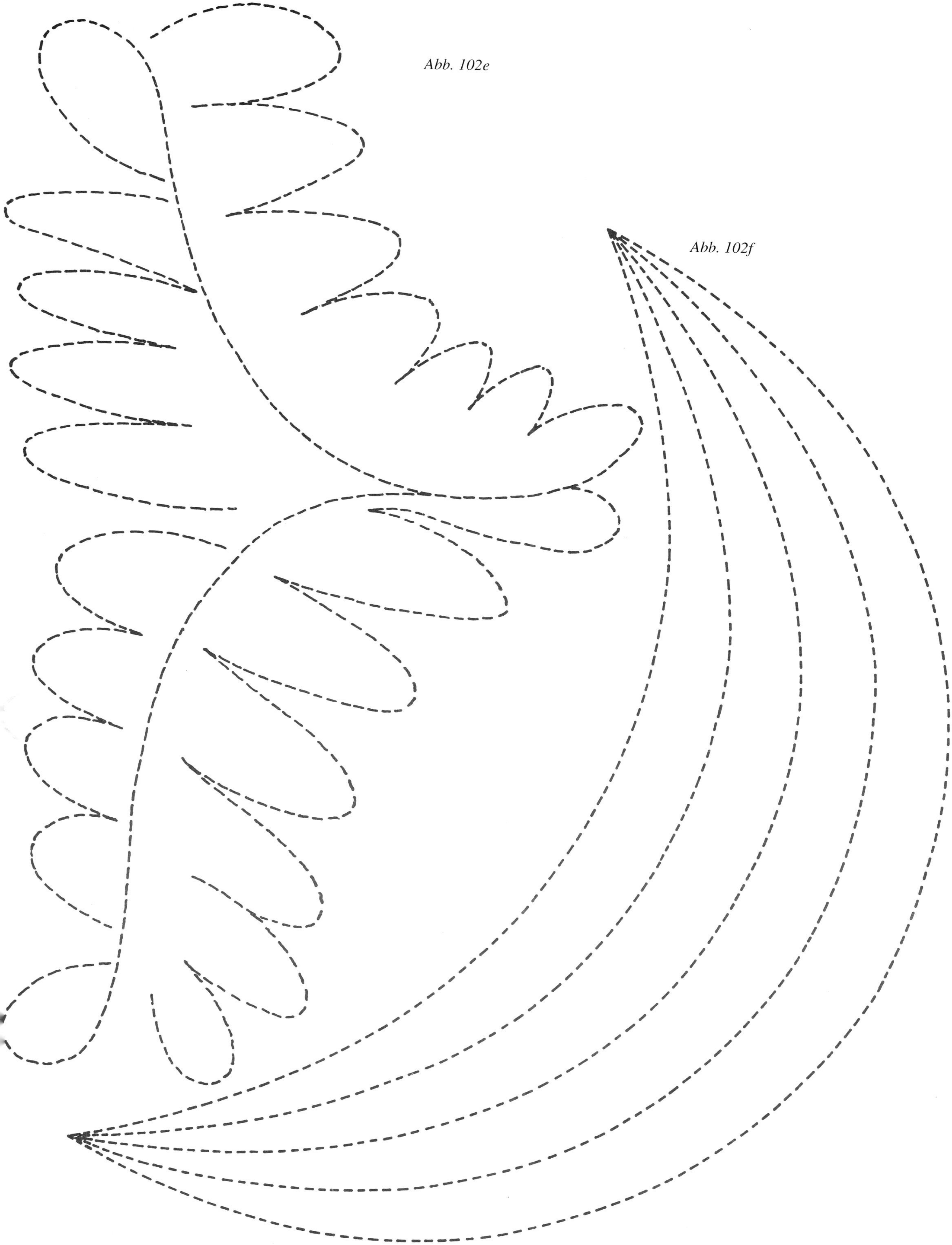

Abb. 102e

Abb. 102f

Abb. 102g

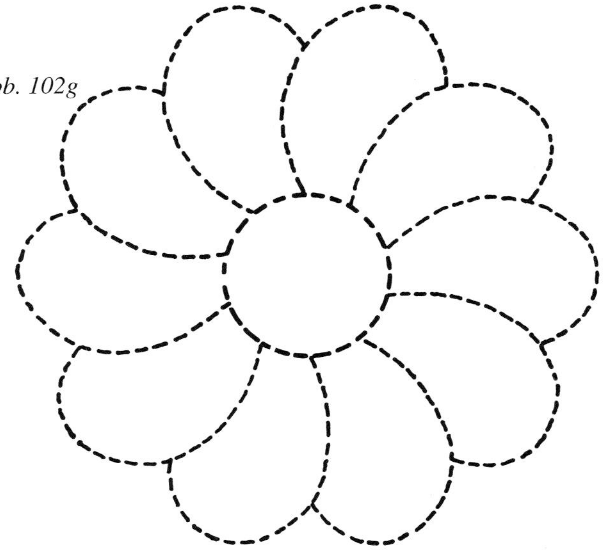

Abb. 102h

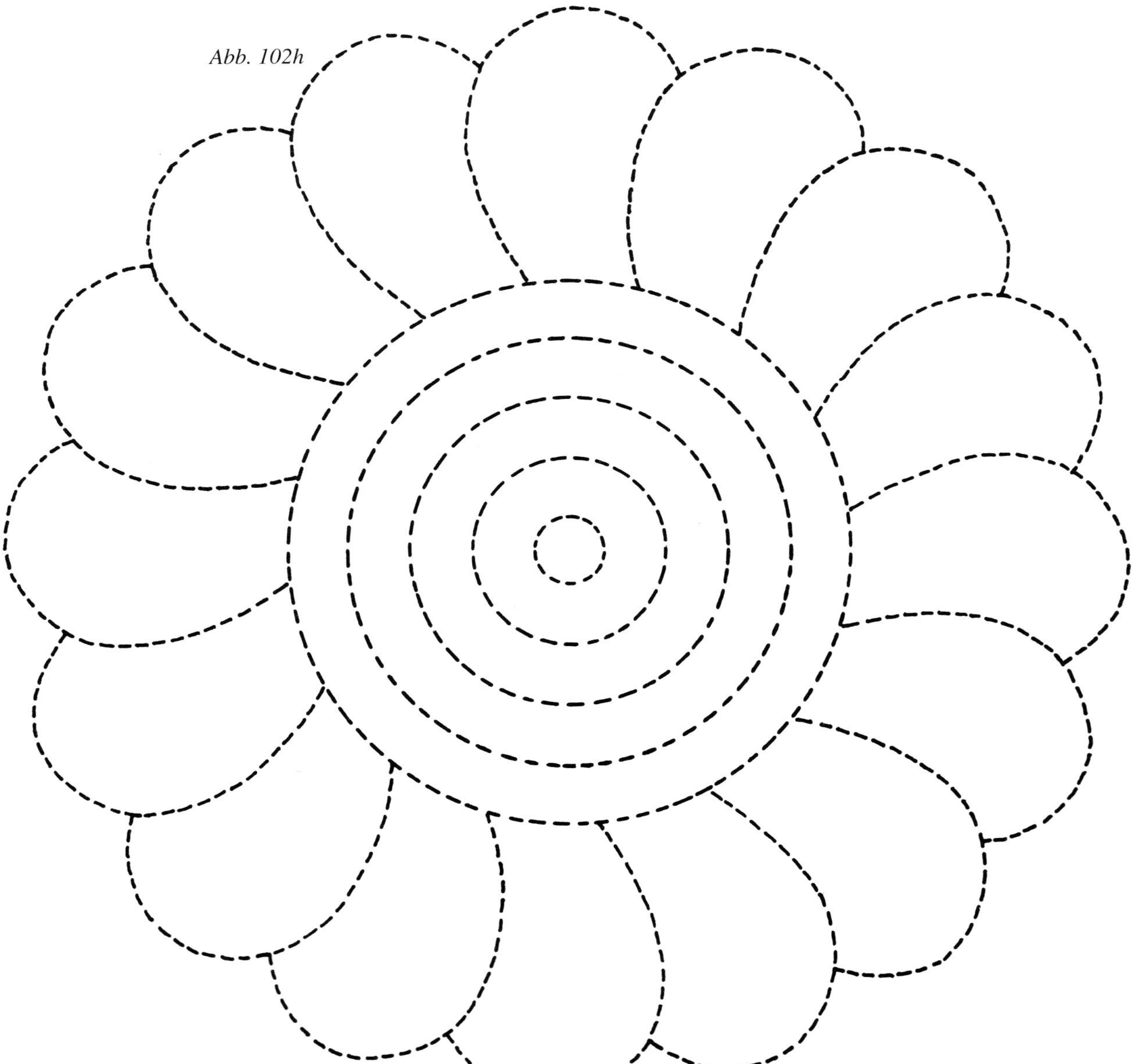

Arbeitsanleitung: Federkissen

Angewandte Techniken:
Manipulieren von Mustern
Markieren von Mustern
Quilten

Material:
0,5 m Stoff in 112,5 cm Breite
Wattierung (50 g/qm), 50 cm im Quadrat
Stoff für die Rückseite, 50 cm im Quadrat
Halblange Nadeln Ihrer Wahl
Passendes Garn
Bienenwachs (falls gewünscht)
Tragbarer Quiltrahmen (falls gewünscht)
Stoffmarker Ihrer Wahl
Pauspapier und Bleistift, Schwarzer Filzstift

1 Pausen Sie die Muster in Abb. 103a und 103b von Seite 130 auf zwei separate Bögen Pauspapier.

2 Zeichnen Sie ein Quadrat von 42,5 cm Größe auf einen dritten Bogen Pauspapier – dies ist Ihre Vorlage. Messen Sie den Mittelpunkt sowie die waagrechten, senkrechten und diagonalen Linien ab und markieren Sie sie.

3 Verschieben Sie die Muster in verschiedene Positionen unter der Vorlage und verwenden Sie einen oder zwei Spiegel, um sich die Wirkung optisch vorzustellen (siehe Seite 117).

4 Selbst wenn Sie beschließen, sich nach der Musteranordnung des abgebildeten Kissens zu richten, sollten Sie sich ein wenig Zeit zum Experimentieren nehmen, um zu sehen, welche anderen Anordnungen Sie selbst entwickeln können.

Abb. 103a

Abb. 103b

5 Wenn Sie Ihre endgültige Wahl getroffen haben, zeichnen Sie die Linien mit einem schwarzen Filzstift auf der Vorlage nach.

6 Markieren Sie den fertigen Entwurf mit der passenden Methode auf dem Stoff (im zweiten Kapitel finden Sie ausführliche Anleitungen für das Markieren).

7 Wenn das Muster auf dem Oberstoff vollständig markiert ist, können Sie mit dem Quilten beginnen. Falls Sie einen tragbaren Rahmen verwenden, müssen Oberstoff, Wattierung und der Stoff für die Rückseite zusammengeheftet werden (siehe Seite 28 und 29). Wenn Sie mit einem kleinen traditionellen Rahmen arbeiten, können die Lagen ohne weitere Vorbereitung in den Rahmen gespannt werden.

8 Beginnen Sie mit dem Quilten und genießen Sie diese entspannende Arbeit! (Im dritten Kapitel finden Sie Hinweise zum Quilten – für die Entspannung müssen Sie jedoch selbst sorgen.)

9 Anschließend stellen Sie das Kissen nach Ihrer bevorzugten Methode fertig.

Neuntes Kapitel

Die Pflege von Quilts

Reinigung

Neue Quilts

Ihr Quilt ist nun fertig und eingefaßt. Wahrscheinlich ist er nicht sichtbar schmutzig, aber dennoch sollte er so sauber wie möglich in Gebrauch genommen werden. Leichtes Eintauchen in kaltes Wasser reicht wahrscheinlich aus, um aufgenommenen oder versteckten Schmutz zu lockern und auszuschwemmen. Schleudern Sie ihn kurz an (er sollte **nicht** ausgewrungen werden) und trocknen Sie ihn flach, aber nicht unter direkter Wärmeeinstrahlung. Wenn der Quilt sehr schmutzig ist, verwenden Sie ein Feinwaschmittel, das Sie in lauwarmem Wasser auflösen. Wieder ist kurzes Anschleudern und Trocknen unter Vermeidung direkter Wärmeeinstrahlung nötig.

Wenn Sie einen blauen wasserlöslichen Marker verwendet haben, tauchen Sie den Quilt vollständig in kaltes Wasser, bevor Sie ihn anderweitig reinigen, da sonst später häßliche hellblaue Flecken auftauchen können. Wenn Sie den Quilt einsprühen oder mit einem Schwamm behandeln, werden die blauen Markierungen auf die absorbierende Wattierung übertragen und kehren beim Trocken auf die Oberfläche zurück.

Hitze kann synthetische Wattierung zum Schmelzen oder teilweisen Verschmelzen bringen. Aus diesem Grund bügeln viele ihre Quilts niemals. Es ist aber möglich, einen Quilt leicht zu bügeln, vorausgesetzt Vorder- und Rückseite bestehen aus Baumwollstoffen. Stellen Sie Ihr Bügeleisen auf Baumwolle und Dampf ein und fahren Sie *sehr* leicht über die Rückseite des Quilts, wobei Sie die Oberfläche kaum berühren. Bewegen Sie das Bügeleisen ständig hin und her. Schütteln Sie den Quilt gut und wiederholen Sie das Ganze auf der anderen Seite. Dann schütteln Sie den Quilt wieder und lassen ihn lüften. Wattierungen, die ganz aus Baumwolle bestehen oder einen hohen Baumwollanteil haben, reagieren besser als synthetische Materialien auf das Bügeln, aber dennoch sollten Sie immer nur ganz leicht bügeln. Hitze und Dampf sind für Seiden- oder Wollwattierungen nicht geeignet.

Alte Quilts

Die goldene Regel bei der Behandlung alter Quilts lautet, daß man im Zweifelsfall gar nichts tun sollte. Die Reinigung bedeutet eine beträchtliche Belastung für alte Quilts, doch sollte sie in Beziehung gesetzt werden zu den langfristigen Schäden, die durch zu viel Schmutz innerhalb der Fasern verursacht wird. Sie sollten die Reinigung nur dann selbst übernehmen, wenn Sie sich sicher sind, daß es sich nicht um ein wichtiges Erbstück handelt. Die Reinigung zu Hause ist für einen Quilt geeignet, der ganz aus Baumwolle besteht, keine zu starken Zeichen von Abnutzung, Ausfransen, zerstörten Stichen usw. zeigt. Verwenden Sie ein mildes, nicht-biologisches Waschmittel in lauwarmem Wasser. Die Waschmaschine sollten Sie nur verwenden, wenn sie groß genug ist, einen Waschgang für Feinwäsche und einen kurzen Schleudergang hat. Ein Quilt ist sehr schwer, wenn er naß ist, und Stiche können sich trotz vorsichtiger Handhabung auflösen.

Waschen eines Quilts

Wenn die Badewanne Ihre einzige verbleibende Wahl ist, lassen Sie lauwarmes Wasser einlaufen, bis sie etwa ein Viertel voll ist. Geben Sie eine geringe Menge Waschmittel dazu. Breiten Sie ein altes Laken in der Wanne aus, mit dessen Hilfe Sie später den nassen Quilt herausheben können. Tauchen Sie den Quilt ungefaltet ins Wasser ein. Nach fünfzehn Minuten lassen Sie das Wasser ablaufen und heben den Quilt heraus, indem Sie die vier Ecken des Lakens fassen. Lassen Sie erneut lauwarmes Wasser einlaufen, und legen Sie das Laken und den Quilt wieder ins Wasser zum Spülen. Wenn Sie einen Helfer haben, können Sie etwas überschüssiges Wasser auswringen, indem Sie die Enden des Lakens in die entgegengesetzten Richtungen drehen.

Widerstehen Sie der Versuchung, den Quilt in den Trockner zu geben – er könnte geschrumpft und faltig wieder zum Vorschein kommen. Am besten trocknet ein Quilt flach auf einer Unterlage, wobei er möglichst nicht dem direkten Sonnenlicht ausgesetzt sein sollte, sondern lieber einer leichten Brise.

Chemische Reinigung

Bei der chemischen Reinigung wird das betreffende Stück in Chemikalien eingetaucht oder damit besprüht. Ein Quilt, der ganz aus Baumwolle besteht, könnte anschließend zusammengedrückt und steif wieder zum Vorschein kommen. Hüten Sie sich auch vor chemischen Fleckenmitteln, wenn Sie sich nicht hundertprozentig sicher sind, was Sie tun.

Färben und Bleichen

Konsequente Quiltliebhaber werden bei dem Gedanken, einen vorhandenen Quilt zu bleichen oder zu färben, entsetzt sein. Die Chemikalien, die zum Färben verwendet werden, können die Fasern schwächen, so daß der Quilt brüchiger werden kann. Das Bleichen ist eine ungewisse Sache und schwächt die Fasern ebenfalls. Außerdem können noch Farbreste an den Quiltlinien vorhanden sein. Andererseits wird man an einem mit Erfolg gefärbten Quilt seinen Spaß haben und ihn verwenden, statt ihn andernfalls irgendwo im Schrank zu verstecken. Keine dieser Maßnahmen sollte leichtherzig unternommen werden, und Sie sollten sich dabei auf alle Fälle von einem Fachmann beraten lassen.

Das Etikettieren von Quilts

Ein wichtiger Aspekt bei der Pflege von Quilts, seien sie nun alt oder neu, ist das Etikettieren und Aufzeichnen von Informationen.

Stil, Technik und Inhalt eines Etiketts sind eine Sache des persönlichen Geschmacks. Die Grundinformationen, die festgehalten werden sollten, sind folgende:

Titel des Quilts
Name der Herstellerin/des Herstellers
Datum der Fertigstellung (und des Beginns der Arbeiten, wenn Sie tatsächlich zugeben wollen, wie lange Sie dafür gebraucht haben)
Empfänger/Besitzer
Entstehungsort

Der Text auf dem Etikett eines neuen Quilts könnte also lauten

'FLIEDERFÄCHER'

GEARBEITET VON REGINE BALMER

FÜR DORLE UND BEAT RAUH

ZUR FEIER IHRES

25. HOCHZEITSTAGES

OKTOBER 1992

BERN

Die Herstellung eines einfachen Etiketts

Am schnellsten und einfachsten läßt sich ein Etikett herstellen, indem die Angaben mit einem wasserfesten Stift mit feiner Spitze auf ein Stück einfarbigen Stoff geschrieben werden. Sie können auch ein Stück einseitig gewachstes Papier auf den Stoff bügeln und den Text mit einem Schreibmaschinenband aus Seide auftippen – dies ist ideal, wenn ein kleines Etikett mehr Informationen enthalten soll.

Phantasievolle Etikette

Ein gesticktes Etikett ist eine hübsche Zugabe für jeden Quilt. Verwenden Sie ein oder zwei Fäden Stickgarn, um die Buchstaben zu arbeiten. Sie können auch abhängig von Laune und Geschick Verzierungen hinzufügen. Kreuzstiche kann man auf einfarbigen Stoff durch einen Rest Stramin arbeiten. Sticken Sie die Buchstaben durch den Stramin und den Etikettenstoff, bevor Sie die Fäden des Stramins einzeln wieder entfernen. Weichen Sie den Stramin gründlich ein, damit die Fäden sich leicht entfernen lassen.

Sie können die Informationen auch mit einem speziell hergestellten Stempel auf die Quiltrückseite 'aufdrucken' oder sich Stoffetikette nach Ihrer Vorgabe herstellen lassen.

Die Herstellung eines Miniblocks, Applikationsmusters oder einer Form, die ein Motiv der Quiltvorderseite wiedergibt, ist eine weitere attraktive Möglichkeit, den Quilt zu etikettieren.

Links: Drei alte Bahnenquilts in passender Umgebung

Unten: Beispiele für gestickte und beschriftete Etikette

Ein Mini-Ohio-Star-Block beispielsweise könnte die notwendigen Informationen in den vier Eckquadraten enthalten, wie es Abb. 104 zeigt, während ein appliziertes Muster ähnlich verwendet werden könnte (Abb. 105).

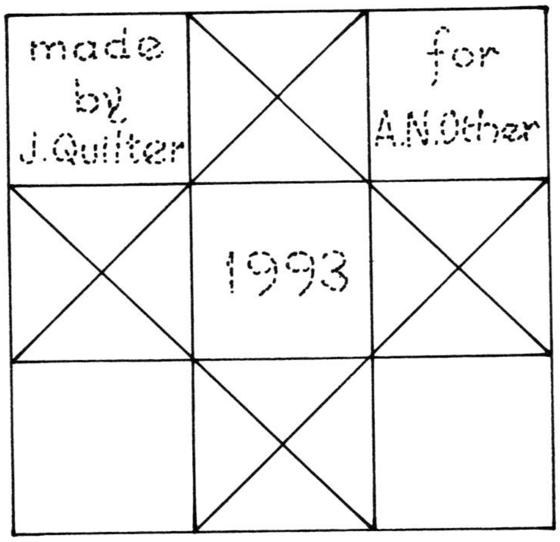

Abb. 104

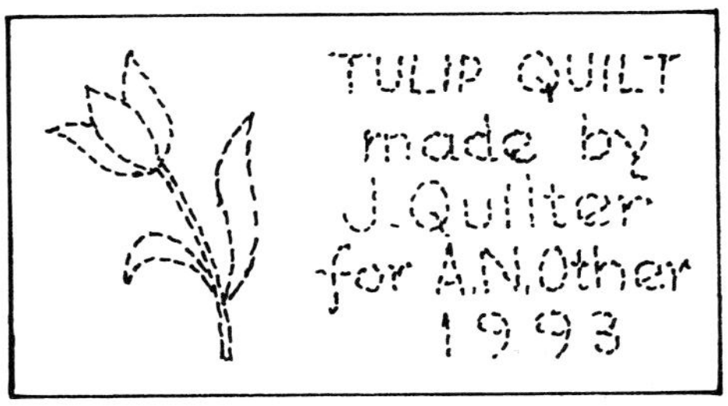

Abb. 105

Wenn Sie genug Mut haben, signieren Sie Ihren Quilt auf der Vorderseite wie ein Gemälde, entweder in einer der unteren Ecken mit einem wasserdichten Stift in einem Kontrastton, oder Sie sticken Ihren Namen auf. Sie könnten die Einzelheiten sogar irgendwo auf den Quilt quilten. Dies ist jedoch nicht die haltbarste Möglichkeit, um einen Quilt zu kennzeichnen. Stiche können sich auflösen, so daß man sie in einigen Jahren wahrscheinlich nicht mehr entziffern kann. Wenn Sie daher Informationen auf Ihre Arbeit quilten, sollte zusätzlich auf der Rückseite ein Etikett angebracht werden.

Manche Quilterinnen führen ein Quiltjournal oder -tagebuch, damit sie sich besser daran erinnern, wie viele Stunden sie beim Quilten zugebracht haben und welche bemerkenswerten Ereignisse in dieser Zeit stattgefunden haben. Derartige Informationen geben in späteren Jahren faszinierenden Lesestoff ab, so daß dies eine weitere gute Angewohnheit ist, die man sich aneignen sollte.

Wenn es sich bei dem Quilt um ein Geschenk handelt, wird die Dokumentation durch ein Photo, auf dem Sie zusammen mit dem Quilt abgebildet sind, noch vollständiger. Denken Sie nur einmal daran, wie faszinierend Bücher für uns sind, in denen Quilts aus der Vergangenheit und ihre Herstellerinnen oder Hersteller abgebildet sind – verdrängen Sie dabei den Gedanken daran, wie altmodisch Ihre jetzige Kleidung oder Ihre schicke Frisur in einigen Jahren aussehen wird! Sie sollten sowieso all Ihre Arbeiten für sich zur Erinnerung photographieren. Dabei können Sie gleich einen zusätzlichen Abzug anfertigen lassen, der Ihren Quilt begleitet.

Wenn Sie Muster entwickelt und verwendet haben, die nicht der eigenen Phantasie entsprungen sind, sollten Sie die Quelle immer nennen. Notieren Sie auf dem Etikett, von welcher Vorlage Sie ausgegangen sind.

Das Etikettieren alter Quilts

Wenn Sie einen alten Quilt besitzen, den Sie auf einem Flohmarkt erstanden oder geerbt haben, sind Ihnen wahrscheinlich einige wichtige Fakten nicht bekannt. Doch egal, wie gering Ihre Informationen sind, sollten Sie das, was Sie wissen, auf einer Karte notieren und den Quilt photographieren. Bewahren Sie die Karte zusammen mit dem Photo an einem sicheren Ort zusammen mit anderen wichtigen Papieren auf. Idealerweise werden diese Informationen auch an dem Quilt befestigt. Etikette lassen sich schnell herstellen, indem Sie das, was Sie über den Quilt wissen, ordentlich mit einem wasserfesten Wäschestift auf weißen oder cremefarbenen Stoff schreiben. Auch wenn Sie den Hersteller und die Daten nicht kennen, sollte ein Quilt etikettiert werden – schreiben Sie auf, wie Sie an den Quilt gekommen sind, dazu Ihren vollen Namen, Ihre Adresse in Kurzform und das Datum. Versuchen Sie auch, das mögliche Entstehungsdatum und die Bezeichnung des Musters herauszufinden. Etikettieren Sie immer all *Ihre* Arbeiten aus Höflichkeit gegenüber den Generationen, die Sie nie kennenlernen werden.

Das Ausbessern alter Quilts

Stark ausgefranste, zerlumpte und abgenutzte Quilts lassen sich nur schwer reinigen, ohne die Stoffe weiter zu schädigen. Außerdem stellt sich noch die Frage, wie verhindert werden kann, daß der Schaden sich noch verschlimmert. Wenn ein Bereich des Quilts brüchig geworden ist, besteht eine Lösungsmöglichkeit darin, einen dicht gewebten, halbdurchsichtigen Stoff in neutraler Farbe, beispielsweise Netz oder Tüll, über dem beschädigten Bereich zu befestigen. Achten Sie darauf, daß das Netz sauber mit passendem Garn auf die festeren Stoffe genäht wird. Offenliegende Wattierung kann mit winzigen Stichen an die Quiltrückseite geheftet werden.

Crazy Quilts

Die sogenannten 'Crazy Quilts' waren gegen Ende des neunzehnten Jahrhunderts groß in Mode. Es scheinen Tausende davon hergestellt worden zu sein, und viele ausgezeichnete Beispiele haben fast intakt die Zeit überstanden. Doch durch die Beschaffenheit eines Crazy Quilts an sich – er besteht aus Seide, Satin, Taft, Futterstoff, Samt und anderen hübschen Resten – sind einige Stoffe besser erhalten als andere. Gehen Sie behutsam vor, wenn Sie einen Quilt dieser Art reparieren oder konservieren wollen. Die beste Empfehlung lautet auch hier (wie Sie sich denken können), einen Fachmann um Rat zu fragen.

Die Motive auf Seite 137 wurden dem nebenstehend abgebildeten Teil eines bereits arg strapazierten alten Streifenquilts entnommen, um als Vorlage für künftige Arbeiten dienen zu können.

Fachmännischer Rat

Wo können Sie sich fachmännischen Rat holen? Viele Quilt-Clubs und Gilden haben ein Erb- und Dokumentationsprogramm und würden sicherlich gerne Einzelheiten Ihres Quilts aufzeichnen. Vielleicht können sie auch Ratschläge zur Pflege, Reinigung und Konservierung geben. Wenn es in Ihrer Gegend keine Gruppe gibt, nehmen Sie Kontakt zum nächstgelegenen Museum oder zu einem Geschichtsverein in Ihrer Nähe auf.

Lagerung

Einer der besten Plätze für die Lagerung eines Quilts ist der Ort, an den sie gehören – nämlich ein Bett –, aber dies ist wahrscheinlich eine weniger gute Idee, wenn das Stück alt und brüchig ist oder Haustiere zu Ihrem Haushalt zählen. Katzen und Hunde scheinen Quilts besonders zu mögen und wählen wertvolle Stücke mit Vorliebe als Schlafstätte aus. Sind keine Haustiere vorhanden, sollten Quilts idealerweise flach ausgebreitet und vor direktem Sonnenlicht geschützt werden. Wenn kein Platz oder ein haustiersicherer Raum vorhanden ist, können Quilts um eine Holz- oder Papprolle aufgerollt werden, nachdem ein Bogen säurefreies Seidenpapier dazwischengelegt wurde. Diese Methode ist ideal, wenn Sie ein paar Quilts besitzen, die dann anschließend oben auf einem Regal aufbewahrt werden können. Jede Rolle sollte mit einer schützenden Stoffhülle versehen werden – gewaschener, ungebleichter Musselin, der mit Stoffbändern verschlossen wird, ist dafür am besten geeignet. Verwenden Sie nie Kunststoff, da Quilts darin 'schwitzen' können, so daß Schimmelpilze entstehen und auch andere Probleme auftreten.

Wenn es keine andere Wahl gibt, als gefaltete Quilts übereinandergestapelt zu lagern, sollten Sie sie häufig hervorholen, um sie zu bewundern und neu zu falten. Legen Sie zwischen die Falten säurefreies Seidenpapier. Überprüfen Sie die Quilts hin und wieder auf Motten hin, aber legen Sie **keine** Mottenkugeln zwischen die Falten, die direkten Kontakt zum Stoff haben.

Beschädigte Quilts können dort gelagert werden, wo sie sichtbar sind. Hängen Sie sie über eine Stuhllehne, eine Truhe oder das Ende eines Bettes, wobei der Schaden möglichst verborgen sein sollte. Auf diese Weise können Sie sich an dem Quilt freuen, ohne ihn weiterer Belastung auszusetzen, doch achten Sie darauf, daß er nicht direktem Sonnenlicht ausgesetzt ist, da dies den Stoff verblassen läßt und sehr brüchig macht.

Das Aufhängen von Quilts

Es wird immer beliebter, Quilts an Wänden aufzuhängen. Quilts, die speziell als Wandschmuck gearbeitet wurden, sollten auf der Rückseite einen Stofftunnel zum Aufhängen haben, aber bei einem alten Quilt wird dieser nicht vorhanden sein. Viele Quilts wurden mit Reißzwecken oder Nägeln an der Wand befestigt – mit schrecklichen Ergebnissen. Reißzwecken und Nägel sollten nicht verwendet werden; sie können rosten und Flecken auf dem Quilt hinterlassen. Ein großer Quilt, der an einer Reihe von Heftzwecken herabhängt, wird auffällige Löcher bekommen, da das Gewicht des Quilts ihn herabzieht. Ein Stofftunnel oder Schlaufen, durch die eine Stange geschoben wird, nehmen das Gewicht eines Quilts, der an der Wand hängt, gleichmäßig auf.

Einen Stofftunnel kann man leicht herstellen. Schneiden Sie einen 15 cm breiten Stoffstreifen zu, der die gleiche oder eine ähnliche Farbe wie die Stoffrückseite hat. Falten Sie den Streifen halb um, so daß die Seiten rechts auf rechts liegen, und nähen Sie die langen Kanten zusammen, so daß ein Tunnel entsteht (Abb. 106a), den Sie anschließend umwenden.

Abb. 106a

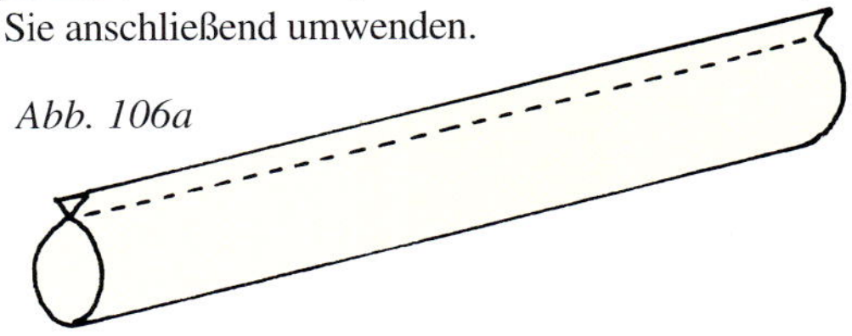

Säumen Sie die unversäuberten Kanten an beiden Seiten. Anschließend stecken Sie den Tunnel auf der Rückseite des Quilts in Position und nähen ihn fest. Achten Sie dabei darauf, daß die Stiche nicht auf der Vorderseite sichtbar sind (Abb. 106b).

Abb. 106b

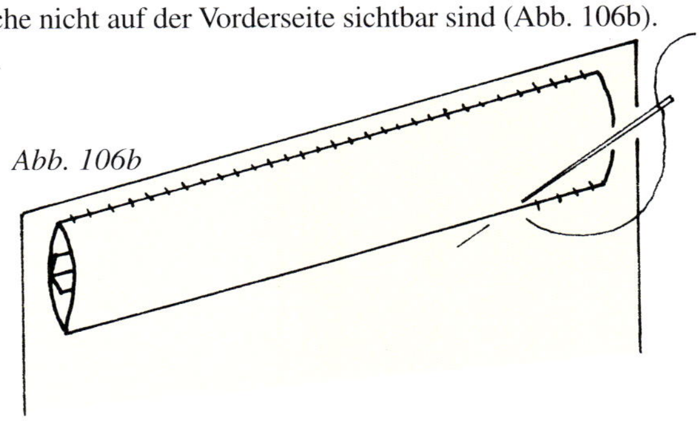

Einen behelfsmäßigen Tunnel können Sie anfertigen, indem Sie Schlaufen aus Einfaßband mit geradem Fadenverlauf mit Sicherheitsnadeln feststecken oder mit kleinen, sauberen Stichen befestigen. Diese Methode ist jedoch nicht geeignet, wenn Sie den Quilt für längere Zeit aufhängen wollen, da die Schlaufen beträchtlicher Belastung ausgesetzt sind. Zudem könnten die Nadeln Flecken auf dem Stoff verursachen.

Sie sollten immer vorsichtig sein, wenn Sie einen Quilt aufhängen, selbst wenn er einen Tunnel hat. Sonnenlicht kann den Stoff verblassen und brüchig werden lassen, und Hausstaub kann sich in den Fasern festsetzen. Staub kann entfernt werden, indem der Quilt mit dem Staubsauger gereinigt wird. Dazu bedeckt man die Saugöffnung mit einem feinen Stoff wie Mull oder alten Strümpfen. Dampfreiniger sind für alte Quilts nicht unbedingt empfehlenswert, da der heiße Dampf das Material beschädigen kann.

Aufbewahrung von Mustern

Es lohnt sich, die Muster alter Quilts, die schon bessere Zeiten gesehen haben, aufzubewahren. Das Photo auf Seite 135 zeigt das stark zerlumpte Fragment eines Streifenquilts. Die Muster in Abb. 107 gegenüber und in Abb. 108 auf Seite 138 stammen von diesem Quilt.

Legen Sie Pauspapier auf den Quilt und zeichnen Sie die Quiltlinien mit einem weichen Bleistift nach. Es entstehen zittrige Linien, die ordentlich nachgezeichnet werden müssen.

Wenn Sie das Muster auf professionellere Art abnehmen wollen, gehen Sie nach der Stechmethode vor. Nehmen Sie eine lange, dünne Steckadel zur Hand und drücken Sie den Kopf fest in einen Korken, damit Sie sich leichter handhaben

Abb. 107

Abb. 108

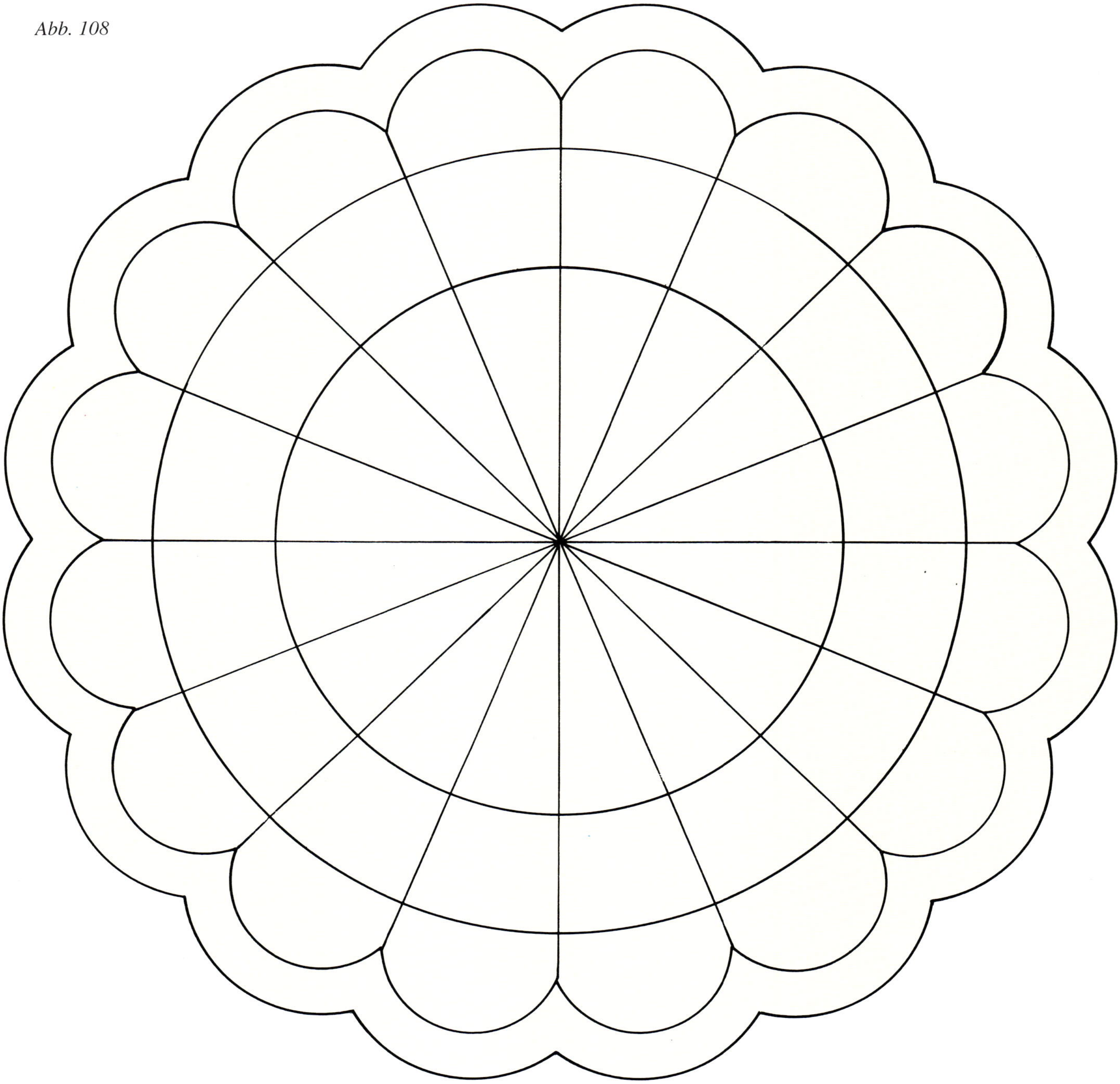

läßt. Auf einer glatten, sauberen Oberfläche breiten Sie eine alte Decke, mehrere Lagen Löschpapier oder eine große Korkunterlage aus. Legen Sie einen großen Bogen Pauspapier guter Qualität und anschließend den Quilt darauf. Die Quiltseite, die die Quiltlinien am besten zeigt, sollte oben liegen. Stechen Sie sorgfältig durch jeden zweiten Quiltstich, so daß Sie schließlich ein Punktemuster auf dem Pauspapier vor sich haben. Verbinden Sie die Punkte mit einem Bleistift, und zeichnen Sie die Linien anschließend mit einem schwarzen Filzstift nach. Legen Sie die Muster mit einem Photo des Quilts ab, und versehen Sie die Pause selbst mit einer eindeutigen Notiz zur Herkunft der Muster.

Quilts als Wertgegenstände

Es lohnt sich, die Quilts (ob alt oder neu) in Ihrem Besitz zu versichern. Die Versicherung alter Quilts läßt sich leichter rechtfertigen als die Versicherung neuer, aber beide sollten in den Versicherungsformularen vermerkt werden. Es kann zu Unfällen und Diebstählen kommen, und es ist besser, darauf vorbereitet zu sein.

Literatur zum Thema

Bernecker, Bianka M.: Patchwork. 24 Ideen zum Nachmachen, Ravensburg 1991

Bolton, Janet: Die Geschichte von Großmutters Patchwork-Decke, Solothurn 1994

Claxton, Annette: Kreatives Patchwork. Ein Anleitungsbuch, Bern 1994

Hilberg, Birte: Patchwork planen und entwerfen. 350 Muster für Patchwork-Arbeiten, Bern 1995

Innes, Miranda: Patchwork, Quilts & Applikationen. Aus aller Welt, Rosenheim 1993

Kohlhaussen, Friederike: Handbuch Patchwork, Wiesbaden 1993

Leman, Bonnie/Townsend, Louise: Wie man einen Quilt näht. 26 Lektionen für Anfängerinnen, 'Patchwork Gilde' 1993

Mayr, Bernadette: Tradition und Moderne, Quilts 1992, 'Patchwork Gilde' 1992

Miltrup-Thiel, Margret: Patchwork und Quilten, Mülheim a.d. Ruhr 1989

Niesner, Liesel/Schröder, Almuth/Zimmer, Wendelin: Patchwork-Quilts. Ausstellung im Museum Nienburg/Weser, Herausgeber: Museum Nienburg, 1992

Quilters Wörterbuch. Fachwörterbuch für das Patchwork- und Quilt-Kunsthandwerk. Deutsch/Englisch, von Bell, Christine/Briehn, Jutta/Kalker, Doris van/Mayr, Bernadette. 'Patchwork Gilde' 1991

Quilts – Die schönsten Motive amerikanischer Volkskunst. Unter Mitarbeit von Marcus, Johannes/Bocchino, Serena, Köln 1987

Quilts. Textile Volkskunst aus Nordamerika und England ca. 1800-1840. Katalog der Sonderauktion Nr. 66, Galerie Wolfgang Ketterer, München. Bearbeitet von Schilling, Claudia von, 'Ketterer Kunst' 1982

Roemer, Barbara von: Patchwork und Quilts. Ein praktischer Lehrgang für kreatives Gestalten mit vielen Entwürfen, Beispielen, Anregungen, 3. Auflage, Bern 1994

Schober, Lieselotte: Textile Assemblage. Applikation, Stickerei und 'Objets trouvés', Göttingen 1991

Staub-Wachsmuth, Brigitte: Patchwork – Wege zu textiler Kunst, Wiesbaden 1991

Textile Kunst aus Europa und Nordamerika 1830-1940. Quilts – Paisly Shawls – Seidentücher – Webteppiche. Bearbeitet von Schilling, Claudia von, 'Ketterer Kunst' 1983

Tschuor, Jeannine/Seitz, Dora: Geschenke aus Patchwork, Aarau 1987

Weise, Helga: Erkennungszeichen. Texte und Quilts, 'Patchwork Gilde' 1994

Nützliche Adressen

Fachgeschäfte

a) Deutschland

(nach Postleitzahlen)

Anja Hantelmann, 'Werkladen',
Damaschkestr. 33, 10711 Berlin
(Stoffe, Zubehör, kein Versand)

Wiebke Maschitzki
Scharnhagener Str. 6,
24229 Dänischenhagen
(Stoffe, Zubehör)

Quilt Shop, Ruth Leitz
Georg-Kolbe-Weg 15,
25451 Quickborn-Heide
(Stoffe, Zubehör, auch Versand)

Anja Hantelmann, 'Werkladen'
Mühlenstr. 87, 26180 Rastede

Quilt Studio
Richard-Lattorf-Str. 54,
30453 Hannover
(Stoffe, Zubehör, Kurse, Versand)

Log Cabin
Chemnitzer Str. 14,
44139 Dortmund
(Stoffe, Zubehör, Kurse)

Heike Kunz,Stoffquadrat
Kleppingstr. 28,
44135 Dortmund
(Stoffe, Zubehör)

Quilt-Art, E. Franz
Dr.-C.-Otto-Str. 119,
44879 Bochum-Dahlhausen
(Stoffe, Zubehör, Kurse)

Blaues Lädchen
Amtsweg 14,
48599 Gronau-Epe
(Stoffe, Zubehör)

Stoffpalette K. Wiechert - B. Oltzen
Pützgasse/Ladenpassage,
50259 Pulheim
(Stoffe, Quiltzubehör)

Nadel & Faden, Ursula Otten
Weierstr. 20, 50354 Hürth
(Stoffe, Zubehör, Kurse)

StückWerkStatt, Antje Schopper
Jahnstr. 91, 64285 Darmstadt
(Stoffe, Zubehör, Kurse)

Yolande Machemer
Schillerstr. 25,
65812 Bad Soden (Stoffe, Zubehör,
Bücher, Kurse, auch Versand)

s'Lädele, Gudrun Bauer
Mannheimer Str. 264,
69123 Heidelberg-Wieblingen
(Stoffe, Zubehör, Kurse, Versand)

Patchworkhaus Bernhausen, Else Lehrke
Wiesenstr. 85,
70794 Filderstadt b. Stuttgart
(Stoffe, Zubehör, Kurse, auch Versand)

Patchwork Quilt Hammer
Tübingerstr. 2, 71083 Herrenberg
(Stoffe, Zubehör, Versand)

Coats Mez GmbH
79337 Kenzingen
(Spezialzwirn zum Hand-Quilten)

Patchworkladen Irmgard Stängl
Bothmerstr. 14, 80634 München
(Stoffe, Zubehör)

Quilts & Textiles, Sybille von Morozowicz
Hohenzollernstr. 61 b,
80796 München
(Stoffe, Zubehör, alte Quilts, Kurse,
kein Versand)

Patchworkstube E. Rieger
Hockengräberstr. 1,
97941 Tauberbischofsheim-Dittigheim
(Stoffe, Zubehör, Versand)

b) Österreich

Exquisity-Patchwork
Salesianergasse 3,
1030 Wien
(Stoffe, Zubehör)

Patchwork-Atelier
Gentzgasse 73,
1180 Wien
(Garne, Zubehör)

c) Schweiz

BAHO Quilt-Gallery
Bernstraße 16,
3280 Murten
(Stoffe, Zubehör, auch Versand)

Quilt-Egli, Esther Steigl-Wild
Dorfplatz 4, 8132 Egg
(Stoffe, Zubehör)

Vereinigungen:

Patchwork Gilde Deutschland e. V., Geschäftsstelle, c/o Anne-Kathrine Wieben-Timmann
Oktaviostraße 16a, 22043 Hamburg

PatCHwork Vereinigung Schweizer Quilter
Postfach 55
8024 Zürich

Stichwortverzeichnis

Danksagung

Ich danke Derek, Anna (die sich den Titel ausgedacht hat) und meiner Mutter, die mich mit ihrer Zuversicht unterstützt hat, daß ich dieses Buch schreiben könne, für ihre große Geduld, Ermutigung und Unterstützung, die weit über ihre Pflicht hinausging.

Außerdem Marianne Grime, die mir als erste Fragen zum Quilten gestellt hat.

Desgleichen Chris Franses, Cath Shearing, Paula Hulme, Doris Durrant, Jane Arthur, Sonia Goodwin, Elaine Hammond, Di Huck, Avril Hopcraft, Ann Jermey, Jennie Langmead, Jane Barff, Linda Maltman, Gill Tanner, Gillian Clarke, Jane Walmsley und Margaret Armstrong für ihre Freundschaft und Ermutigung während der letzten Jahre.

Daneben Pat Cox für eine ganz besondere Quilter-Freundschaft.

Ebenso all meinen Schülern in der Gegenwart und Vergangenheit, die immer gutgelaunt und bereit waren, zu lernen und zu experimentieren.

Ich danke auch Shiela Betterton, die gerne bereit war, mich an ihrem beträchtlichen Wissen teilhaben zu lassen, sowie Roger Brown und Ken Goodwin, die Ideen in Zeichnungen umgesetzt haben.

Desgleichen Jen Jones, die mich an ihrer wunderbaren Quiltsammlung teilhaben ließ.

Jean Eitel, Carter Houck, Sandra Hatch und Louise Townsend habe ich zu danken für ihre wertvollen Kommentare.

Derek, Terry und Sally Gregory und Maureen Shone schulde ich Dank für das Lesen der Satzfahnen und moralische Unterstützung, Amy Emms MBE für ihre Inspiration und beispielhafte Arbeit, Jean Dubois für ‘Weiß auf Weiß’ – eine Broschüre, die größere Anerkennung verdient, Vivienne Wells für die redaktionelle Anleitung und Maggi McCormick für ihr Verständnis und ihre praktische, gutmütige Beharrlichkeit.

Zu danken habe ich auch Margaret Wareham für ihre Schreibdienste im Notfall, den Mitarbeitern des City Museum & Art Gallery, Stoke-on-Trent, und der Ford Green Hall sowie Dr. Ruth Vincent Kemp.

Da ich mich absichtlich dazu entschlossen habe, eine große Zahl von Quilts miteinzubeziehen, die noch nirgendwo anders erschienen sind, muß ich mich besonders bei allen Freunden und Schülern bedanken, die sich gern haben von mir überzeugen lassen, und die mir ihre Quilts für Photos zur Verfügung gestellt haben: Chris Franses, Rosemary Wilde, Jane Arthur, Janet Heany, Karen Shapley, Margaret Philbin, Helyette Newton, Ilse Oldfield, Helen Whittingham, Margaret Salt, Jennie Langmead, Patricia Cox, Sally Redhead, Jacquie Dudley, Jean Croissant und Bryce und Donna Hamilton.

Barbara von Roemer

Patchwork und Quilts

Ein praktischer Lehrgang für kreatives Gestalten mit vielen Entwürfen, Beispielen, Anregungen und 250 Bildern.

Ein exakt geschriebenes Anleitungsbuch, das die Arbeitsabläufe klar verständlich, Schritt für Schritt umschreibt und mit vielen Abbildungen unterstützt. Die Schritte gehen von der Planung aus über Entwurfsmöglichkeiten, das Anfertigen von Schablonen, die Stoffwahl, das Nähen und Steppen bis zur Pflege der Quilts. Ein kurzer geschichtlicher Überblick erläutert die Begriffe Quilten und Patchwork.

»Es gibt viele Künstler, die von ihrer Arbeit ebenso fasziniert sind wie Barbara von Roemer, aber es gibt nicht viele, die kleinste, technische Details ihrer Arbeit so beschreiben können (oder wollen), daß sie für den Laien verständlich sind. Barbara von Roemer konnte *und* wollte es!«

Die Frauenschule

3. Auflage, 203 Seiten, gebunden Fr. 43,–/DM 48.–/öS 375.–, ISBN 3-258-04936-X

Haupt

Annette Claxton

Kreatives Patchwork

Ein Anleitungsbuch

»Kreatives Patchwork« ist ein farbiges, verständliches und vor allem praxisbezogenes Anleitungsbuch, das auf die Bedürfnisse all jener eingeht, die auf der Suche nach Inspiration und detaillierten Angaben für Patchworks, Quilts und Appliqués sind. Klare Ratschläge für die Auswahl der Stoffe, die Ausrüstung, die geeigneten Stiche und Farben garantieren, daß jedes Projekt, das nachgearbeitet wird, auch gelingt. Das Buch ist reich illustriert und besticht durch die exakten Schritt-für-Schritt-Anleitungen, die vielen Zeichnungen und die hilfreichen Schablonen.

159 Seiten, 158 farbige und 6 schwarzweiße Abbildungen, gebunden Fr. 53,–/DM 59.–/öS 460.–
ISBN 3-258-04975-0

Haupt